物联网开发与应用丛书

RFID应用指南

面向用户的应用模式、标准、编码及软硬件选择

（第2版）

程曦 编著

電子工業出版社
Publishing House of Electronics Industry
北京•BEIJING

内 容 简 介

本书以用户的视角，从 RFID 项目实施流程切入，围绕 RFID 应用的需求，介绍新技术时代的 RFID 技术与物联网的概念；解析 RFID 技术标准及相关法规的应用；讨论项目前期准备及以“RFID 友好性、应用模式、应用集成度”为分析方法的可行性研究；重点解读人—机—物交互界面的信息标识编码、标签选择、读写器选择、中间件选择、数据集成以及挖掘 RFID 数据价值的应用案例，在技术性、专业性、系统性的基础之上，突出了与用户匹配的实用性、实践性、操作性和易读性。

本书可作为 RFID 用户、从事 RFID 研究的科技工作者的参考书与工具书；也可作为 RFID 应用服务提供商的培训教材，中央和地方的 RFID 推动平台的推广应用教材；还可以作为各高校物联网及 RFID 技术应用课程的参考读物或工具书，以弥补大学生动手能力的不足，为各高校教材的创新助力。

图书在版编目（CIP）数据

RFID 应用指南：面向用户的应用模式、标准、编码及软硬件选择/程曦编著. —2 版. —北京：电子工业出版社，2019.2

（物联网开发与应用丛书）

ISBN 978-7-121-35862-3

Ⅰ. ①R…　Ⅱ. ①程…　Ⅲ. ①无线电信号－射频－信号识别－应用－指南　Ⅳ. ①TN911.23-62

中国版本图书馆 CIP 数据核字（2019）第 000659 号

策划编辑：李树林

责任编辑：李树林

印　　刷：北京盛通商印快线网络科技有限公司

装　　订：北京盛通商印快线网络科技有限公司

出版发行：电子工业出版社

北京市海淀区万寿路 173 信箱　邮编　100036

开　　本：787×1092　1/16　印张：18.5　字数：474 千字

版　　次：2011 年 8 月第 1 版

2019 年 2 月第 2 版

印　　次：2021 年 1 月第 3 次印刷

定　　价：69.00 元

凡所购买电子工业出版社图书有缺损问题，请向购买书店调换。若书店售缺，请与本社发行部联系，联系及邮购电话：（010）88254888，88258888。

质量投诉请发邮件至 zlts@phei.com.cn，盗版侵权举报请发邮件至 dbqq@phei.com.cn。

本书咨询和投稿联系方式：（010）88254463，lisl@phei.com.cn。

第2版
序

获悉电子工业出版社决定再版程曦的《RFID应用指南——面向用户的应用模式、标准、编码及软硬件选择》（简称《RFID应用指南》），我对年轻一代的担当甚感欣喜。本书再版是应一些大专院校教学和教材的需求，教育是百年大计，为教育而尽微薄之力，一直是我的心愿，于是欣然接受作者邀请，特作此序。

我作为从事物品编码与自动识别技术研究与推广应用近 30 年的一个科研与管理工作者，看着编著者在物联网 RFID 应用及其标准化道路上一步一个脚印地成为社会需要的复合型人才，我感到无比欣慰。程曦有着扎实的信息技术、物流与供应链管理以及商业分析的专业背景、从业资质和研究经历，早在20世纪90年代末，就曾为中国物品编码中心（GS1 China）课题研究项目翻译了《中国香港供应链管理指南》；在其专业的岗位上潜心研究 GS1《全球统一标识系统》，并将研究成果推向实际应用。她从事物联网应用与标准化研究等技术工作以来，积累了大量的国内外技术资料，先后发表十多篇有价值的应用研究论文；本书第1版于2011年出版，深受读者欢迎，经过六七年的社会应用检验，应读者要求再版，着实令人高兴。

我非常欣赏本书能站在用户的立场和业务层面，全面地规范化解读 GS1 规范及中国国家标准的应用，这也是本书最具特色的实用创意。本书是中国物品编码中心及其分支机构系统内为数不多的个人技术著作，也是我们多年来从事物联网推广应用及其标准化与信息编码体系技术服务的社会见证。

从本书的初版到再版，物联网及其 RFID 技术退却了热潮，摆脱了热炒，扎扎实实地进入了喜人的稳健发展新阶段，《全球统一标识系统》业已成为全球应用最为广泛的商务语言。本书的再版，依据国内外权威机构的最新标准和相关白皮书，对物联网及 RFID 技术做了全面的规范化的更新与修订，增加了一些最新发展的内容，并结合大专院校师生的特点，通过生动活泼的语言、全面系统的理论，权威务实的案例，严谨翔实的解读，向读者展现一条 RFID 应用之路。这无疑将有助于物联网产业稳健发展，并为有志于物联网及相关技术的学子们夯实 RFID 及其标准化技术的专业基础，提供了实用性、综合性、专业化的应用工具。

中国物品编码中心　主任
中国自动识别技术协会　理事长
张成海
2018年11月6日

第1版

序

拿到《RFID应用指南——面向用户的应用模式、标准、编码及软硬件选择》书稿，我想起的第一幕就是站在北京物资学院1998年优秀毕业论文答辩讲台上的程曦。那年，她是我们信息系选出的唯一代表，她的“电子商务应用技术及其发展”学士论文，在20世纪90年代的背景下，从技术的角度针对电子商务发展需求进行了认真思考，大胆地提出了自己的建议。评委们对程曦的求实创新精神赞扬有加，她也因此获得全院优秀毕业论文第一名。作为她当时的系主任和指导老师，我由衷地感到高兴。

程曦毕业后的十多年来，注重专业知识的学以致用。从事了物流与供应链管理的企业业务实践，并进一步深造，获得了英国华威大学商业管理工程理学硕士学位；经过系统地学习，她考取了美国注册物流师从业资质，之后由RFID应用者转向了RFID业内专业研究人员，最近又编写了具有专业水平和实用价值的《RFID应用指南——面向用户的应用模式、标准、编码及软硬件选择》一书。看到自己的学生一步一个脚印地成为社会所需要的复合型人才，我由衷地感到欣慰。

看过《RFID应用指南——面向用户的应用模式、标准、编码及软硬件选择》后，我认为该书的亮点是：深入浅出、通俗易懂地解读物联网与RFID技术，充分发挥作者专业理论基础和技术业务实践的特长，有效地吸收了欧美等发达国家的成功经验，在结合我国国情的基础上，将RFID技术应用于我国的物流、供应链管理业务及其RFID项目开发的过程之中。《RFID应用指南——面向用户的应用模式、标准、编码及软硬件选择》一书从用户的角度研究RFID，集规范性、专业性、系统性与可操作性为一体，文体新颖，图表并茂，语言生动活泼。对于RFID用户，本书是一本很好的应用工具书；对于各高校的学生，也不失为一本了解RFID基础与应用实践、提高创新与操作能力的技术参考书籍。

北京物资学院副院长
北京物资学院信息学院院长　刘丙午

第1版 序

本书《RFID应用指南——面向用户的应用模式、标准、编码及软硬件选择》中编，我[illegible]1998年[illegible]《电子商务应用技术及其发展》硕士论文。在20世纪90年代的背景下，从技术的角度针对电子商务发展需求进行了认真思考，大胆地提出了[illegible]

[illegible]

[illegible]

[illegible]中的[illegible]RFID技术[illegible]的基础上，将RFID技术应用于我国的物流、供应链管理业务及其RFID项目开发的过程之中。《RFID应用指南——面向用户的应用模式、标准、编码及软硬件选择》[illegible]的角度研究RFID、[illegible]一体，文体新颖，图表[illegible]，[illegible]。对于RFID用户，本书是一本很好的应用工具书；对于各高校的学生，[illegible]一本了解RFID基础与应用模式、提高创新与实践能力的技术参考书籍。

前言

学而时习之，不亦说乎

作为一个曾经游走在系统开发边缘的非IT专业人士，区块链、人工智能、大数据面世伊始，对我而言也并不是那么可亲可爱。想当年，那些本应深度挖掘的数据只能沉睡在“高大上”的企业信息系统里，如今似乎一跃成为社会生活的正常代谢品，一瞬间就在身边堆积如山，幽灵般有一搭没一搭地撩拨着我们的好奇心。

在20年前，供应链管理技术出现时的盛况并不亚于当前这些令人眼花缭乱的数据技术。我从手捧20世纪70年代的国外案例分析都会欣喜若狂，到如今可以在微信群里实时求助各种专业问题；从参加论坛探讨如何结合国情、如何提高企业认知度，到现在思考如何完善标准体系、如何降低技术实施成本……关于供应链管理技术的关注点变得越来越切实可行，也越来越人性化——真正的“人性化”其实并不仅仅是一个光鲜亮丽的包装，而是与那些看起来好像冷冰冰、金灿灿的管理理念和科学技术轻松牵手愉快生活在一起的和谐状态。

当“学而时习之”的“习”被重新解读为实习（验证、应用），想着反复强调复习的重要性的中学老师们，忍不住腹诽：“我就是说嘛，还是孔圣人深得我心。”本书有幸再版，更加坚定了我从RFID切入物联网应用、开辟“用户通道”的理念。高新技术的应用，需要从用户的立场和视角出发，深入业态分析，剖析应用需求，针对实际问题，提供应对措施，满足相关技术标准及法规的适应性与合规性，为用户量身定做物联网应用解决方案。希望本书能够启迪读者的学习方法、思考方法、分析方法与选择方法，使大家皆能学而可习之。

感谢广大读者，尤其是相关大专院校的相关应用专业的师生对本书第1版的肯定以及再版的要求，读者的需要就是对编著者的最高奖赏；感谢电子工业出版社的编辑；感谢所有给予本书建议与帮助的友人，尤其是南京晓庄学院的何晓明老师、无锡品冠物联科技有限公司的沈德林老师、物联网专家甘泉老师；感谢GS1 China的各位前辈；感谢可以实时请教的业内同行；感谢我的家人与长辈。他们的热情鼓励和无私帮助，使我这个往日的“小白”，能够脚踏实地地走近实践物联网应用的人生梦想……

同时，谨以此献给我身体力行于应用科技而不亦说乎的父母。

程曦

2018年10月29日于北京

目 录
CONTENTS

第 1 章　新技术时代

本章力求使读者在最短的时间内，花费最少的精力，轻松地从社会生活切入，从物联网应用的角度出发，深入浅出地了解各种新技术的内涵，及其与物联网的支撑与协调，梳理出简单明了的物联网应用脉络，引导用户进入物联网技术的应用，站在 RFID 应用的入口。

当今，我们正处在一个崭新的、将彻底改变社会生活的计算机与通信技术向纵深普及、变革创新的新技术时代。除了物联网与云计算，接踵而来的区块链、大数据、5G、人工智能相互交织渗透，成为业内的应用热点，甚至社会生活的热门话题。

1.1　物联网

曾有未来学家这样预测："未来 20～100 年，互联网或将被替代，世界将演变成'超级物联'和'超级虚拟'两大时空。"且不说未来 20 年的超级物联，就本书第 1 版出版的 6 年多来，物联网的一系列使能技术——区块链、5G、大数据、人工智能接踵而来的应用突破，已经在我们面前清晰地展现了物联网即将腾飞的春天。

1.1.1　物联网概念

现在的物联网，已经不是什么新名词。关于物联网的定义，不同的领域有不同的切入角度，因而结果也不同。新技术的发展与应用赋予物联网以"普通对象设备化、自治终端互联化和普适服务智能化"的三大重要特征，本节综合近年来业内对物联网的各种定义的内涵，以及应用的创新和发展趋势，给出物联网以下定义：

物联网（Internet of Things，IoT）是基于互联网、移动互联及其他网络通信，让所有能够"被独立寻址的对象"的信息承载实现互联互通的网络。

大家都喜欢说"物联网就是物物相连的网络"。但是，物联网是由 EPCglobal（隶属于 GS1[1]）的科学家构想的，他们创建物联网的初衷是希望：物——"被独立寻址的对象"，应该泛指物理意义上的物、社会人及其所处的时空。因为在物联网诞生前的三十多年中，GS1 就已经将这些用于"被独立寻址的对象"的 ID 标识，在全球供应链管理中的人、物、空间中有效地运行，形成全球共识的通用标准——《全球统一标识系统》。物联网全新的维度可参见图 1.1.1-1。

1 EPCglobal 隶属于 GS1，其前身是 MIT Auto-ID；GS1（Global Standards 1）国际物品编码协会，也被称为全球供应链标准化组织，其前身为 EAN（European Article Number）。中国物品编码中心（GS1 China）是国际物品编码协会的会员。

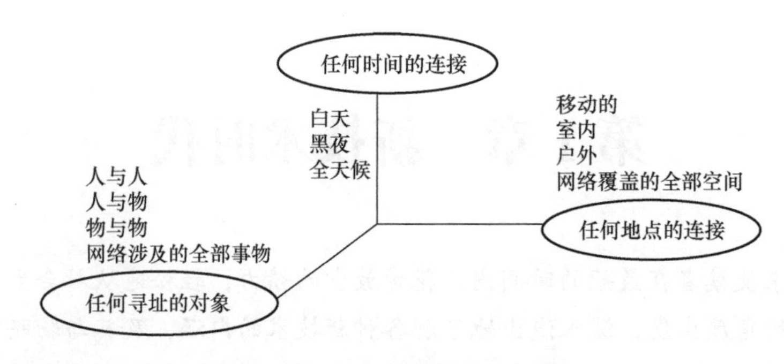

图 1.1.1-1 物联网全新的维度

如今，广义物联网关于“任何时空下的物物、人人、物人之间的全方位连接”的内涵已经在业内被普遍采纳，并正在被全球物联网的发展所实践和证实。

1.1.2 “物联星云”

1. 物联“星”

“星”，存在于浩瀚无穷的宇宙，是神秘的生命与能量的象征。

且不谈大名鼎鼎的“北斗”[1]对物联网的强力支撑让国人无比自豪，单说民间卫星系统的快速崛起，也足以使我们兴奋不已。近年来，物联网之低轨道卫星移动通信领域已呈爆发之势，诸如：来自北京九天微星科技发展有限公司的九天微星计划——由 72 颗商用卫星组成的“物联网星座”，来自北京国电高科科技有限公司由 36 颗卫星组网而成的“物联网数据星座”，来自湖北航天行云科技有限公司由 80 颗低轨商用小卫星组成“并组网星座”的航天行云计划，等等。

值得一提的是“九天微星计划”的物联网教学创新：九天微星开发了从小学到高中的“航天 STEAM[2]”课程，并配套卫星套件、卫星测控站、太空创客实验室和大型研学基地，为中小学和教育机构提供专业的“航天 STEAM”教育解决方案。2018 年 2 月 2 日，顺利发射了九天微星自主研发的第一颗卫星“少年星一号”，该卫星是国内首颗教育共享卫星，面向建有卫星测控站的中小学和教育机构，开放卫星通信资源，重新定义我国航天科普教育场景；同时，在 2018 年中九天微星计划再发射一箭七星“瓢虫系列”，验证物联网通信关键技术，以及多卫星组网能力，并开展商用试运营。

当前，我国在卫星移动通信发展方面已经实施“天地一体化综合信息网络”项目，低

---

1 北斗卫星导航系统（BDS）和美国 GPS、俄罗斯 GLONASS、欧盟 GALILEO，是联合国卫星导航委员会已认定的卫星导航供应商。

2017 年 11 月 5 日，中国第一、二颗第三代导航卫星顺利升空，标志着中国开启了北斗卫星导航系统全球组网的新时代。北斗卫星导航系统由空间段、地面段和用户段三部分组成，可在全球范围内全天候、全天时地为各类用户提供高精度、高可靠的定位、导航、授时服务，并具短报文通信能力，已经初步具备区域导航、定位和授时能力，定位精度 10 米，测速精度 0.2 米/秒，授时精度 10 纳秒。

2018 年 7 月 10 日 4 时 58 分，我国又成功发射了第 32 颗北斗导航卫星。该卫星属倾斜地球同步轨道卫星，卫星入轨并完成在轨测试后，将接入北斗卫星导航系统，为用户提供更可靠服务。

2 STEAM 代表科学（Science）、技术（Technology）、工程（Engineering）、艺术（Arts）和数学（Mathematics）。STEAM 教育就是集科学、技术、工程、艺术和数学多学科融合的综合教育。

轨道卫星发射将成为热潮。

2．物联“云”

“云”，在科技界如同“雅典娜”，是智慧与艺术的象征。目前，较知名的物联云平台如图 1.1.2-1 所示。

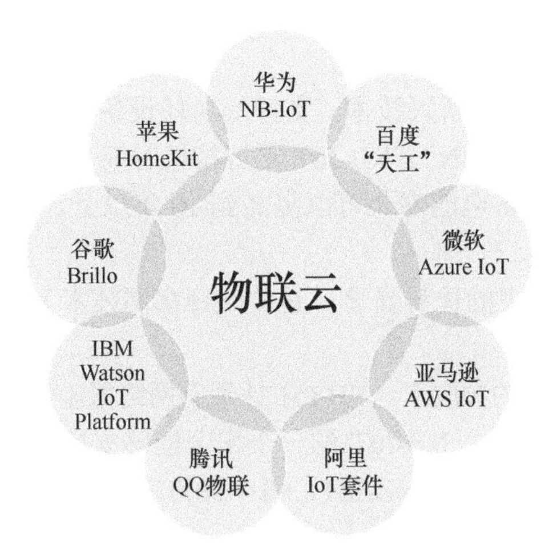

图 1.1.2-1　物联云平台

除了云计算，近年来出现了许多云名词，如阿里云、华为云、百度云等。业内各路大咖纷纷推出了名目繁多基于大数据和云计算的物联网系列服务，“物联网云服务平台”（简称“物联云”）应运而生。比如，华为的物联网云平台（NB-IoT），阿里的物联网云平台（IoT 套件，平台、市场、标准三位一体），腾讯的物联智能硬件开放平台（QQ 物联），中国移动的物联网开放平台（OneNET），中国电信的“物联网应用和能力开放社区”，中国联通的“物联网平台+”，等等，林林总总，这些都标志着新技术时代物联网的起飞。

天上的卫星星罗棋布，如物联网腾飞的翅膀；地上的传感终端缤纷如云，欲使物联网借力延伸飞腾升天。天上的“星星”和地上的“云彩”，承载了数代物联人的几多梦想，汇集着智慧和能量，如同银河星云闪烁，这不正是我们“物联人”期待的“物联星云”吗？物联星云颂如图 1.1.2-2 所示。

物联星云颂
天地一体颢物联，
云中漫步论计算。
星罗网布千万里，
物联星云盖九天。

图 1.1.2-2　物联星云颂

3．NB-IoT

何为 NB-IoT?

NB-IoT（Narrow Band Internet of Things）是窄带物联网。NB-IoT 构建于蜂窝网络，只消耗大约 180 kHz 的带宽，可直接部署于全球移动通信系统（GSM）网络、通用移动通信系统（UMTS）网络或通用移动通信技术的长期演进（LTE）网络，从而降低了部署成本，实现平滑升级。

NB-IoT 是 IoT 领域的一项新兴技术，支持低功耗设备在广域网的蜂窝数据连接，也被叫作低功耗广域物联网（LPWAN）。NB-IoT 支持待机时间长、对网络连接要求较高设备的高效连接，据悉 NB-IoT 设备电池寿命可以提高到 10 年以上，同时还能提供非常全面的室内蜂窝数据连接覆盖。

NB-IoT 在物联网应用中的优势显著，是传统蜂窝网技术及蓝牙、Wi-Fi 等短距离传输技术所无法比拟的。

（1）覆盖更广。在同样的频段下，NB-IoT 比现有网络覆盖面积扩大 100 倍。

（2）海量连接的支撑能力。NB-IoT 的一个扇区能够支持 10 万个连接，目前全球有约 500 万个物理站点，假设全部部署 NB-IoT，每个站点三个扇区，那么可以接入的物联网终端数将高达 4500 亿个。

（3）功耗更低。NB-IoT 功耗仅为 2G 的 1/10，终端模块的待机时间可长达 10 年。

（4）成本将更低。NB-IoT 模块成本有望降至 5 美元以内，未来随着市场发展带来的规模效应和技术演进，功耗和成本还可能进一步降低。

（5）支持大数据。NB-IoT 连接所采集的数据可以直接上传云端，而蓝牙、Wi-Fi 等技术却没有这样的便利。

NB-IoT 的诞生并非偶然，它寄托着全球电信行业对物联网市场的憧憬。其前身可以追溯至华为与沃达丰于 2014 年 5 月共同提出的 NB-M2M。由这两家公司首倡的窄带蜂窝物联网概念一经提出即得到了业界的广泛认可，随后美国高通公司、瑞典爱立信公司等越来越多的行业巨头加入这个方向的标准化研究中。为了促进标准的统一，最终 3GPP[1]在 2015 年 9 月无线接入网（Radio Access Network，RAN）全会上达成一致，确立 NB-IoT 为窄带蜂窝物联网的唯一标准，并立项为 Work Item 并开始协议撰写，并在 2016 年 6 月的 3GPP Release13 NB-IoT 中冻结，使 NB-IoT 的商业应用成为可能。

2017 年 6 月 16 日，工业和信息化部正式印发了《关于全面推进移动物联网（NB-IoT）建设发展的通知》，明确政府将从三个方面（加强 NB-IoT 标准与技术研究，打造完整产业体系；推广 NB-IoT 在细分领域的应用，逐步形成规模应用体系；优化 NB-IoT 应用政策环境，创造良好可持续发展条件）采取 14 条措施，全面推进移动物联网（NB-IoT）建设发展。

4．物联网使能技术

所谓“使能技术”就是我们经常称谓的支撑技术，为了与国际惯例接轨，本书采用“使

1 3GPP（Third Generation Partnership Project，第三代合作伙伴计划）是一个成立于 1998 年 12 月的标准化组织，目前其成员包括：欧洲的 ETSI（欧洲电信标准化委员会），日本的 ARIB（无线行业企业协会）和 TTC（电信技术委员会），中国的 CCSA（中国通信标准化协会），韩国的 TTA（电信技术协会），北美的 ATIS（世界无线通信解决方案联盟），印度的 TSDSI（电信标准开发协会）。

能技术”一词。“使能技术”由英文 Enabling Technology 直译而来，Enabling 直译就是“使其能够”。一般而言，使能技术是指一项或一系列应用面广、具有多学科特性、为完成任务而实现目标的技术。

本章要讲的新技术，除了物联网，其他的六项，诸如区块链、大数据、云计算、5G、人工智能和 RFID 等均为物联网的使能技术。物联网的实现需要这些新技术的支撑，这些新技术也因此而成为物联网的“使能技术”。

物联网及其使能技术的关系如图 1.1.2-3 所示。

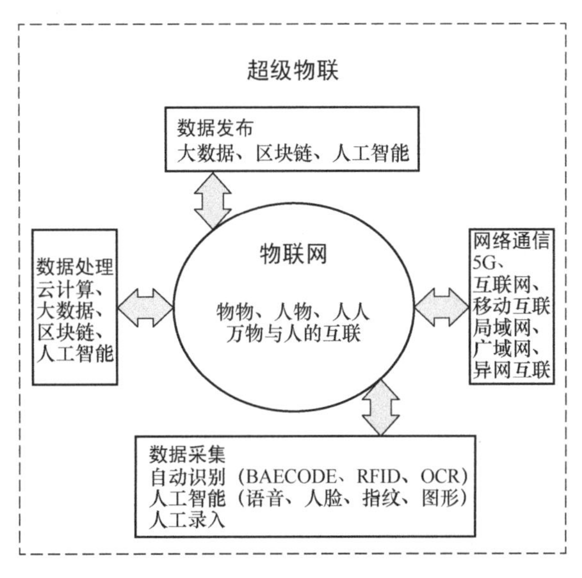

图 1.1.2-3　物联网及其使能技术的关系

物联网运行的全过程可分为网络通信、数据采集、数据处理、数据发布四大部分，各部分都需要不同的“使能技术”支撑。当我们把这些使能技术按支撑性能分门别类地列入物联网四大块分工运行之下时，我们就会发现这些“使能技术”其实是“你中有我，我中有你”，它们会在不同的应用层面交叉、渗透和融合。

在物联星云的交织与扩散中，用不了多少年，物联网覆盖全民、全社会，甚至全球的预测即将成为现实。

1.1.3　物联网的起源与全球统一标识标准化进程

纵观物联网起源与发展，标准化进程与之紧紧相随。GS1 的 EPC 系统与全球统一标识系统，始终伴随着物联网的昨天与今天，也必将支撑着物联网的明天。

1．诞生——物联网概念诞生于产品电子代码及其 RFID 标签的标准化标识

1999 年，总部设在美国麻省理工学院（Massachusetts Institute of Technology，MIT）的 Auto-ID 中心（EPCglobal 的前身）的研究人员提出利用产品电子代码（Electronic Product Code，EPC）、射频识别（Radio Frequency Identification，RFID），通过互联网实现物品的互通互连的创新理念，这就是最早的以产品电子代码（EPC）为基础的物联网。

Auto-ID 中心的科学家们构想了物联网的概念，孕育了物联网的萌芽，并得到身为 GS1 会员的 100 多家国际大公司的通力支持，EPC 的研究从此深入展开。

2．雏形——创建以 EPC 系统为主体的狭义物联网

此后，Auto-ID 中心开展了一系列的物联网采集终端——RFID 的研究与试验工作。

第一阶段试验（货堆）：代表事件——2001 年 9 月 28 日，宝洁公司位于密苏里州 Cape Giradeau 货堆上的 EPC 代码在异地被成功地读取。

第二阶段试验（货箱）：代表事件——2002 年 2 月，联合利华、宝洁、卡夫、可口可乐、吉列、沃尔玛和强生等公司将包装盒上配有 EPC 标签的货物在全美 8 个州中选定的配送中心和零售商之间运输，尽管从货堆试验到包装盒试验大大增加了传输的数据量，但系统运行仍然良好。

第三阶段试验（单个物品）：代表事件——2002 年年底，Auto-ID 中心测试系统具备处理更大数据量的能力，标签被加载到单个物品上。

2003 年，国际物品编码协会（EAN International，简称 EAN，2005 年更名为 GS1）决定成立全球产品电子代码中心来管理和实施 EPC 的工作，Auto-ID 中心遂加盟国际物品编码协会，并宣告更名为 EPCglobal（Electronic Product Code global，EPC 或 EPCglobal），一个专门从事全球物联网研究的非营利机构就此诞生。同年 10 月 28—29 日 Auto-ID 中心最后一次董事会议在东京召开，自同年 10 月 31 日起，美国麻省理工学院、英国剑桥大学、澳大利亚阿德莱德大学、日本庆应大学、中国复旦大学和瑞士圣加仑大学的 Auto-ID 中心更名为 EPC 的 Auto-ID 实验室。

EPC 编码可为每一个商品建立全球开放的标识标准，以 EPC 软硬件技术构成的“EPC 物联网”能够使产品的生产、仓储、采购、运输、销售及消费的全过程发生根本性的变革，从而大大提高全球供应链的性能，引起了全球各界的极大关注。全球著名的零售商、制造商等终端用户与顶尖系统集成商共同参与了 EPC 系统的测试，经过对 EPC 系统协同研究，整合产品标识，构建了 EPC 系统。

EPC 系统的信息网络由本地网络和 Internet 组成，在 Internet 的基础上，通过 EPC 中间件、对象名称解析服务（Object Name Service，ONS）和 EPC 信息服务（EPC IS）来实现全球范围的“实物互联”，加之此前 GS1 建成的全球数据同步（GDS）网络，现在，EPC 已经拥有覆盖了全世界 107 个国家和地区的数百万家企业，上亿种商品数据库的支持，EPC 模式构建了一个完整的物联网雏形。

不过，当时的物联网概念主要着眼于在任何时候、任何地点对任何物品识别和管理的网络，主要是指商品、物流、供应链互联的狭义物联网，但是实际上已经包括了管理者的识别，因为 GS1 全球统一标识系统从创始之日起，就包括了供应链管理者——人的标识。

3．成形——广义物联网

随着网络技术、传感技术、云计算、移动互联等新技术的发展，物联网的内涵发生了很大的变化，物联网从狭义进入了广义物联网的轨道。2010 年之后，业内认可的广义物联网的“物”由过去的物理实体、商品、流动的物品，扩展到了包括了人在内的所有管理对象，并融入了实施管理的人员及硬件设备等整个有形的物理世界；广义的物联网的“网”

也由过去的互联网扩大到包括各类开放式的信息网络，诸如传感网、移动通信网、移动互联网等网络群体；同时也融入了相关开放式的计算机应用系统及其所承载的信息数据、云计算平台、大数据平台等整个虚拟世界，由此赋予了广义物联网智能的属性。

4．未来发展——“超级物联”

广义物联网构建了各个领域的智能识别、定位、跟踪、监控与管理的庞大的网络体系，使得人与人、人与物（事物）、物与物（事物）能够在需要的时间、地点进行实时连接和数据交换，实现物理世界和虚拟世界全方位的互联互通。

本书第 1 版问世之初，曾指出“物联网正在逐渐羽翼丰满”，而在 7 年以后的再版之时，我们欣喜地看到，在深入地发展 Internet、移动互联、云计算的同时，5G、区块链、人工智能以及窄带物联网异军突起，现在，我们可以信心满满地预言：“物联网已经羽翼丰满，正在跃跃欲试，亟待展翅高飞。”“超级物联”想象图如图 1.1.3-1 所示。也许“超级物联”离我们不远了！

图 1.1.3-1　“超级物联”想象图

1.2　区块链技术

1.2.1　认识区块链技术

区块链技术（Blockchain Technology，BT）利用全新加密认证技术和全网共识机制，维护一个完整的、分布式的、不可篡改的连续账本数据库，参与者通过统一、可靠的账本系统和时间戳机制，确保资金和信息安全。

区块链技术是金融科技（Fintech）领域的一项重要技术创新。作为分布式记账（Distributed Ledger Technology，DLT）平台的核心技术，区块链被认为在金融、征信、物联网、经济贸易结算、资产管理等众多领域都拥有广泛的应用前景。区块链技术自身尚处于快速发展的初级阶段，现有区块链系统在设计和实现中利用了分布式系统、密码学、博弈论、网络协议等诸多学科的知识，给学习区块链技术的原理和实践应用都带来了不小的挑战。

1.2.2 区块链技术的应用——从比特币到以太坊

1. 中本聪发明“比特币区块链技术”

2008 年，一位化名为中本聪[1]的人，在一篇题为《比特币：一个点对点的电子现金系统》的论文中首先提出了比特币。中本聪结合以前的多个数字货币发明，创建了一个完全去中心化的电子现金系统，不依赖于通货保障或结算验证保障的中央权威，这种比特币原创的核心技术就是区块链技术的前身，我们不妨将其称为“比特币区块链”或“狭义区块链”。

2.“比特币区块链技术”产生于对传统与现代胜者通吃的金融系统的反思与反叛

无论是传统还是现代金融系统，都需要通过一个中央结算机构处理所有交易，因此都是以集中式数据库来支撑的，其缺陷主要是：

（1）集中式数据库技术自身的运行成本高，自身缺乏有效防范外来攻击机制，因而数据可靠性差；

（2）银行可以胜者通吃地收取名目繁多的各种费用；

（3）倾向于保护大用户的利益，对于中小用户有失公平；

（4）系统不能自行判别与避免双重支付问题。

3.“比特币区块链”的关键创新

“比特币区块链技术”基于独特的数据结构 B-money[2]和底层的加密算法 HashCash[3]等关键创新技术，利用分布式计算系统（称为“工作量证明”算法）每隔 10 分钟进行一次的全网“选拔”，能够使用去中心化的网络同步交易记录，以优雅的姿态排除了传统金融系统的弊病。

4. 从“比特币区块链”到“以太坊区块链”

中本聪之后，业内人士参考了比特币的独创，实现了类似比特币原创核心技术的各种应用，最突出的是第二代加密货币平台以太坊。2017 年年初，摩根大通、芝加哥交易所集团、纽约梅隆银行、汤森路透、微软、英特尔、埃森哲等 20 多家全球顶尖金融机构和科技公司成立了“企业以太坊联盟（EEA）”。

作为利用区块链技术的开发新项目，以太坊致力于实施全球去中心化且无所有权的数字技术，执行点对点合约。比特币网络事实上是一套分布式的数据库，而以太坊则更进了一步，它可以看作一组分布式的计算机，是一个你无法关闭的世界计算机。加密架构与图灵完整性的创新型结合可以促生大量的新产业，其中物联网的区块链技术应用已成为科技发展的潮流。

1.2.3 区块链对社会究竟有何益处?

比特币、以太坊都是尚未开放的虚拟货币，好像与大多数人的生活毫不相干。然而，

1 中本聪（Satoshi Nakamoto），自称日裔美国人，日本媒体常译为中本哲史，此人是比特币协议及其相关软件 Bitcoin-Qt 的创造者，但真实身份未知。

2 由密码朋克戴伟（Wei Dai）提出的匿名的、分布式的电子加密货币系统——B-money。

3 哈希现金（HashCash）机制。

如果我们据此认为区块链技术仅限于虚拟金融，那就大错特错了！

首先，区块链可以帮我们求证最经典最流行最草根的无奈与尴尬“我妈是我妈”，如图 1.2.3-1 所示。

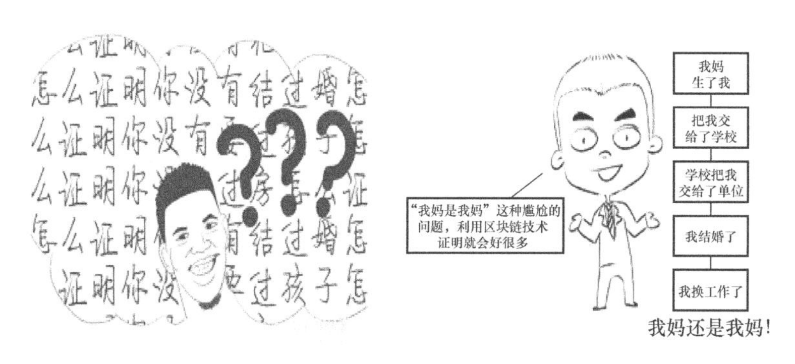

图 1.2.3-1　区块链助你求证“我妈是我妈”[1]

其次，还可以方便地解决我们经常遇到的社会生活问题，诸如求租求购等陌生人之间的交易信任、财产证明、血缘证明、生活经历证明等，而不需要中心或第三方，从而节约时间成本、人工成本和社会成本。

区块链技术的去中心化自治组织，有潜力让许多原本无法运行或成本过高的营运模型成为可能，区块链将重塑整个产业的运作模式，在数字货币、零售金融、金融基础设施、物联网，甚至政府与法律等诸多方面将能够大显身手，如图 1.2.3-2 所示。

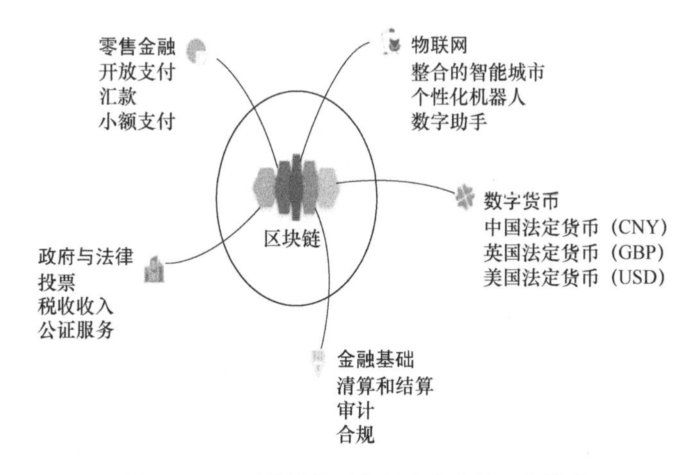

图 1.2.3-2　区块链将重塑整个产业的运作模式

有报道称，目前在区块链以太坊平台基础上已经开发了数十个可用程序，预期应用涵盖金融、物联网、农田到餐桌（farm-to-table）、智能电网、体育赌博等，较知名的应用有：

（1）去中心化创业投资：The DAO、The Rudimental。

（2）社会经济平台：Backfeed。

1 图片来自百度经验：https://jingyan.baidu.com/article/f0e83a257bd1e322e5910102.html。

（3）去中心化预测市场：Augur。

（4）去中心化期权市场：Etheropt。

（5）物联网：Ethcore（区块链应用客户端开发）、Chronicled（以太坊区块链的实物资产验证平台）、Slock.it（区块链智能锁）。

（6）版权授权：Ujo Music（创作人用智能合约发布音乐，消费者可以直接付费给创作人）。

（7）智能电网：TransActive Grid（让用户可以和邻居买卖能源）。

（8）移动支付：Everex（让外籍劳工汇款回家乡）。

区块链技术的另外一种应用是委内瑞拉的石油币[1]，不同的是这种基于以太坊发行的数字加密货币并非完全去中心化，而是避开了加密货币的去中心化属性同时又受益于区块链技术的发展，它与法币并行或者取代法币。

1.2.4 区块链技术何以值得信任?

总体来说，区块链技术是一个具有安全机制、共识机制、身份认证机制、多链交互、跨链互认的基于密码学安全的分布式账簿网络技术。它具有以下特点：

（1）保证各网络节点数据同步的、点对点分布式网络——一个特殊的分布式数据库。

（2）具有“自动更新”数据链的存储功能：当新的数据加入区块链时（如 Jack 在 A 节点录入数据），这一数据会以点对点（P2P）的形式，每隔 10 分钟左右“广播”到其他所有的节点，让所有的节点都自动更新。同样的数据在 N 个节点做 N 个相同的记录，使得数据的存储公开透明，降低了隐瞒和造假的可能。区块链采用点对点广播的方式来更新数据的示意图如图 1.2.4-1 所示。

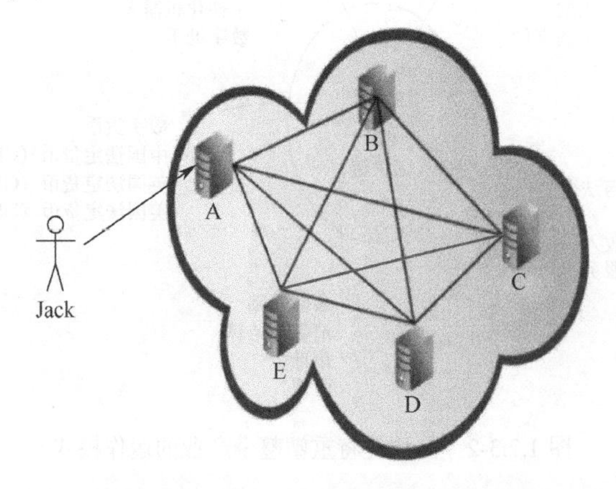

图 1.2.4-1 区块链采用点对点广播的方式来更新数据的示意图

（3）以创新结构与算法确保数据的安全可靠。区块链数据的安全性与可靠性是由区块链的结构和底层算法特性决定的。

简单来说，每一个区块链的账簿都是由一系列“区块”（Block）按规定的算法链接而

1 委内瑞拉石油币白皮书，可参考以下链接：http://www.360doc.com/content/18/0303/03/46553095_733831181.shtml。

生成的链条，每个区块分为区块头和区块体两部分。区块体内部存储着普通用户所关心的业务数据库的主体内容，而区块头则存储了整个链条环环相扣的逻辑，包括生成此区块的时间、上一个区块的 Hash 值、本区块的 Hash 值等。区块链的创新结构与算法如图 1.2.4-2 所示。

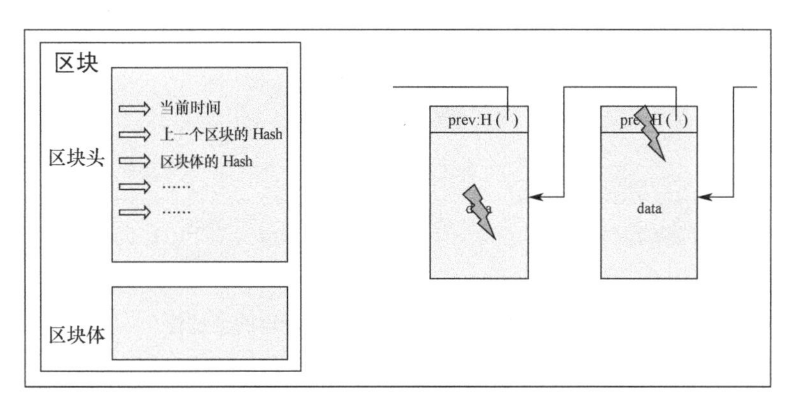

图 1.2.4-2　区块链的创新结构与算法

那么 Hash 值究竟是什么？

Hash 值是用于辨识每个区块“身份”的唯一编号，是一个 256 位的二进制数字。每当在区块链账簿里面记入新的内容（生成一个新的区块），必须要计算出其 Hash 值，但是其独特算法（叫作“SHA256”算法）使得这个计算非常耗时，如同大海捞针——每过 10 分钟左右才能算出一个新的 Hash 值。据此，区块链的数据也会每隔 10 分钟左右，以点对点（P2P）的形式进行一次“广播”。

Hash 值既和本区块体内容有关，也和上个区块的 Hash 值有关。所以，如果有人篡改了某个区块体内容，就会导致当前区块 Hash 值变化，继而引起下个区块和下下个区块的 Hash 值变化。

有人做过比喻：算出有效的 Hash 值，好比在全世界沙子里面找到一颗符合条件的沙粒。这种环环相扣的算法特点，使得更新某个区块链的内容变得非常困难：雪崩式的数据更新，需要消耗大量的算力，更不要说这种更新会发生在所有人的眼皮子底下——因为各个节点是同步更新的。由此可知，区块链内容的篡改成本非常高，以至于没有人愿意去做。所以区块链作为一种分布式数据库具备了各个节点完全平等、其数据保持一致、自动更新和不可篡改的特点，以此可保证数据的安全性与可靠性。

1.2.5　区块链技术与物流供应链是天作之合

由上节区块链的解析，我们已经明白只有在云计算和大数据高度发达的今天，区块链才能得以诞生，并形成推广应用的大气候。

区块链的发明起源于对金融和交易的重新思考，而如今它却在物流和供应链中大展拳脚。纵观当前活跃的区块链应用项目，绝大多数都属于物流和供应链范畴。

最近，在 60 多个国家经营业务的制造业巨头法国圣戈班集团（Saint-Gobain）的执行团队，在一次创新会议上与“区块链驱动”的咨询师会面，了解区块链在各个领域的应用，重点关注了物流。2017 年冬天，某区块链咨询公司也与英国汽车零部件制造商 Sterling Consolidated 会面，商议打造从零开始崭新的项目。这种速度是目前很多其他行业所欠缺的，业内的共识是“区块链对于物流和供应链才是天作之合”。区块链应用于供应链管理的全过程如图 1.2.5-1 所示。

图 1.2.5-1　区块链应用于供应链管理的全过程

注册供应链管理师（CSCP）冯维博士总结了区块链对于供应链管理的五大意义：区块链具有信息难以篡改的特点，有利于供应链的防伪溯源；区块链各个节点的信息完全一致，可削弱供应链的“牛鞭效应”；区块链节点的数据自动更新，有利于实现信息流的精益；区块链的“智能合约”运作，可以减少相关的人力投入；区块链运作不需要中介参与，可以降低信任成本。区块链技术对于供应链管理的五大贡献见表 1.2.5-1。

表 1.2.5-1　区块链技术对于供应链管理的五大贡献

区块链的意义 / SCM 指标	信息难以篡改 防伪溯源	节点信息完全一致 削弱牛鞭效应	数据自动更新 精益信息流	智能合约 减少人力投入	不需要中介 降低信任成本
质量	✓	✓	✓	✓	✓
成本		✓	✓	✓	✓
交付			✓		

据彭博社报道，沃尔玛一直在使用区块链追踪家禽从农场到餐桌的整个交易流程，减少食物变质和疾病暴发；马士基集团利用区块链追踪货物并减少运输时间；在钻石、公平贸易、食品和 UPS 联邦快递包裹、制药以及汽车部件中，区块链技术也已经证明了自己；联合国已经在 16 个机构中使用区块链技术来分发食物和捐款。在上述项目中，银行并没有被排除在外，银行只是将自己以往传统的坐收渔利的钱庄式服务，转向需要深入跟踪服务的供应链项目。例如，汇丰银行和荷兰国际集团已经宣布在区块链上成功地完成大豆的首次实时贸易融资交易，银行由此在高科技应用领域拓展了业务。

区块链在没有第三方信任证明的情况下创造信任，这对谁来说最重要？银行喜欢有信任的存在，但因其长期自视为第三方信任证明机构，并以此作为佣金的来源，它们几乎没什么动力增加自身的透明度；然而，供应链则不同，供应链关系管理涉及运送的商品、供应商、制造商和分销商等方方面面，拥有链内信任（保证内部不同的节点有人负责，并且数据可靠）和消费者信任（在人们越来越关心公平交易、道德采购的时代，区块链保证了小企业的供应链管理的能力与数据的真实可靠），对链内的每一个人与人、物与物、物与人节点上信息采集跟踪追溯息息相关。《MIT 科技评论》认为："区块链技术的真正前景不在于它能让你在一夜之间成为亿万富翁，而在于它可以通过彻底的、分散化的记账方法大幅降低信任成本，为创建经济组织结构提供新的思路和方法。"

以往的供应链关系管理项目大都由供应链龙头企业开启，其中因为没有像区块链这样有效的系统工具，造成许多业内不公平的潜规则，损害了中小企业与消费者的利益。应用区块链技术去中心化的供应链关系管理，将杜绝供应链龙头的胜者通吃，普遍提升供应链伙伴的平等与交易公平，区块链还增加产品的责任使供应链伙伴防损，从而节省资金，实现供应链效益的多赢。

1.2.6　我国区块链技术应用发展路线图

2016 年 10 月 18 日，工业和信息化部发布了由中国电子技术标准化研究院牵头编写的《2016 中国区块链技术和应用发展白皮书》。白皮书从国内外区块链发展现状的研究分析、区块链典型应用场景及典型应用分析、我国区块链技术发展路线图的建议、我国区块链标准化路线图等四个方面进行了报告，并探索区块链技术及其应用。

白皮书列举区块链技术应用在数据安全、数据共享、数据存储、数据分析、数据流通五个方面的好处。

1. 数据安全

区块链让数据真正"放心"流动起来。区块链以其可信任性、安全性和不可篡改性，让更多数据被解放出来。例如，区块链测序可以利用私钥限制访问权限，并且利用分布式计算资源，低成本完成测序服务，规避了对个人获取基因数据的限制问题。区块链的安全性让测序成为工业化的解决方案，实现了全球规模的测序，从而推进数据的海量增长。

2. 数据共享

区块链保障数据私密性。政府掌握着大量高密度、高价值数据，如医疗数据、人口数据等。政府数据开放是大势所趋，将对整个经济社会的发展产生不可估量的推动作用。然而，数据开放的主要难点和挑战是如何在保护个人隐私的情况下开放数据。基于区块链的数据脱敏技术能保证数据私密性，为隐私保护下的数据开放提供了解决方案。数据 Hash 脱敏处理示意图如图 1.2.6-1 所示。

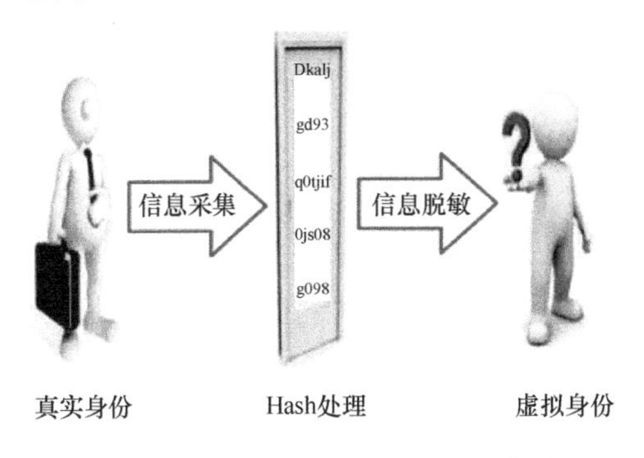

图 1.2.6-1　数据 Hash 脱敏处理示意图

数据脱敏技术主要采用了哈希处理等加密算法。例如，基于区块链技术的英格码系统（Enigma），在不访问原始数据的情况下运算数据，可以对数据的私密性进行保护，杜绝数据共享中的信息安全问题。例如，公司员工可放心地开放可访问其工资信息的路径，并共同计算出群内平均工资。每个参与者可得知其在该组中的相对地位，但对其他成员的薪酬一无所知。

3．数据存储

区块链是不可篡改的、全历史的、强背书的数据库存储技术。

区块链通过网络中所有节点共同参与计算，互相验证其信息的真伪以达成全网共识。迄今为止，大数据还处于非常基础的阶段，基于全网共识为基础的区块链数据，使数据的质量获得前所未有的强信任背书，也使数据库的发展进入一个崭新时代。

4．数据分析

区块链确保数据安全性。

数据分析是实现数据价值的核心。在进行数据分析时，如何有效保护个人隐私和防止核心数据泄露，成为首要考虑的问题。例如，随着指纹数据分析应用和基因数据检测与分析手段的普及，越来越多的人担心，一旦个人健康数据发生泄露，将可能导致严重后果。

区块链技术可以通过多签名私钥、加密技术、安全多方计算技术来防止这类情况的出现。当数据被哈希处理后放置在区块链上，使用数字签名技术，可以保证只有那些获得授权的人们才可以对数据进行访问。通过私钥既保证数据私密性，又可以共享给授权研究机构。

特别是健康数据，如果数据统一存储在去中心化的区块链上，在不访问原始数据情况下进行数据分析，既可以对数据的私密性进行保护，又可以安全地提供给全球科研机构、医生共享，作为全人类的基础健康数据库，给未来解决突发疾病、疑难疾病带来极大的便利。

5．数据流通

区块链保障数据相关权益。

对于个人或机构有价值的数据资产，可以利用区块链对其进行注册，交易记录是全网认可的、透明的、可追溯的，明确了大数据资产来源、所有权、使用权和流通路径，对数据资产交易具有很大价值。

1.2.7 技术与法规并行

通过区块链技术的应用，可以帮助我国的大数据挖掘分析应用进入实施阶段，助力企业构建真正透明与扁平化管理的供应链，这是我们从业多年的心声和期许。

但是管理与科技的应用普及，远远不是某一项新技术就能够单打独挑的，区块链技术也不例外。大数据、物联网全面普及，从而蜕变为科技生产力，不仅需要管理科学的配合，还需要国家法规、行业规则与合作伙伴的协议的配套协调。

技术与法规的并行是区块链技术应用健康发展的可靠保证。

1.3　大数据

1.3.1　大数据的基本概念

大数据（Big Data，BD）是指无法在一定时间范围内用常规软件工具进行捕捉、管理和处理的巨量数据集合。大数据通常用来形容某一个机构（或联合体）创造的大量非结构化数据和半结构化数据，这些数据在下载到关系型数据库用于分析时会花费过多时间和金钱，是需要新的处理模式才能产生具有更强的决策力、洞察发现力和流程优化能力的海量、高增长率和多样化的信息资产。

2008 年 8 月，维克托・迈尔-舍恩伯格和肯尼斯・库克耶编写的《大数据时代》中指出，大数据是不使用随机分析法（抽样调查）这样的捷径，而只能采用全数据进行分析处理的庞大的数据群。IBM 提出 BD 的 5V 特征：Volume（大量）、Velocity（高速）、Variety（多样）、Value（低价值密度）、Veracity（真实性）。

大数据技术的战略意义不在于掌握庞大的数据信息，而在于对这些有意义的数据的专业化处理。换而言之，如果把大数据比作一种产业，那么这种产业实现盈利的关键，在于提高对数据的“加工能力”，通过“加工”实现数据的“增值”。

大数据主要应用于计算机、信息科学、统计学，适用于商务智能（Business Intelligence，BI）、工业 4.0、云计算、物联网、互联网+人工智能等领域。

1.3.2　大数据与云计算的关系

随着云时代的来临，大数据也得到了越来越多的关注。BD 与云计算（Cloud Computing），就像一枚硬币的正反面一样密不可分。BD 的特色在于对海量数据进行分布式数据挖掘，BD 无法用单台计算机实施处理分析，必须采用分布式云计算架构。

大数据需要特殊的技术，以有效地处理大量的容忍经过时间内的数据。适用于大数据的技术有大规模并行处理（MPP）数据库、数据挖掘、分布式文件系统、分布式数据库、云计算平台、互联网和可扩展的存储系统。

1.3.3　大数据的应用特征

从应用的角度来说，大数据具有海量、多样、高速、易变四大特征。

1. 海量

IDC[1]曾预测，2011 年全球产生的数据量将达到 1.8 ZB 或 1.8 万亿 GB，到 2020 年全球

1 国际数据公司，是国际数据集团旗下全资子公司，全称是 International Data Corporation；是信息技术、电信行业和消费科技市场咨询、顾问和活动服务专业提供商。经常发布市场资讯、预测和关于业内热点话题的观点性文章。

数据量将扩大 50 倍。目前，大数据的规模尚是一个不断变化的数字，单一数据集的规模范围从几十 TB 到数 PB 不等。简而言之，存储 1 PB 数据将需要两万台配备 50 GB 硬盘的个人电脑。此外，各种意想不到的来源都能产生数据。

2. 多样

数据多样性的增加主要是由于新型多结构数据造成的，新型多结构数据包括网络日志、社交媒体、互联网搜索、手机通话记录和传感器网络等产生的数据类型数据。

3. 高速

高速描述的是数据被创建和移动的速度。在高速网络时代，通过基于实现软件性能优化的高速电脑处理器和服务器，创建实时数据流已成为流行趋势。企业不仅需要了解如何快速创建数据，还必须知道如何快速处理、分析并返回给用户，以满足他们的实时需求。

4. 易变

大数据具有多层结构，这意味着大数据会呈现出多变的形式和类型。传统业务数据随时间演变已拥有标准的格式，能够被标准的商务智能软件识别。相对于传统的业务数据，大数据存在不规则和模糊不清的特性，造成很难甚至无法使用传统的应用软件进行分析。目前，企业面临的挑战是处理并从各种形式呈现的复杂数据中挖掘价值。

1.3.4 大数据应用的规范管理

2018 年 4 月 18 日，由中国信息通信研究院牵头编写的《大数据白皮书（2018 年）》正式发布，提出了“建立一体化的大数据平台，要形成良好的数据管理体系，打造平民化数据应用，组建强有力的数据管理部门”等战略规划，这将对物联网应用提供规范化支撑与保障。

1. 政府数据开放

按照惯例，政府数据作为公共资源，在不危及国家安全，不侵犯商业机密和个人信息的前提下，应该最大限度地开放给社会进行增值利用。

2. 个人信息保护

鉴于移动互联网、物联网、大数据、云计算及其相关产业的飞速发展，正前所未有地改变着个人信息的收集和使用方式，对个人信息现有的保护制度带来了新的挑战，规范管理、修订立法成为当务之急。

3. 数据流通规则

当今，数据日益成为重要的企业资产和国家资源，数据所蕴含的商业价值越来越为社会所重视。数据资源通过交易流通，能够提升生产效率，推进企业创新，释放更大的价值。通过市场化手段促进数据流通日益成为一种趋势，数据流通市场应运而生，数据流通规则必须配套跟进。

1.4　云计算

1.4.1　云计算定义

云是网络、互联网的一种比喻说法，云实际上就是互联网上的一些或者说是一堆计算机的集合。云计算（Cloud Computing）是基于互联网的相关服务的增加、使用和交付模式，通常涉及通过互联网来提供动态易扩展且经常是虚拟化的资源。

美国国家标准与技术研究院（National Institute of Standards and Technology，NIST）关于云计算的定义：云计算是一种按使用量付费的模式，这种模式提供可用的、便捷的、按需的网络访问，进入可配置的计算资源共享池（资源包括网络、服务器、存储、应用软件和服务），这些资源能够被快速提供，只需投入很少的管理工作，或与服务供应商进行很少的交互。

1.4.2　云计算是一个美丽的网络应用模式

狭义云计算是指 IT 基础设施的交付和使用模式，指通过网络以按需求、交易扩展的方式获得所需的资源；广义云计算是指服务的交付和使用模式，指通过网络以按需求、交易扩展的方式获得所需的服务，这种服务可以是 IT 和软件的，与 Internet 相关的，也可以是任意其他的服务，它具有超大规模、虚拟化、可靠安全等独特功效。

云计算是网格计算、分布式计算、并行计算、效用计算等传统计算机技术和网络技术发展融合的产物，它通过网络把多个成本相对较低的计算实体整合成一个具有强大计算能力的完美系统，并借助先进的商业模式把强大的计算能力分布到终端用户手中。

云计算具有基础设施即服务（Infrastructure-as-a-Service，IaaS，即基于 Internet 提供虚拟基础架构服务的应用模式）、平台即服务（Platform-as-a-Service，PaaS，即基于 Internet 提供平台服务的应用模式）、软件即服务（Software-as-a-Service，SaaS，即基于 Internet 提供软件服务的应用模式）三种服务形式。云计算独到之处是它的商业核心——帮助其他人省钱，正如谷歌（Google）前全球副总裁兼中国区总裁李开复先生的形象比喻：钱庄。无论是它的 IaaS、PaaS，还是 SaaS，都是一个“按需租用”的概念。比如：用户有复印的需求，但是用户不能因为一次复印去买个复印机，自建机房就有点像自己买个复印机；用户也不能因为一次复印就去租借个复印机，而服务器托管就有点像租借复印机。对于偶尔一次复印，用户肯定知道最好的选择是到复印店按实际数量付费并复印，这就是以复印机寓意的“云计算”的商业模式，这对于一些中小型企业与个人的 IT 应用而言，非常实用。

1.4.3　云计算的特点

1. 超大规模

“云”具有相当的规模，Google 云计算已经拥有 100 多万台服务器，Amazon（亚马逊）、

IBM、微软等公司的“云”均拥有几十万台服务器。企业私有云一般拥有数百上千台服务器。“云”能赋予用户前所未有的计算能力。

2. 虚拟化

云计算支持用户在任意位置、使用各种终端获取应用服务。所请求的资源来自“云”，而不是固定的有形的实体。应用在“云”中某处运行，但实际上用户无须了解也不用担心应用运行的具体位置。只需要一台笔记本或者一部手机，就可以通过网络服务来实现我们需要的一切，甚至包括超级计算这样的任务。

3. 高可靠性

“云”使用了数据多副本容错、计算节点同构可互换等措施来保障服务的高可靠性，使用云计算比使用本地计算机可靠。

4. 通用性

云计算不针对特定的应用，在“云”的支撑下可以构造出千变万化的应用，同一个“云”可以同时支撑不同的应用及运行。

5. 高可扩展性

“云”的规模可以动态伸缩，满足应用和用户规模增长的需要。

6. 按需服务

“云”是一个庞大的资源池，你按需购买；云可以像自来水、电、煤气那样计费。

7. 极其廉价

由于“云”的特殊容错措施可以采用极其廉价的节点来构成云，“云”的自动化集中式管理使大量企业无须负担日益高昂的数据中心管理成本，“云”的通用性使资源的利用率较之传统系统大幅提升，因此用户可以充分享受“云”的低成本优势，经常只要花费几百美元、几天时间就能完成以前需要数万美元、数月时间才能完成的任务。云计算可以彻底改变人们未来的生活，但同时也要重视环境问题，这样才能真正为人类进步做贡献，而不是简单的技术提升。

8. 潜在的危险性

云计算服务除了提供计算服务，还必然提供了存储服务。但是云计算服务当前垄断在私人机构（企业）手中，而他们仅仅能够提供商业信用。政府机构、商业机构（特别是像银行这样持有敏感数据的商业机构）选择云计算服务应保持足够的警惕。对于信息社会而言，“信息”是至关重要的，一旦商业用户大规模使用私人机构提供的云计算服务，无论其技术优势有多强，都不可避免地让这些私人机构以“数据（信息）”的重要性挟制整个社会。另外，云计算中的数据对于数据所有者以外的其他云计算用户是保密的，但是对于提供云计算的商业机构来说确实毫无秘密可言。所有这些潜在的危险，是商业机构和政府机构选择云计算服务，特别是国外机构提供的云计算服务的时候，不得不考虑的一个重要前提。

1.5　第五代移动通信技术——5G

1.5.1　5G 的基本概念与关键技术

5G（5th-Generation）是第五代移动通信技术，也指第五代移动通信标准。5G 网络的理论速度为 10 Gbps（相当于下载速度 1.25 GBps）。物联网等产业的快速发展，对网络速度提出更高的要求，未来的 5G 网络正朝着网络多元化、宽带化、综合化、智能化的方向发展。

与 4G 相比，5G 具有以下关键技术：

1．超密集异构网络

随着各种智能终端的普及，面向 2020 年及以后，移动数据流量将呈现爆炸式增长。未来的 5G 网络需要保证支持 1 000 倍流量增长，因此，超密集异构网络成为未来 5G 网络提高数据流量的关键技术。

2．自组织网络

传统移动通信网络主要依靠人工方式完成网络部署及运维，费时费力成本高，网络优化不理想。5G 网络将面临各种节点覆盖能力各不相同的无线接入技术，网络关系错综复杂。因此，自组织网络（Self-organizing Network，SON）的智能化将成为 5G 网络必不可少的一项关键技术。

3．内容分发网络

未来的 5G 面向大规模用户的音频、视频、图像等业务急剧增长，网络流量的爆炸式增长会极大地影响用户的服务质量，受到传输中路由阻塞和延迟、网站服务器的处理能力等因素的影响，仅仅依靠增加带宽并不能解决问题，为此，内容分发网络（Content Distribution Network，CDN）对 5G 网络的容量与用户访问具有重要的支撑作用。

4．D2D 通信

设备到设备（Device-to-Device，D2D）通信是一种基于蜂窝系统的近距离数据直接传输技术，具有潜在提升系统性能、增强用户体验、减轻基站压力、提高频谱利用率的前景，D2D 是 5G 网络中的关键技术之一。

5．M2M 通信

机器到机器（Machine to Machine，M2M）通信。M2M 通常是指能够以自主的方式测量、传递、消化和对信息进行反映的信息和通信技术，即在部署、配置、操作和维护期间，没有或极少有人际交互。

M2M 作为现阶段物联网最常见的应用形式，在智能电网、安全监测、城市信息化和环境监测等领域实现了商业化应用。3GPP 已经针对 M2M 网络制定了相关标准，并立项开始研究 M2M 关键技术。

根据美国咨询机构 FORRESTER 预测，到 2020 年，全球物与物之间的通信将是人与人之间通信的 30 倍。IDC 预测，在未来的 2020 年，500 亿台 M2M 设备将活跃在全球移动网络中。因此，M2M 市场蕴藏着巨大的商机，研究 M2M 技术对 5G 网络具有非比寻常的意义。

6．信息中心网络

随着实时音频、高清视频等服务的日益激增，基于位置通信的传统 TCP/IP 网络将无法满足海量数据流量分发的要求，网络呈现出以信息为中心的发展趋势。

信息中心网络（Information-Centric Network，ICN）的思想最早是 1979 年由 Nelson 提出来的，后来被 Baccala 强化。目前，美国的多个组织对 ICN 进行了深入研究。作为一种新型网络体系结构，ICN 的目标是取代现有的 IP。

7．移动云计算

近年来，智能手机、平板电脑等移动设备的软硬件水平得到了较大的提高，支持大量的应用和服务，为用户带来了很大的方便。5G 时代全球将会出现 500 亿的万物互联服务，人们对智能终端的计算能力以及服务质量的要求越来越高。移动云计算将成为 5G 网络创新服务的关键技术之一。

移动云计算是一种全新的 IT 资源或信息服务的交付与使用模式，它是在移动互联网中引入云计算的产物。移动网络中的移动智能终端以按需、易扩展的方式连接到远端的服务提供商，获得所需资源，主要包含基础设施、平台、计算存储能力和应用资源。

8．SDN/NFV

随着网络通信技术和计算机技术的发展，互联网+、三网融合、云计算服务等新兴产业对互联网在可扩展性、安全性、可控可管等方面提出了越来越高的要求。

软件定义网络（Software Defined Networking，SDN）架构的核心特点是开放性、灵活性和可编程性，SDN/NFV（Network Function Virtualization，网络功能虚拟化）作为一种新型的网络架构与构建技术，其倡导的控制与数据分离、软件化、虚拟化思想，为突破现有网络的困境带来了希望。

在欧盟公布的 5G 愿景中，明确提出将利用 SDN/NFV 作为基础技术支撑未来 5G 网络的发展。

9．软件定义无线网络

软件定义网络是由 Emulex 提出的一种新型网络创新架构，是网络虚拟化的一种实现方式，其核心技术 OpenFlow 通过将网络设备控制面与数据面分离开来，从而实现了网络流量的灵活控制，使网络作为管道变得更加智能。

目前，无线网络面临着一系列的挑战。首先，无线网络中存在大量的异构网络，如 LTE、WiMax、UMTS、WLAN 等，异构无线网络并存的现象将持续相当长的一段时间。异构无线网络面临的主要挑战是难以互通、资源优化困难、无线资源浪费等，这主要是由于现有移动网络采用了垂直架构的设计模式。此外，网络中的一对多模型（即单一网络特性对多种服务），无法针对不同服务的特点提供定制的网络保障，降低了网络服务质量和用户体验。因此，在无线网络中引入 SDN 思想将打破现有无线网络的封闭僵化现象，彻底改变无线网络的困境。

软件定义思想在无线领域的应用促使了软件定义无线网络（Software Defined Wireless Network，SDWN）的兴起，SDWN 分离无线控制平面及数据平面，开放无线网络可编程接口，简化了网络管理，是第五代移动通信网络（5G）的重要发展方向之一。

10．情境感知技术

随着海量设备的增长，未来的 5G 网络不仅承载人与人之间的通信，而且还要承载人与物之间，以及物与物之间的通信（如物联网），既可支撑大量终端，又使个性化、定制化的应用成为常态。情境感知技术则能够让未来 5G 网络主动、智能、及时地向用户推送所需的信息。

1.5.2 5G 标准的中国声音

2017 年 12 月 21 日，在 3GPP RAN 第 78 次全体会议上，5G NR 首发版本正式冻结并发布；2018 年 2 月 23 日，沃达丰和华为完成首次 5G 通话测试；美国圣地亚哥时间 2018 年 6 月 13 日，3GPP 又一次召开会议，这第 80 次 TSG RAN 会议上正式发布了 5G NR 标准独立组网（Standalone，SA）方案，标志着首个面向商用的 5G 标准出炉，5G 的技术优势真正展现。

经历中兴事件后，国内对于掌握核心技术的呼声愈发提高，在 5G 的标准制定过程中，中国企业相比以往有了更大话语权。

本次标准发布一共有 50 家公司参与，其中中国公司有中国电信、中国移动、中国联通、华为、中兴等 16 家。

5G 的核心技术包括基于正交频分复用技术（Orthogonal Frequency Division Multiplexing，OFDM）优化的波形和多址接入、可扩展的 OFDM 间隔参数配置、超密集异构网络、网络切片、边缘计算和 SDN/NFV（软件定义网络和网络虚拟化）等，意在实现高速度、泛在网、低功耗、低时延、万物互联等特性，中国企业的技术积累与设计体现在整个技术标准中，而这版 5G 标准冻结只是第一步，要等到全部标准完成后，方显中国的话语权高低。

1.5.3 中国加速布局 5G 网络

在 5G 这个没有硝烟的战场上，我国当然也不甘落后。工业和信息化部总工程师张峰透露，我国将在 2020 年实现 5G 网络商用。下一阶段我国 5G 发展的相关工作是：加快研发创新，加大 5G 技术、标准与产品研发的力度，构建国际化 5G 试验平台；强化频率统筹，依托国际电信联盟加强沟通和协调，力争形成更多 5G 统一频段；深化务实合作，建立广泛和深入的交流合作机制，在国际框架下积极推进形成全球统一的 5G 标准；促进融合发展，加强 5G 与垂直行业的融合创新研究，以工业互联网、车联网等重点行业应用为突破口，构建支撑行业发展的 5G 网络。

2018 年 6 月 26 日，《中国电信 5G 技术白皮书》在上海发布，中国电信公布了 5G 发展的总体技术观点和发展策略，试点 5G 外场技术试验网。《中国电信 5G 技术白皮书》致力于应对 2020 年后多样化、差异化业务的巨大挑战，满足超高速率、超低时延、高速移动、高能效和超高流量与连接数密度等多维能力指标，以柔性、绿色、极速为愿景，打造合作、创新的 5G 产业生态圈。

2018 年 6 月 27 日，中国移动、南方电网、华为联合发布了《5G 助力智能电网应用白皮书》。白皮书重点介绍了智能分布式配电自动化、用电负荷需求侧响应、分布式能源调控、高级计量、智能电网大视频应用五大类 5G 智能电网典型应用场景的现状及未来通信需求，结合 5G 网络切片关键技术研究与分析，提供了适合电力行业的基于端、管、云、安全四大领域的智能电网端到端网络切片解决方案。白皮书的发布，让合作伙伴和公众更好地了解智能电网的特点和需求，以及 5G 在智能电网应用的广阔前景，引导更多的合作伙伴加入 5G 垂直行业合作，促进技术发展，推动产业链发展和成熟。未来的智能电网将是一个自愈、安全、经济、清洁，能够提供适应数字时代的优质电力网络。5G 作为新一轮移动通信技术的发展方向，将实现真正的“万物互联”，为移动通信带来无限生机。垂直行业应用是 5G 时代的重要业务场景，5G 可以更好地满足电网业务的安全性、可靠性和灵活性需求，实现差异化服务保障，进一步提升电网企业对自身业务的自主可控能力，促进未来智能电网取得更大的技术突破。

1.5.4 5G 强化了物联网应用

5G、4G 的应用主要差别在于 5G 强化了物与物之间的连接，扩大了移动网络在各垂直行业的物联网应用。5G 应用建立在以人为本的基础上，包括超高画质影音、优质云端服务、智能交通等。由于 5G 技术强调传送强、速度快且实时可靠，能支持分秒必争的移动，比较适用于外科手术及智能交通运作。

例如车联网。未来通过 5G 可使自动驾驶汽车由自动联结引导到交通体系，在高速进行中仍可保持传输质量，因此，车辆行驶间的影像通过云端储存实时传输，不需等行程结束即可对影像记录进行管理，且云端化结合影像分析，加上车体内外的传感器可协助驾驶行为的修正、道路状况的实时提醒和驾驶判断辅助。车联网应用可望成为一个关键市场。

就物联网的基础支撑射频识别（Radio Frequency Identification，RFID）技术而言，5G 将使 RFID 系统海量的实时数据采集与传输处理产生质的飞跃。5G 可使每一个物流与供应链从业人员的手机成为以移动通信为主体的高速实时的 RFID 阅读器，从而节省专用 RFID 系统布局的成本，星罗棋布、遍地开花地采集各种各样的终端数据。对此我们将在本书 1.7 节详细讨论。

1.6 人工智能

1.6.1 人工智能的概念

人工智能，英文名称 Artificial Intelligence，简称 AI。中国电子技术标准化研究院编写的 2018 版《人工智能标准化白皮书》中将人工智能定义为：“人工智能是利用数字计算机或者数字计算机控制的机器模拟、延伸和扩展人的智能，感知环境、获取知识并使用知识获得最佳结果的理论、方法、技术及应用系统。”

人工智能的定义对人工智能学科的基本思想和内容做出了规范化的解释，即围绕智能活动而构造的人工系统。人工智能是知识的工程，是机器模仿人类利用知识完成一定行为的过程。根据人工智能是否能真正实现推理、思考和解决问题，可以将人工智能分为弱人工智能和强人工智能。

弱人工智能（Bottom-Up AI）是指只能实现特定功能的专用智能。这些机器表面看像智能的，但是并不真正拥有智能，也不会有自主意识。而不像人类智能那样能够不断适应复杂的新环境并不断涌现出新的功能。目前的主流研究仍然集中于弱人工智能，如语音识别、图像处理和物体分割、机器翻译等方面取得了重大突破，甚至可以接近甚至超越人类水平。

强人工智能（Top-Down AI）是指有知觉的和自我意识、真正能思维的智能机器。这类机器可分为类人（机器的思考和推理类似人的思维）和非类人（机器产生了和人完全不一样的知觉和意识，使用和人完全不一样的推理方式）两大类。强人工智能不仅在哲学上存在巨大争论（涉及思维与意识等根本问题的讨论），在技术上的研究也具有极大的挑战性。强人工智能当前鲜有进展，美国私营部门的专家及国家科技委员会比较支持的观点认为至少在未来几十年内难以实现。

1.6.2　人工智能的起源与发展

制造具有智能的机器一直是人类的科技梦想。人工智能自 20 世纪 50 年代开始，至今经历了三个发展阶段：

第一阶段（20 世纪 50—80 年代）。在这一阶段，人工智能刚诞生，基于抽象数学推理的可编程数字计算机已经出现，符号主义（Symbolism）快速发展，但由于很多事物不能形式化表达，建立的模型存在一定的局限性。此外，随着计算任务的复杂性不断加大，人工智能发展一度遇到瓶颈。

第二阶段（20 世纪 80—90 年代末）。在这一阶段，专家系统得到快速发展，数学模型有重大突破，但由于专家系统在知识获取、推理能力等方面的不足，以及开发成本高等原因，人工智能的发展又一次进入低谷期。

第三阶段（21 世纪初到现在）。随着大数据的应用、理论算法的革新、计算能力的提升，人工智能在很多应用领域取得了突破性进展，迎来了又一个繁荣时期。

为了方便快速阅读，把人工智能发展历程进行了汇集，见表 1.6.2-1。

表 1.6.2-1　人工智能发展历程

年　份	人　　物	事　　件	影　　响
启蒙期			
1950 年	人工智能之父英国数学家、逻辑学家艾伦・麦席森・图（Alan Mathison Turing）	在《计算机器与智能》（*Computing Machinery and Intelligence*）预言创造出具有真正智能的机器的可能性，提出图灵测试：如果一台机器能够与人类展开对话（通过电传设备）而不能被辨别出其机器身份，则称这台机器具有智能	测试是人工智能哲学方面第一个严肃的提案，依此衍生出了视觉图灵测试等测量方法

（续）

年份	人物	事件	影响
启蒙期			
1951 年	马文·明斯基（Marvin Minsky） 迪恩·爱德蒙（Dean Edmunds）	打造了第一个人工神经网络	第一个人工神经网络
1952 年	阿瑟·萨缪尔（Arthur Samuel）	开发计算机跳棋程序，是第一个具有学习能力的计算机程序	第一个学习机程序
第一次发展期：人工智能的黄金年代，计算机解决代数应用题、几何定理和英语等方面的成果被广泛赞赏，让研究者对开发完全智能的机器信心倍增			
1956 年	约翰·麦卡锡（John McCarthy）	在达特茅斯会议上首次提出“AI”术语	此次会议被视为人工智能正式诞生的标志
1957 年	弗兰克·罗森布拉特（Frank Rosenblatt）	提出感知器“perceptron”，模拟人类视神经控制系统的图形识别机	成为后来许多神经网络的基础
1958 年	约翰·麦卡锡（John McCarthy）	开发编程语言 Lisp	至今仍是人工智能研究中最流行的编程语言
1959 年	阿瑟·萨缪尔（Arthur Samuel）	创造了“机器学习”一词，“给电脑编程，让它能通过学习比编程者更好地下跳棋”。同年，提出“Advice Taker”概念	此概念可以被看作第一个完整的人工智能系统
1961 年	新泽西州美国通用汽车	第一批工业机器人 Unimate（意为万能自动）在新泽西州通用汽车工厂的生产线上工作	工业机器人面世
1964 年	丹尼尔·鲍勃罗（Daniel Bobrow）	开发了一个自然语言理解程序“STUDENT”	早期自然语言理解程序
1965 年	赫伯特·西蒙（Herbert Simon）	预测 20 年内计算机将能够取代人工	已部分变为现实
遭遇第一次低谷：20 世纪 60 年代中期，人工智能开始遭遇批评			
1965 年	赫伯特·德雷福斯（Herbert Dreyfus）	出版了 *Alchemy and AI*，对人工智能研究提出质疑	对人工智能提出质疑
1965 年	古德（I.J.Good）	提出人工智能威胁论，认为超智能机器将会超越人类的控制	提出人工智能威胁论
1965 年	约瑟夫·维森班（Joseph Weizenbaum）	开发了互动程序 ELIZA，此人工智能项目能就任何话题与人类展开对话	程序与人类对话
1965 年	费根鲍姆（Edward Feigenbaum）、布鲁斯·布坎南（Bruce G.Buchanan）、莱德伯格（Joshua Lederberg）、卡尔·杰拉西（Carl Djerassi）	开始在斯坦福大学研究 DENDRAL 系统，它能够使有机化学的决策过程和问题解决自动化	历史上首个专家系统
1966—1972 年	美国斯坦福研究院人工智能中心	研制了世界上第一台真正意义上的移动机器人——Shakey	第一台移动机器人
1968 年	特里·维诺格拉德（Terry Winograd）	开发了 SHRDLU，一种早期自然语言理解程序	早期自然语言理解程序
1969 年	阿瑟·布莱森（Arthur Bryson） 何毓琦（Yu-Chi Ho）	描述了反向传播能够作为一种多阶段动态系统优化方法来运用。这是一种学习算法，可用于多层人工神经网络	2000 年后此方法对深度学习的发展有着突出贡献
1970 年	日本早稻田大学	造出第一个人形机器人 WABOT-1。它由肢体控制系统、视觉系统和对话系统组成	第一个人形机器人

（续）

年 份	人 物	事 件	影 响
遭遇第一次低谷：20世纪60年代中期，人工智能开始遭遇批评			
1972年	斯坦福大学	开发出能够利用人工智能识别感染细菌并推荐抗生素的专家系统“MYCIN”	专家系统“MYCIN”
1973年	詹姆斯·莱特希尔（James Lighthill）	针对英国AI研究状况的报告称，AI在实现其“宏伟目标”上完全失败	结果政府大幅度削减对AI研究的资金支持
1979年	斯坦福大学	自动驾驶汽车Stanford Cart在无人干预的情况下，成功驶过一个充满障碍的房间	这是自动驾驶汽车最早的研究范例之一
第二次发展期：20世纪80年代，人工智能出现短期发展。人工智能程序“专家系统”被广泛采纳。这套系统可以简单理解为“知识库+推理机”，是具有专门知识和经验的计算机智能程序系统，“知识处理”随之成为主流AI的研究焦点			
1980年	日本早稻田大学	研制出能够与人沟通、阅读乐谱并演奏电子琴的机器人——Wabot-2	电子琴机器人Wabot-2
1981年	日本经济产业省	拨款8.5亿美元支持第五代计算机项目，意图制造出能够与人对话、翻译语言、解释图像，且能像人一样推理的机器	随后，英、美等国响应，向AI研究提供大量资金
1984年	罗杰·单克（Roger Schank） 马文·明斯基（Marvin Minsky）	在美国人工智能协会年会，警告“AI之冬”即将到来，预测AI泡沫的破灭，投资资金也将如20世纪70年代中期那样减少	AI泡沫的破灭，三年后确实发生
第二次低谷（20世纪80年代末），美国国防高级研究计划局的新任领导认为人工智能并不是“下一个浪潮”；20世纪90年代初，人们发现日本人设定的“第五代工程”没能实现。人们从对“专家系统”的狂热追捧一步步走向失望，人工智能研究再次遭遇经费危机			
1986年	恩斯特·迪克曼斯（Ernst Dickmanns）	指导建造第一辆无人驾驶奔驰汽车。这辆车配备照相机和传感器，时速达到每小时约88千米	第一辆无人驾驶奔驰汽车
1987年	苹果和IBM	苹果和IBM生产的台式机性能都超过了Symbolics等厂商生产的通用型计算机	专家系统风光不再
1988年	罗洛·卡彭特（Rollo Carpenter）	开发了能模仿人聊天的聊天机器人——Jabberwacky	这是人工智能与人类交互的最早尝试
1988年	IBM沃森研究中心	发表*A statistical approach to language translation*，预示着从基于规则的翻译向机器翻译的转变。机器学习无须人工提取特征编程，只需大量的示范材料，就能像人脑一样习得技能	翻译向机器翻译转变
1988年	马文·明斯基（Marvin Minsky） 西摩尔·帕普特（Seymour Papert）	出版了两人1969年作品*Perceptrons*的扩充版。在序言中指出，许多AI新人在犯和老一辈同样的错误，导致该领域进展缓慢	AI新人在犯和老一辈同样的错误
1989年	燕乐存（Yann LeCun）和贝尔实验室的其他研究人员	成功将反向传播算法应用在多层神经网络，实现手写邮编的识别	实现手写邮编的识别
1989年	罗德尼·布鲁克斯（Rodney Brooks）	提出用环境交互打造AI机器人的设想	环境交互机器人的设想

（续）

年　份	人　物	事　件	影　响
自20世纪90年代至今进入“人机大战”时代，人工智能取得了许多里程碑式成果，人工智能技术进入普通人的生活			
1993年	弗农·温格（Vernor Vinge）	发表了 *The Coming Technological Singularity*，认为30年内人类就会拥有打造超人类智能的技术，不久之后人类时代将迎来终结	本书编者认为不可能实现
1997年	IBM 的计算机程序“深蓝”	在正常时限的比赛中首次以2胜1负3平击败了当时世界排名第一的国际象棋大师加里·卡斯帕罗夫	“深蓝”胜国际象棋大师
2000年	MIT 的西蒂亚·布雷泽尔（Cynthia Breazeal）	打造了可识别和模拟人类情绪的机器人——Kismet	模拟人类情绪的机器人 Kismet
2000年	日本本田	推出能像人一样快速行走、在餐厅中为顾客上菜的人型机器人——ASIMO	餐厅服务机器人 ASIMO
2009年	美国西北大学智能信息实验室的计算机科学家	开发出自动写作程序 Stats Monkey，能自动撰写体育新闻	自动撰写体育新闻机器人 Stats Monkey
2011年	卷积神经网络	赢得了德国交通标志检测竞赛，机器正确率为99.46%，人类最高分为99.22%	卷积神经网络超过人
2011年	IBM 超级电脑沃森	在美国老牌益智节目“危险边缘”（Jeopardy!）中击败人类	沃森益智节目击败人类
2012年	吴恩达（Andrew Ng）和杰夫·迪恩（Jeff Dean）	带领的 Google Brain 组建了一个神经网络，从1000万段 YouTube 的视频中抽取一帧分辨率为200×200的缩略画面，训练神经网络从中识别出猫	神经网络成功识别猫
2016年	阿尔法围棋（AlphaGo），俗称阿尔法狗，谷歌（Google）旗下 DeepMind 公司的戴密斯·哈萨比斯领衔的开发团队	研发的 AlphaGo 在围棋人机大战中以4∶1击败韩国职业九段棋手李世石	第一个击败人类职业围棋选手、第一个战胜围棋世界冠军的人工智能机器人
2017年		在围棋人机大战中以3∶0胜中国围棋职业九段、当前围棋等级分排名世界第一的棋手柯洁。其主要工作原理是“深度学习”	

1.6.3　人工智能的特征

人工智能与社会及其科技发展息息相关，甚至影响到环境与人类日常生活，掌握人工智能的特征，对人工智能发展至关重要，本章综合归纳出“以人为本，四能四有”的人工智能特征，供读者参考。

1．以人为本：由人设计，为人服务

从根本上说，人工智能系统必须以人为本。这些系统是人类设计出的机器，按照人类设定的程序逻辑或软件算法通过人类发明的芯片等硬件载体来运行或工作，其本质体现为计算。通过对数据的采集、加工、处理、分析和挖掘，形成有价值的信息流和知识模型，为人类提供延伸人类能力的服务，实现对人类期望的一些“智能行为”的模拟。

AI 必须体现服务人类的特点，而不应该伤害人类，特别是不应该有目的性地做出伤害人类的行为。

2．能感知环境，能产生反应，能与人交互，能与人互补

人工智能系统应具备借助传感器对外界环境（包括人类）感知的能力，可以像人一样通过听觉、视觉、嗅觉、触觉等接收来自环境的各种信息；具备对外界输入的语音、表情、动作（控制执行机构）等必要的反应；借助于按钮、键盘、鼠标、屏幕、手势、体态、表情、力反馈、虚拟现实或增强现实等方式，人与机器间可以产生交互与互动，使机器设备越来越“理解”人类乃至与人类共同协作、优势互补。

这样，人工智能系统能够帮助人类做人类不擅长、不喜欢但机器能够完成的工作，而人类则适合去做更需要创造性、洞察力、想象力、灵活性、多变性乃至用心领悟或需要感情的一些工作。

3．有适应特性，有学习能力，有演化迭代，有连接扩展

人工智能系统在理想情况下应具有一定的自适应特性和学习能力，即具有一定的随环境、数据或任务变化而自适应调节参数或更新优化模型的能力；并且能够在此基础上与云、端、人、物越来越广泛地连接扩展，实现机器客体乃至人类主体的演化迭代，使系统具有适应性、鲁棒性[1]、灵活性、扩展性，以应对不断变化的现实环境，从而使人工智能在各行各业的应用更加丰富多彩。

1.6.4　人工智能应用参考框架

人工智能是一门边缘学科，属于自然科学和社会科学的交叉。涉及哲学、认知科学、数学、神经生理学、心理学、计算机科学、信息论、控制论、不定性论等学科，研究范畴有自然语言处理、知识表现、智能搜索、推理、规划、机器学习、知识获取、组合调度、综合感知、模式识别、逻辑程序设计、软计算、不精确和不确定管理、神经网络、复杂系统、遗传算法等。

经过半个世纪的研究开发，人工智能在机器视觉、指纹识别、人脸识别、视网膜识别、虹膜识别、掌纹识别、专家系统、自动规划、智能搜索、定理证明、博弈、自动程序设计、智能控制、机器人学、语言和图像理解、遗传编程等方面都有诸多出色的实际应用。

目前，人工智能领域尚未形成完善的参考框架。这里直接采用 2018 版《人工智能标准化白皮书》第二章的相关内容，基于人工智能的发展状况和应用特征，从人工智能信息流动的角度出发，给出人工智能参考框架图，如图 1.6.4-1 所示。

---

1 鲁棒是 Robust 的音译，也就是健壮、强壮、坚定、粗野的意思。鲁棒性（robustness）就是系统的健壮性。它是在异常和危险情况下系统生存的关键。比如说，计算机软件在输入错误、磁盘故障、网络过载或有意攻击情况下，能否不死机、不崩溃，就是该软件的鲁棒性。鲁棒控制（Robust Control）方面的研究始于 20 世纪 50 年代。在最近的 20 年中，鲁棒控制一直是国际自控界的研究热点。

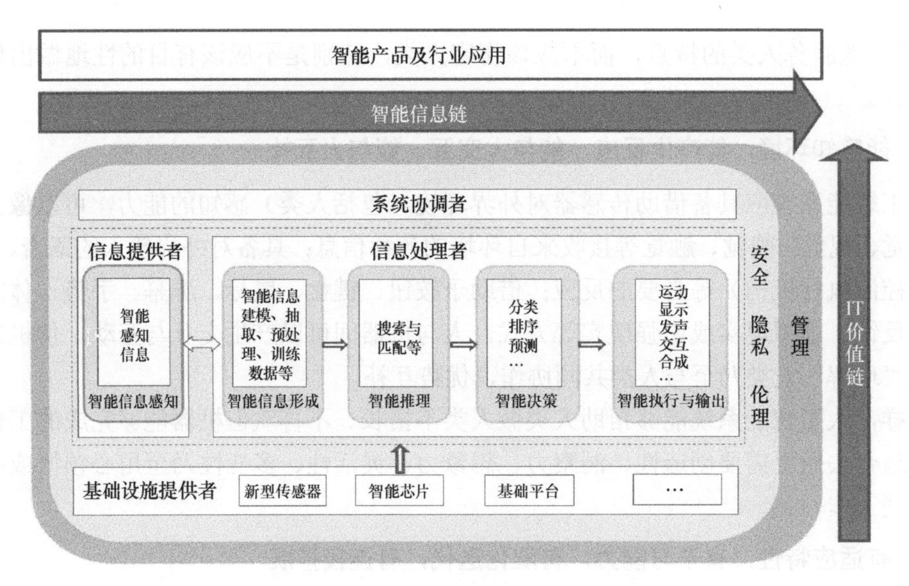

图 1.6.4-1 人工智能参考框架图[1]

1.6.5 人工智能发展中的问题

人工智能的发展一直都伴随着安全、伦理和隐私问题的质疑与争论。

早在 1965 年，英裔数学家、密码学家古德（I.J. Good），首次描述了“智能爆炸”（Intelligence Explosion）这一与人工智能（AI）密切相关的概念，提出人工智能威胁论，认为超智能机器人将会超越人类的控制。有些学者也认为让计算机拥有智商是很危险的，它可能会反抗人类，这种隐患在许多科幻电影中出现。人工智能争论的关键是允不允许机器拥有自主意识的产生与延续，即能不能发展强人工智能，因为强人工智能使机器拥有自主意识，则意味着机器具有与人同等或类似的创造、自我保护意识、情感和自发行为，这将对人类构成极大的威胁。

而著名的谷歌工程师 François Chollet 的《智能爆炸不会发生，AI 将线性发展》[2]指出：古德的观点源自对人工智能的误解和有缺陷的推理，“我们的智能主要不在大脑，而是外显为文明”。François Chollet 认为：智能是情境式的，不是那么简单地依赖于大脑的存储与计算，所以我们不能以一种完全抽象的方式思考智能。人的大脑仅仅是一块生物组织，不具备任何真正意义上的智能。在大脑之外，身体和感觉都是意识的基本组成，包括环境都是意识的基本组成部分。从社会学的角度来说，人类文化是意识的基本组成，这些事物是人类所有思想的来源，我们不能割裂智能和表达智能自身的环境之间的关系，把智能看成一种超力，这应该是经典的唯物论之存在决定意识的论点。

美国布鲁金斯学会研究员苏珊·汉尼斯（Susan Hennessey）认为，AI 将催生全新形式的“脆弱性”。例如，机器学习中使用的人工神经网络，在无人驾驶领域得到了广泛应用，尤其用于图像识别，但原本无害的神经网络可能在遭受对抗样本（Adversarial Example）攻

1 图片来源于 2018 版《人工智能标准化白皮书》。
2 François Chollet. 机器之心. 物联网智库，译. http://www.sohu.com/a/207639281_464023.

击后变成“杀人凶手”。例如，美国谷歌公司计算机科学家伊恩·J.古德费洛（Ian J. Goodfellow）等人的一项研究：某个神经网络以57.7%的置信度将一张图片中的熊猫判断为“熊猫”，且“熊猫”类别是所有类别中置信度最高的，因此该网络得出“图片中的物体是一只熊猫”的结论。但在少量添加精心构造的噪声后，即使在人类看来图中物体依然是熊猫，该神经网络也会以99.3%的置信度将图片中的熊猫判断为“长臂猿”。此类例子表明，怀有不良意图者可通过欺骗人工智能，给世界造成巨大安全威胁。

2017年12月，美国众议院议员约翰·德拉尼（John Delaney）与参议院、众议院的其他几位议员共同提出了《人工智能的未来法案》，其宗旨是为人工智能技术持续发展创造一个支持环境，并指定美国商务部设立一个联邦顾问委员会，评估新兴人工智能技术带来的经济机遇，以及对美国人生活各方面产生的影响。

过去10年里，已有许多案例表明，人工智能可以同时促进网络攻击技术和网络防御技术的发展，它像其他许多新技术一样是一把“双刃剑”。但是现在就建立针对人工智能的法律和政策框架，是否为时过早？发达国家的回答是：不，应及早设计制定治理框架。

人工智能或许是当前全球化世界中最具突破性的领域，中国、美国、德国、韩国、俄罗斯等都投入了大量资金，用于人工智能技术研发及相关的政策、法律问题的研究；各国不仅在技术层面上，也在社会层面上对人工智能技术进行“实验”或尝试。

2018年1月，我国发布了由中国电子技术标准化研究院编写的《人工智能标准化白皮书》（2018版），提出首先在国家层面从技术上对人工智能进行规划，但尚未涉及社会及法律层面。

最近，26年后重返TED演讲台的创新工场创始人兼计算机科学家李开复博士详细介绍了美国和中国是如何推动一场深度学习革命的，并分享了人类如何利用同情心和创造力在人工智能时代茁壮成长的蓝图。我非常赞同他对人工智能的现状分析与发展预见：“人工智能是偶然的”，它是“为了把我们从日常工作中解放出来，也是为了提醒我们，我们因何为人”。李开复认为：“在这场人工智能摧毁工作的浩劫中，唯有创造性工作者才能从中全身而退。人类将面临的最大考验并非是失去工作，而是失去生活的意义。”……“人工智能将带来并带走规律性工作，同时，我们将感到欣慰。人工智能将成为创造者很好的工具，所以科学家、艺术家、音乐家和作家能够变得更有创造力。人工智能将以分析工具的方式与人们工作，所以人们可以将他们的温暖倾注于高同情性的工作。我们可以用具独特能力并同时具同情心和创造力的工作将自己与人工智能区分开来，运用并影响我们不可取代的头脑和内心。所以你可以看到人类与人工智能共存的蓝图。人工智能是凑巧的。它的到来是将我们从规律性工作中解放出来，它的到来也是提醒我们是什么使我们成为人们。所以让我们选择欣然接受人工智能并彼此相爱。”这正是我所想所要的。

1.7　自动识别技术

- 自动识别技术是物联网的“触角”；
- 射频识别（RFID）和条码识别是物联网的“触角”的中坚；
- 条码与RFID可以优势互补。

网络通信技术及 5G、区块链、大数据库、云计算、人工智能和自动识别技术都是物联网不可缺少的使能技术，本节从 RFID 应用的角度重点介绍自动识别技术。

1.7.1 什么是自动识别技术?

自动识别技术是一种涵盖射频识别（RFID）技术、条码识别技术、光学字符识别（OCR）技术、磁卡识别技术、接触 IC 卡识别技术、语音识别技术和生物特征识别技术等，集计算机、光、机电、微电子、通信与网络技术为一体的高技术专业领域。

自动识别系统是应用一定的识别装置，通过与被识别物之间的耦合，自动地获取被识别物的相关信息，并提供给后台的计算机处理系统来完成相关后续处理的数据采集系统。

加载了信息的载体（标签）与对应的识别设备及其相关计算机软硬件的有机组合便形成了自动识别系统。自动识别系统已经在物体跟踪和非初始的数据录入中有效地代替了速度慢、出错率高和劳动强度大的人工操作，成为快速、准确、有效的机读数据输入手段。

开放式自动识别系统是物联网实现智能化定位、跟踪、监控和管理的数据采集终端，形象地说更像物联网的“触角”。

1.7.2 自动识别系统分类、性能与应用比较

常见的自动识别系统有射频识别、条码识别、光学字符识别（OCR）、磁识别、IC 卡识别、语音识别和生物特征识别（包含人脸识别、指纹识别）等不同类型，见表 1.7.2-1。

表 1.7.2-1 常用的自动识别系统性能比较

类别 系统参数	射频识别	条码识别	光学字符识别	磁识别	IC 卡识别	语音识别	生物识别
信息载体	EEPROM	可印刷的表面	可印刷的表面	磁条	EEPROM	—	—
信息量	大	小	小	较小	大	大	大
读写性能	读/写	只读	只读	读/写	读/写	只读	只读
读取方式	无线通信	CCD 或激光	光电转换	电磁转换	电擦写	机器识读	机器识读
人工识读性	智能标签可以	可以	直接	不可	不可	不可	不可
保密性	好	无	无	一般	好	好	好
智能化	有	无	无	无	有	—	—
环境适应性	很好	不好	不好	一般	一般	—	—
光遮盖	没影响	全部失效	全部失效	—	—	—	有影响
方向位置	没影响	影响很小	影响很小	单向	单向	—	—
识别速度	很高	低	低	低	低	很低	很低
通信速度	很快	低	低	快	快	低	较低
读取距离	远	近	很近	接触	接触	很近	直接接触
使用寿命	很长	一次性	较短	短	长	—	—
国际标准	有	有	无	有	有	无	无
成本	较高	最低	一般	低	较高	较高	较高
多标签识别	能	不能	不能	不能	不能	不能	不能

条码识别是一种基于线条和空白组合的二进制光电识别，由国际物品编码协会 GS1 引领，20 世纪 70 年代最早被应用于零售领域，并迅速扩展至供应链管理的全过程，之后被延伸广泛应用于社会各个领域，如今，大众生活中的扫一扫比比皆是，超市商品条码结账、名片二维码、微信支付二维码和公众号二维码已经成为社会生活不可缺少的组成部分。

光学字符识别是专门针对文字、字符、数字的光电识别，如扫描器的 OCR 识别功能。

磁识别是一种接触式磁介质识别，必须按照正确的方向排列或特定的方式插入读卡机，才能正确还原数据，如银行存折、早期的银行卡和信用卡。

IC 卡识别是将可编程器件置于 IC 芯片中，以塑料等封装成卡片，以专用读卡机通过接触式读写实现自动识别与数据采集，如电话卡、水表卡、电表卡、社保卡等。

语音识别不仅可以节省大量的手工输入劳动，并且还可以帮助那些缺乏汉字输入技能的人完成计算机录入，但是由于识读率低，经常需要人工辅助纠正。

生物识别可以有效地识别诸如指纹、掌纹、面部、虹膜等人体细微的特征，但需要高清的扫描，大容量存储，仔细校准和正确面对摄像机，仅用于有严格要求的安保系统。

以上类型的自动识别技术的共同特点是必须直接面对被识别标签，进行无障碍“视线”扫描。

（RFID）射频识别，是英文 Radio Frequency Identification 的缩写。射频识别就是利用无线射频信号的电磁感应或电磁传播的空间耦合实现对被标识物体的自动识别，RFID 因其所具备无屏障读取和远距离穿透、快速扫描、高储存量、抗污染能力、耐久性、体积小、形状多样化、可重复使用、安全保密性好等优势而备受各界瞩目，从众多的自动识别技术中脱颖而出。

1.7.3 RFID 能够替代条码吗?

条码是不是过时了？RFID 会很快替代条码吗？RFID 作为自动识别的后起之秀一经问世，这种疑问也随之而来。

条码起源于 20 世纪 40 年代、研究于 60 年代、应用于 70 年代、普及于 80 年代，条码技术在各种管理信息系统中的应用，曾经引领风靡全球的世界流通信息化大变革。基于条码技术的国际统一标识系统在供应链管理领域的应用方兴未艾，至今仍是许多零售、制造与物流应用系统的数据采集的主打终端。

本书第 1 版出版到现在的短短 7 年时间里，非常可喜的是二维条码的应用有了长足的发展。例如，个人名片、微信公众号、支付宝等，二维码活跃于社会平台、网络零售交易平台的各个环节，可以说是无人不知、无人不晓的全民普及。

RFID 起源于军事物流的需求，在军用转民用伊始就备受 IT 业的青睐。尤其是在物联网概念推出以后，国际 RFID 产业与应用界巨头如 Alien、沃尔玛等投入巨资进行创新开发与推广应用，催生了系列化的适用性 RFID 软硬件产品与极具示范效应的应用模式；各个国际化组织，如 ISO、GS1、EPCglobal 等投入巨力进行全球性的应用研究与协调，初步形成了全球化的协议与通用的技术规范和技术标准（详见本书 2.3 节）。

RFID 与条码同属于自动识别技术。国内非开放式 RFID 应用，包括人员、车辆智能管理、门禁、安保、医疗监护、母婴识别、医疗保健、图书管理等系统已经不在少数；我国最早出现的“成都市猪肉质量安全可追溯信息系统”、四川省邛崃市“RFID 奶牛产业信息管理平台”都是 RFID 技术在国内供应链管理领域里的最新应用；上海部分超市的“果蔬食品可追溯系统”则是条码自动识别技术在质量跟踪系统中应用的典范；还有近年来上线的深圳市食品安全追溯信用管理系统则将政府公共监督数据惠及于民，消费者通过手机软件（Application，APP）扫码查询，即可获知所购食品基本信息及产品追溯信息。据此，我们清楚地看到，无论是 RFID，还是条码都可以很好地应用于开放式和非开放式的各种管理信息系统。

分析 RFID 与条码二者各自的技术优势、成本优势及其市场需求适应的层次性配合，以及近几年来的应用实践对比，编著者认为，条码在其应用的深度、广度与角度等诸方面尚不能为 RFID 所替代，条码与 RFID 将以优势互补的姿态，出现在与物联网相关的各种应用系统之中，成为物联网互为补充的数据采集终端。条码与 RFID 的性能比较与优势互补可参见表 1.7.3-1。

表 1.7.3-1　条码与 RFID 的性能比较与优势互补

序　号	类　别 / 系统参数	射 频 识 别	条 码 识 别	优 势 互 补	
				RFID	条码
1	信息量	大	一维码小，二维码较大	√	×
2	标签成本	高	低	×	√
3	读写性能	读/写	只读	√	×
4	人工识读性	可以制作兼印条码的智能标签	可以	⊙	√
5	保密性	好	无	√	×
6	智能化	有	无	√	×
7	光遮盖	没影响	全部失效	√	×
8	水与金属影响	有影响，需要特制标签	没影响	×	√
9	环境适应性	很好	不好	√	×
10	方向位置	没影响	影响很小	=	=
11	识别速度	很高	低	√	×
12	通信速度	很快	低	√	×
13	读取距离	远	近	√	×
14	使用寿命	很长	相对短，但够用	√	×
15	多标签识别	能	不能	√	×
16	回收	需专门回收	不需专门回收	×	√
17	环保	需单独环保处理	不需单独环保处理	×	√
18	国际标准	刚刚起步，有待完善	已经成熟	～	√
19	系统成本	较高	较低	×	√
20	推广应用	刚刚起步，有待推广	已经普及	⊙	√

注：“√”表示优势；“×”表示劣势；“～”表示一般；“=”表示相当；“⊙”表示互补。

表 1.7.3-1 所列出的 20 项比较，RFID 在信息量、读写性能、保密性、智能化、光避盖、

环境适应性、识别速度、通信速度、读取距离、使用寿命、多标签识别方面具有明显的优势；在方向位置方面与条码相当；在人工识读性和推广应用方面可以与条码形成良好的互补；在国际标准制定方面不如条码的标准体系那样成熟完善；而在标签成本、水与金属影响、回收、环保、系统成本 5 项中却不及条码识别的性能。

关于攻克水与金属对于 RFID 标签读出率的影响，几年来有了突破性的进展：一种“无天线式标签”可以有效利用被标识物体的金属属性，作为标签的天线，抵消金属物体对 RFID 识读的干扰，从而力克金属环境的不良影响；另一种“变阻抗式标签”可以通过改变标签天线阻抗，调整水环境下的标签天线耦合频率，以抵消因水对能源吸收而引起的耦合失调，从而力克水环境的不良影响。接下来就是将成本降低到系统效益可以接受的范围了。

综上所述，我们应该充分发挥 RFID 的优势，改善其不足之处，针对实际应用的不同环境选择不同层次的应用技术，形成条码技术与 RFID 技术优势互补的应用适配，促使 RFID 技术向着成熟与适用的方向稳健发展。

第 2 章　RFID 系统与标准

本章解读了 RFID 技术、RFID 系统、RFID 标准、EPC 标准的概念与内涵，帮助读者明晰 RFID 系统与标准的框架与脉络，掌握 RFID 专业知识。

2.1　RFID 系统

RFID 是物联网首屈一指的使能技术。RFID 系统如同物联网的触角，伸向各个局域网基层的应用，触角越多信息量积累就越大，数据库功力就越强，只有当这些基础数据达到相当规模并具有一定质量水平时，物联网应用才具有实际价值。

千里之行始于足下，物联网的起步当然要从 RFID 应用开始。

2.1.1　RFID 系统的一般概念

本节首先需要明确以下几个与 RFID 有关的概念。

1．RFID 技术

RFID 技术是一种非接触式的自动识别技术。国家标准“物品电子编码基于射频识别的贸易项目代码编码规则（报批审稿）”中的定义是：在频谱的射频部分，利用电磁耦合或感应耦合，通过各种调制和编码方案，与射频标签进行通信，并读取射频标签的信息的技术。

2．RFID 系统

RFID 系统是指采用无线射频技术实现可移动存储设备与计算机或可编程逻辑控制器（PLC）之间的数据交换的系统。通俗地说，RFID 系统就是由 RFID 标签、读写器及其中间件组成的、利用射频技术进行数据采集与数据传输的自动识别系统。

3．RFID 项目

所谓项目就是具有特定目标的一次性任务，在一定时间内，满足一系列特定目标的多项相关工作的总称，RFID 项目是实现 RFID 系统的工程。

虽然 RFID 技术是一种涵盖了微波、电磁、通信、集成电路及计算机系统等多学科、多领域的新兴技术，但是对大众来说也并不陌生。使用 RFID 技术的“公交卡”早已深入应用到我们日常生活中。乘客上下车刷公交卡（高频可读写的 RFID 标签），就是与公交车上门口的读卡机构成了一个简单的 RFID 收费系统。

2.1.2　RFID 系统构成

一个基本的 RFID 应用系统包括电子标签、读写器（含天线）和应用系统三个主要组成部分。典型的 RFID 系统如图 2.1.2-1 所示。

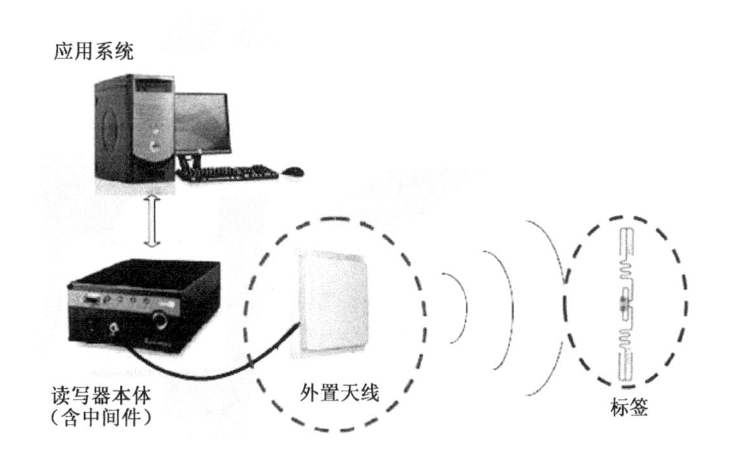

图 2.1.2-1　典型的 RFID 系统

1. RFID 标签

RFID 标签就是用于物体/物品的标识、有数据存储机制的、能接收读写器的电磁场调制信号并返回响应信号的数据载体。在 RFID 技术发展的过程中，RFID 标签还有电子标签、射频标签、答应器等名称，如车辆管理的车号卡、人员管理的工卡等都是电子标签的一种。

最常用的电子标签由一个 IC 芯片和一个柔性天线组成，外表有一层保护层，一般镶嵌在塑料体内，用来存储并携带信息，详见本书第 5 章。

2. 读写器

读写器，顾名思义，是通过射频耦合向 RFID 标签写入或读出数据的设备。在 RFID 标签加载数据（初始化）的时候，读写器向 RFID 标签发出“写”的命令，将数据写入 RFID 标签，必要时也可以随时向电子标签写入其他的新信息；在自动识别的时候，读写器向 RFID 标签发出“读”命令，电子标签在读写器读取范围内向读写器答应并确认自己的身份，无须接触和肉眼观测，读写器就可以远距离读取电子标签的“反馈”信息，并将这些信息传输到控制器。读写器是 RFID 系统的重要组成部分。读写器根据具体实现功能的特点也有一些其他较为流行的别称，如阅读器（Reader）、查询器（Interrogator）、通信器（Communicator）、扫描器（Scanner）、编码器（Encoder）、读出装置（Reading Device）、便携式读出器（Portable Readout Device）、AEI 设备（Automatic Equipment Identification Device）等。读写器中都包含天线，天线可以是一体化的，也可以是分体式的，一个分体式读写器可以配置多个天线，详见本书第 6 章。

3. 应用系统

应用系统是指用户原有的管理信息系统，如供应链管理（Supply Chain Management，

SCM）、制造控制系统（Manufacturing Execution System，MES）、企业资源计划管理系统（Enterprise Resource Planning，ERP）、仓储管理系统（Warehouse Management System，WMS）、供应商管理库存（Vendor Managed Inventory，VMI），以及其他非制造业的过程控制系统（Pressure Control System，PCS）、维护运行物料服务管理系统（Maintenance Repair & Operation，MRO）等应用系统。用户的业务系统实际上是通过应用系统的终端计算机体现的：与 RFID 系统交互的应用系统的终端计算机，传递着应用系统发出工作指令，通过中间件控制标签、协调读写器的工作，处理 RFID 系统采集的所有数据，进行运算、存储及数据传输。

4. 工作过程

当标签进入读写器天线辐射范围后，接收读写器发出的射频信号，无源的被动标签（Passive Tag）凭借感应电流所获得的能量发送存储在标签芯片中的数据，有源的主动标签（Active Tag）则主动发送存储在标签芯片中的数据，读写器一般配备一定功能的中间件，可以读取数据、解码并直接进行简单的数据处理，送至应用系统；应用系统根据逻辑运算判断标签的合法性，针对不同的设定进行相应的处理和控制，由此实现了 RFID 系统的基本功能。

除了图 2.1.2-1 所示的基础组合之外，RFID 应用还需要一些辅助的专用设备，如打印机、贴标机、标签机等，我们将在本书第 5 章详细讨论。

2.2 RFID 系统应用类型

开放式与非开放式的 RFID 系统有什么区别？如何应用？

2.2.1 RFID 系统的类型

RFID 系统基本可以分为两大类：开放式 RFID 系统和非开放式 RFID 系统，俗称为“开环系统”和“闭环系统”。RFID 系统的应用类型见表 2.2.1-1。

表 2.2.1-1 RFID 系统的应用类型

类 型	定 义	应用领域	应用举例
开放式 RFID 系统	在全球范围内的不同局域网系统统一定义标识对象、编码格式、数据结构和代码赋值，RFID 代码具有全球范围内的唯一性，RFID 数据可以在全球范围不同的局域网系统间实现数据交换和信息共享	SCM 仓储管理 物流管理 分销配送 售后服务 集装箱运输 食品追溯 动物识别 单品管理	沃尔玛及其供应商的 RFID 应用族群 （用于具有供应链管理接口的 ERP、MES、WMS、物流配送、分销渠道、销售、品牌管理、单品管理、防盗、售后服务等一系列的 SCM 管理） RFID 集装箱管理系统 RFID 畜牧业追溯管理系统 RFID 渔业养殖追溯管理系统 RFID 品牌服装防盗、防伪、高附加值零售、无人超市、物流一体化管理系统

（续）

类　　型	定　　义	应用领域	应用举例
非开放式 RFID 系统	仅在同一局域网内部统一定义标识对象、编码格式、数据结构和代码赋值，RFID 代码具有该局域网内的唯一性，RFID 数据可以在同一局域网内的子系统间实现数据交换和信息共享	生产管理 仓储管理 过程控制 身份管理 医疗管理 图书管理 海关管理 称重管理 票证管理 门禁管理 防伪管理 交通管理 航空管理 车辆管理 军事管理 资产管理	RFID 烟草数字化仓库物流管理系统 RFID 车辆智能识别管理系统 RFID 人员、车辆智能管理系统 RFID 人员考勤管理系统 RFID 医疗监护管理系统 RFID 母婴识别管理系统 RFID 医疗废物管理系统 RFID 图书管理系统 RFID 集装箱管理系统 RFID 钢铁行业智能称重管理系统 RFID 垃圾处理厂智能称重管理系统 汽车全自动智能称重系统 RFID 电子门票管理系统 RFID 监狱管理系统 企业固定资产管理系统 RFID 电信资产追踪管理系统 RFID 电力巡视管理系统 RFID 市政井盖管理系统 RFID 机场固定资产管理系统

图 2.2.1-1～图 2.2.1-12 给出了部分 RFID 应用系统的解决方案示意图。

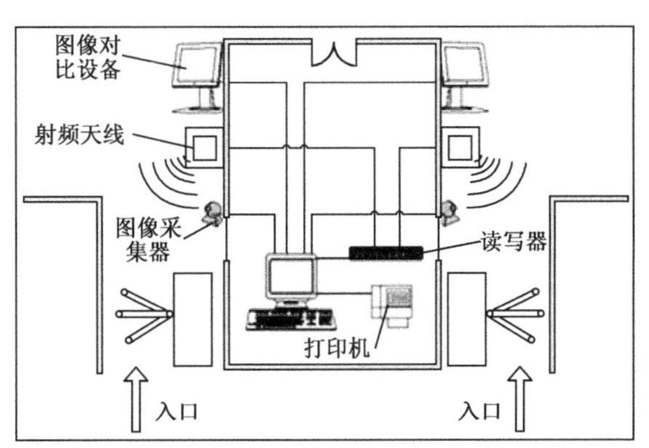

图 2.2.1-1　RFID 电子门票管理系统

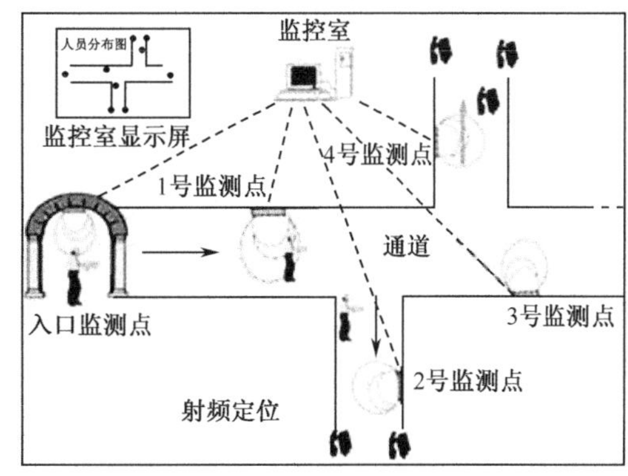

图 2.2.1-2　RFID 监狱管理系统

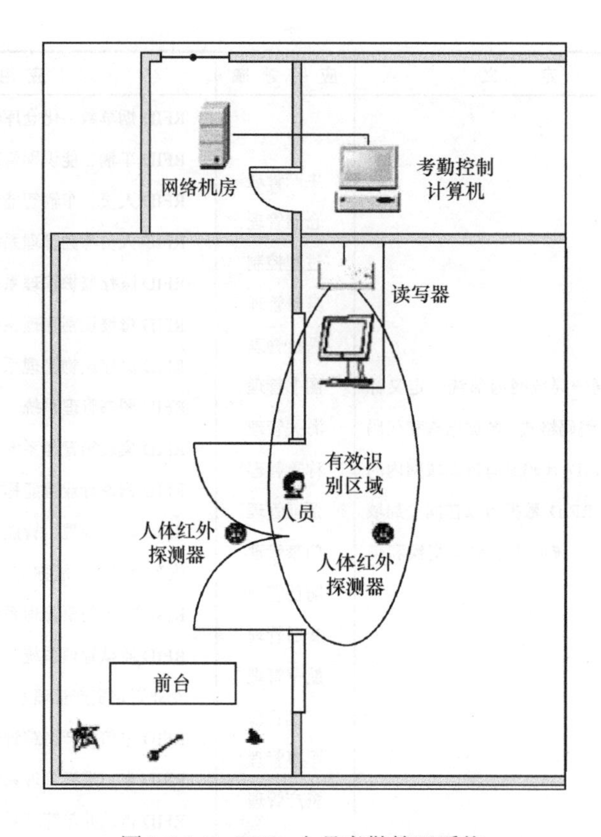

图 2.2.1-3　RFID 人员考勤管理系统

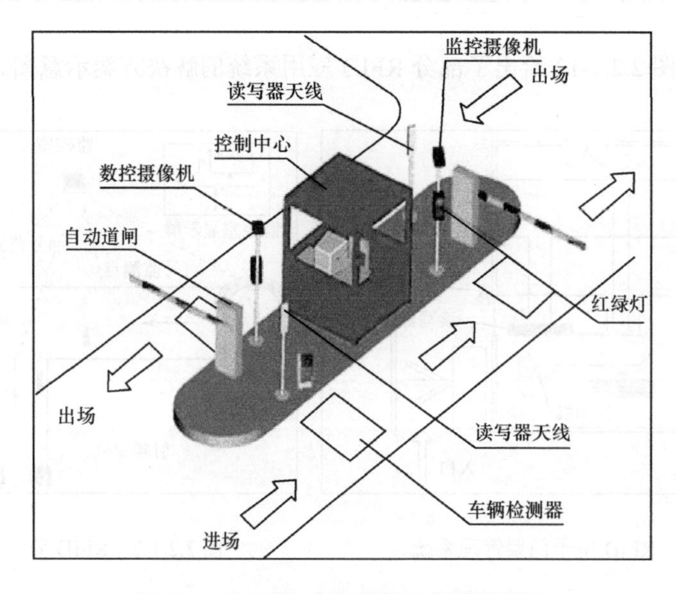

图 2.2.1-4　RFID 车辆智能识别管理系统

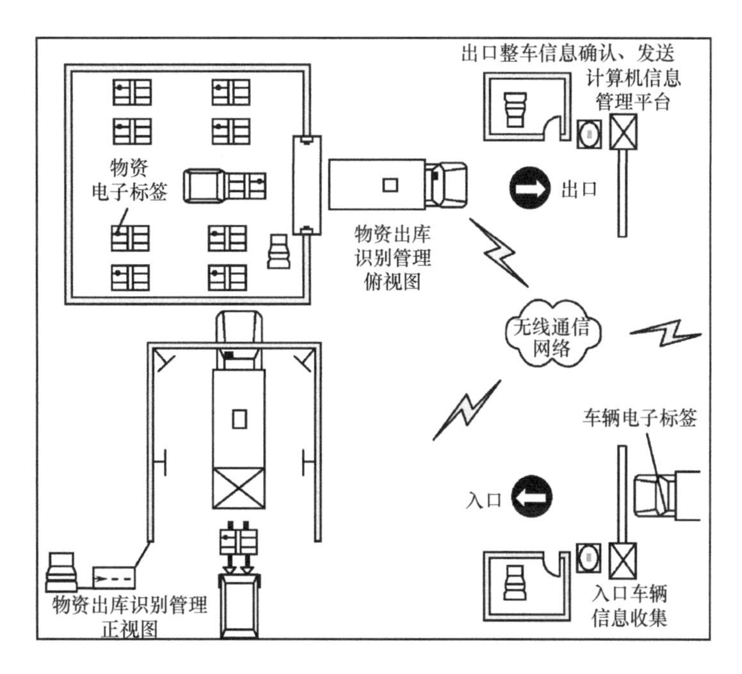

图 2.2.1-5　RFID 部队仓储运输快速识别管理系统

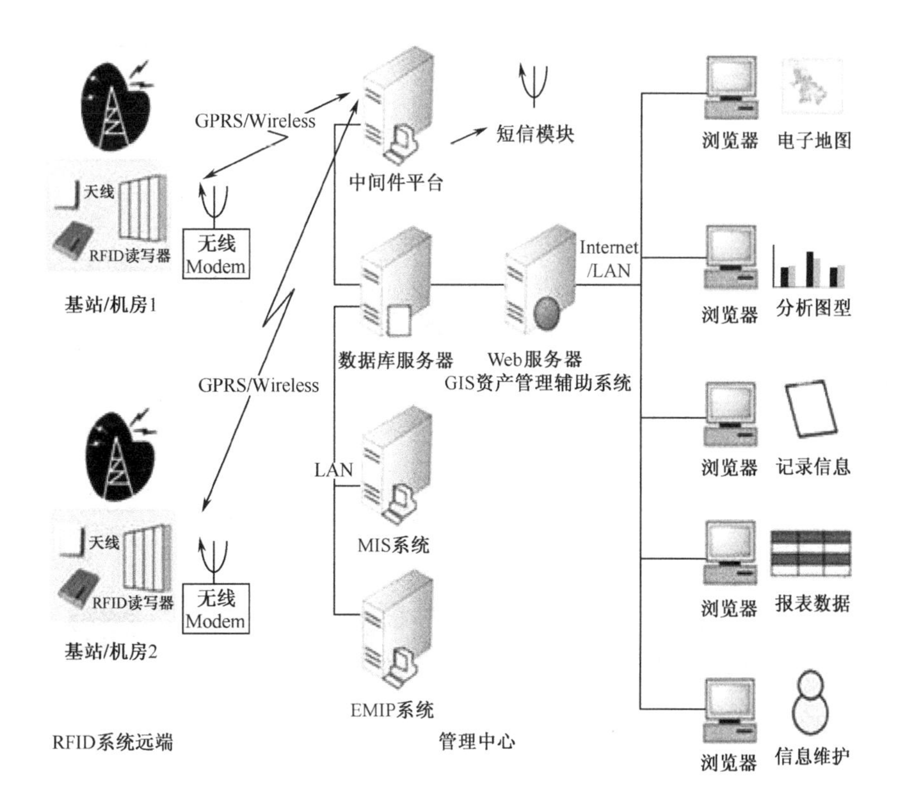

图 2.2.1-6　电信业 RFID 资产追踪管理系统

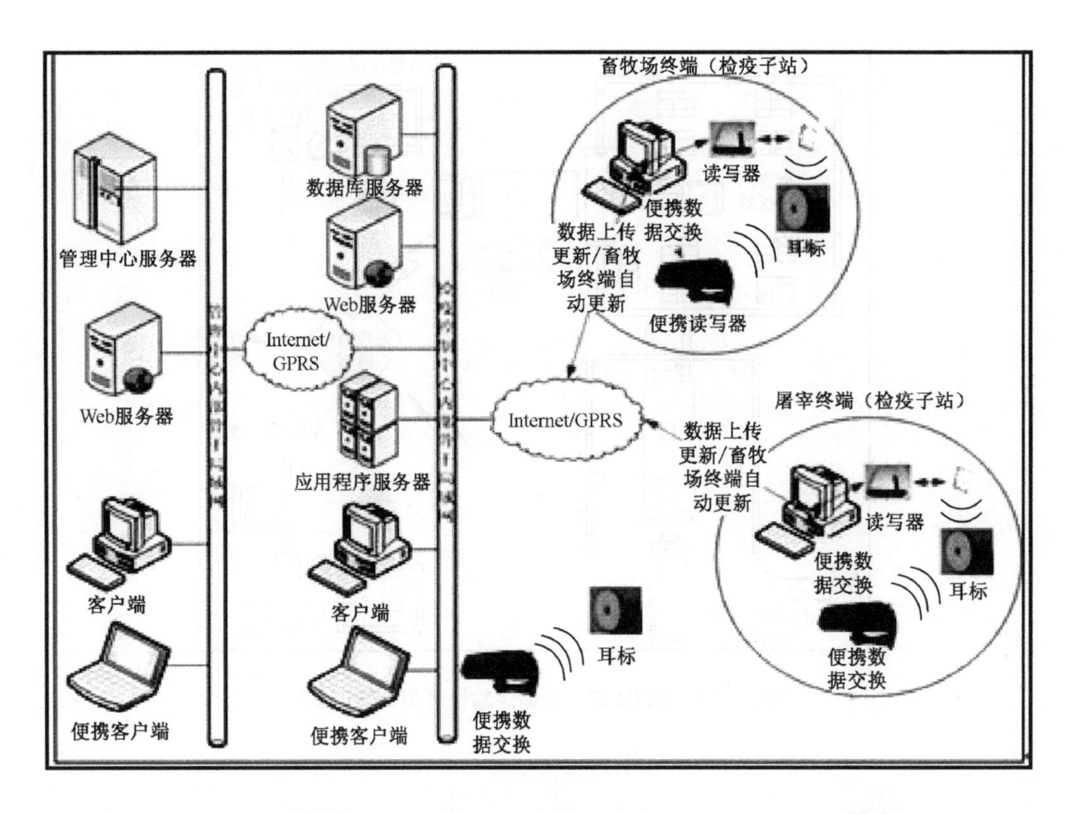

图 2.2.1-7　RFID 畜牧业追溯管理系统

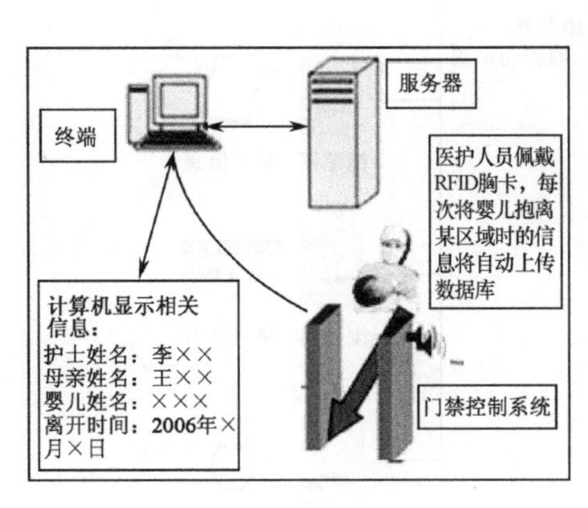

图 2.2.1-8　RFID 母婴识别管理系统

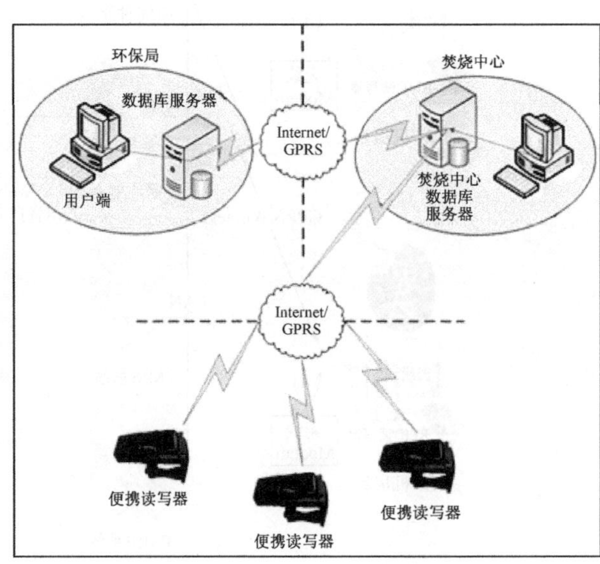

图 2.2.1-9　RFID 医疗废物管理系统

图 2.2.1-10　RFID 医疗监护管理系统

图 2.2.1-11　RFID 图书管理系统

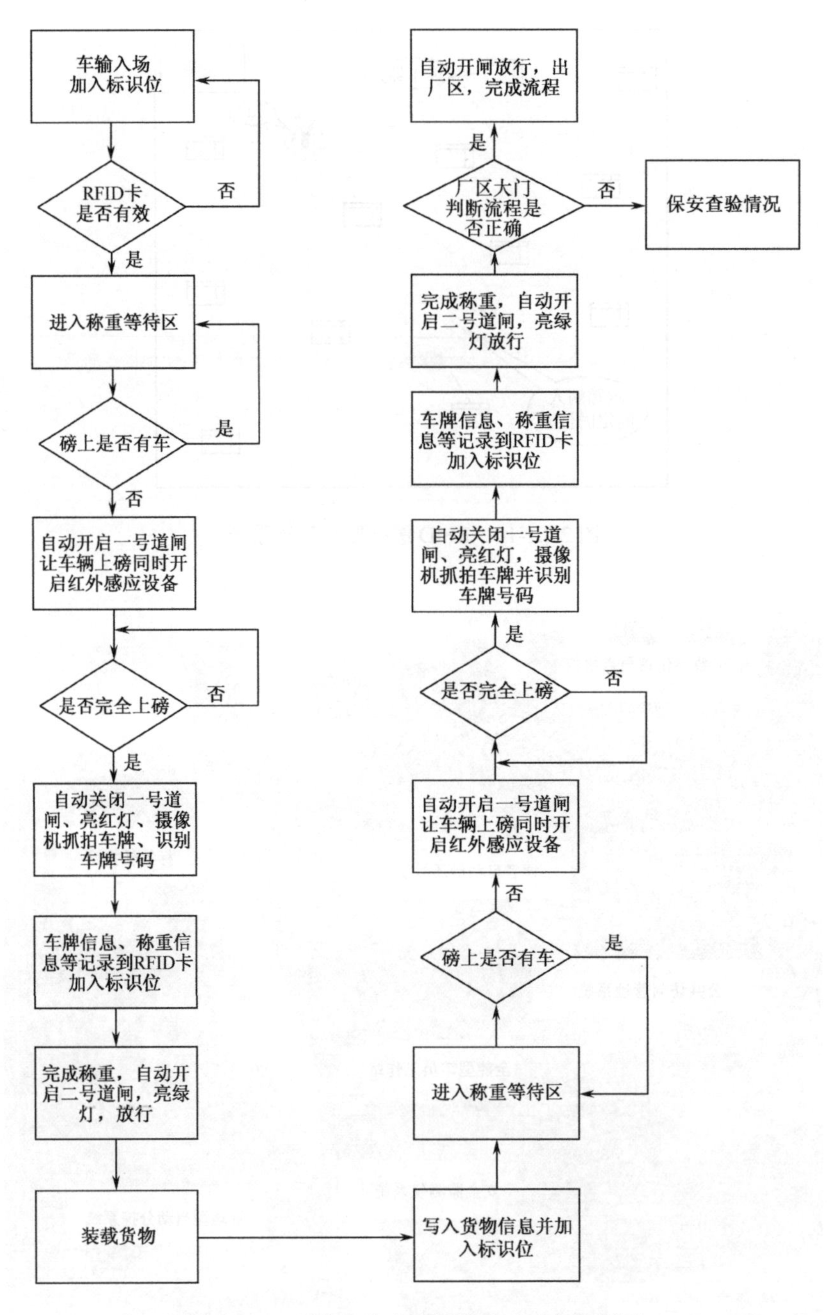

图 2.2.1-12　汽车全自动智能称重系统流程图

2.2.2　开放式 RFID 系统

开放式 RFID 系统是在全球范围内的不同局域网系统间实现数据交换和信息共享的射频应用系统，因此需要在全球范围内的不同局域网系统中统一定义标识对象、编码格式、数据结构和代码赋值，RFID 代码具有全球唯一性。

开放式 RFID 系统主要应用于具有供应链数据接口的生产管理、制造过程控制、库存管理、物流管理、分销配送、售后服务、集装箱运输、食品追溯、动物识别、单品管理和全球资产管理等在两个或两个以上的局域网系统中进行数据交换的应用系统的数据采集。

例如，用于全球陆海运输的 RFID 集装箱管理系统，用于肉类安全监管的 RFID 畜牧业追溯管理系统，用于鱼类安全监管的 RFID 渔业养殖追溯管理系统，以及服装供应链单品管理的 RFID 品牌服装防盗、防伪、物流一体化管理系统，等等。

开放式 RFID 系统应用应注意以下几个层面的协调。

1．签订开放式 RFID 系统应用协议

开放式 RFID 系统多用于贸易合作伙伴，尤其是长期战略合作伙伴之间的数据交换和信息共享。这种合作关系的双方一般在实施 RFID 之前就都拥有某种商业合作协议，用户可以在此合作协议之上追加 RFID 应用合作补充条款，也可在此合作协议之下签订单独的“RFID 应用合作协议”。新建立合作伙伴关系的用户，一定要在相关的合作协议中明确 RFID 应用的合作关系及其具体操作条款。

2．统一编码规则

在开放式 RFID 系统中，一般都由处于供应链入口的合作伙伴承担标识对象的编码、标签数据写入和标签粘贴，以便其他合作伙伴在异型网络里的各个不同的供应链节点上实现数据采集。因此必须统一编码，包括统一定义标识对象、编码格式、数据结构和代码赋值，以保证 RFID 代码在具有约定的合作伙伴之间的唯一性。

3．统一 RFID 标签选型要求

开放式 RFID 系统还需要在 RFID 应用合作伙伴之间统一 RFID 标签规格型号，以确保标签在所有的合作伙伴之间都能被正确地识读。由于每个合作伙伴的自身条件与应用现场环境不尽相同，建议给出一个系列 RFID 标签的型号范围，以便各个合作伙伴有选择的余地。具体的操作方法将在本书第 5 章中详细讨论。

4．统一 RFID 读写设备选型要求

为了保证 RFID 标签的高识读率，开放式 RFID 系统的读写设备需要统一选型标准，正确匹配。统一的选型标准可以比较宽泛地规定读写设备的性能指标，也可以规定读写设备具体型号。在保证标签的高识读率的基础上，读写设备还必须考虑工作环境的适应性，由于每个合作伙伴的应用现场环境不尽相同，建议给读写设备一个系列的型号范围，以便使各个合作伙伴都有选择的余地。具体操作将在本书第 6 章详细讨论。

2.2.3　非开放式 RFID 系统

仅在同一局域网内部统一定义标识对象、编码格式、数据结构和代码赋值，RFID 代码具有该局域网唯一性，RFID 数据可以在同一局域网内的子系统间实现数据交换和信息共享。

非开放式 RFID 系统主要应用于不需要供应链管理接口的生产管理、仓储管理、制造过程控制，以及非供应链管理领域的身份管理、医疗管理、图书管理、海关管理、称重管理、票证管理、门禁管理、资产管理等只在一个局域网系统中进行数据交换的数据采集系统。例如，RFID 人员考勤管理系统、RFID 人员/电子门票管理系统、车辆智能识别管理系统、RFID 烟草数字化仓库物流管理系统、RFID 医疗监护/母婴识别管理系统、RFID 医疗废物管理系统、RFID 图书管理系统、各类智能称重管理系统、RFID 电力巡视管理系统、RFID 市政井盖管理系统、RFID 机场固定资产管理系统等等。

非开放式 RFID 系统应用应把握以下几个层面的协调。

1. 签发实施 RFID 系统的管理办法

非开放式 RFID 系统仅用于同一个局域网系统中各个子系统的数据交换和数据共享，不需要像开放式 RFID 系统那样与用户签订应用协议，但有关负责部门应该签发实施 RFID 系统的管理办法，作为在用户系统内的各子系统的操作依据。

许多用户的子系统并不在同一个物理地址内，有的跨国公司的分公司遍布全球，公司内部子系统间的数据传输需要借助物联网等公共网络的也不在少数，因此签发管理层面的 RFID 系统实施文件，保证 RFID 系统在同一管理办法下实施与运作是首要工作。RFID 系统管理办法的具体条款应该根据用户内部的管理制度来确定，并且还应该有相关的配套技术文件来指导具体的操作。

2. 编制“非开放式电子标签编码规则”企业标准

非开放式 RFID 系统的标签仅在用户局域网内流通使用，因此，非开放式 RFID 系统应该在系统内部统一编码，包括统一定义标识对象、编码格式、数据结构和代码赋值，以保证 RFID 代码在子系统间的唯一性。同一个用户的子系统一般都由同一个系统开发商统一开发，并保持持续开发和后续服务，其统一编码的工作难度要比开放式 RFID 系统容易得多。用户可参考本书第 4 章 4.7 节有关内容编制自己的“非开放式电子标签编码规则”企业标准。

3. 统一 RFID 标签选型要求

非开放式 RFID 系统需要在系统内部统一 RFID 标签规格，以确保标签能够在所有的子系统之间都能被正确地识读。由于在本系统范围内各个子系统的标签入口是相对确定的，因此建议给出确定的 RFID 标签的规格型号，用户根据自身的具体需求，可以确定一个或多个规格型号的 RFID 标签。具体操作方法将在本书第 5 章中详细讨论。

4. 统一 RFID 读写设备选型要求

非开放式 RFID 系统的读写设备需要统一选型，保证与 RFID 标签正确匹配，并达到规定的识读率。一个系统内部的各子系统的工作环境是确定的，因此，用户可以对不同子系统的工作环境进行具体考察、测试，根据各子系统的不同工作环境确定与之相适配的 RFID 读写设备选型，具体操作将在本书第 6 章详细讨论。

2.3 RFID 标准

- RFID 标准由谁来制定？
- 各种标准体系有什么特点？
- EPC 标准为什么能够成为全球统一的 RFID 标准？
- 实施 RFID 项目应该参照哪些标准？

Internet 之所以能够在全球实现软硬件及信息资源的共享，就是因为统一了计算机软硬件及数据交换的标准；移动通信之所以能够在全球实现互联，同样是因为统一了通信软硬件及数据交换的标准；物联网和 RFID 的崛起与应用，则是在全球范围内实现以上两个范畴的标准的统一。

2.3.1　全球 RFID 标准化组织

RFID 的应用牵涉众多行业，因此其相关的标准盘根错节、相互融合。

目前，全球有五大组织与 RFID 标准相关，分别代表了国际上不同的团体或国家的利益。EPCglobal 在全球拥有上百家供应链企业成员，其中包括零售业巨头沃尔玛，制造业巨头强生、宝洁等跨国公司；ISO/IEC 是国际上久负盛名的标准化组织；AIM、UID 则代表了以美国和日本为主的相关制造商；IP-X 的成员则以非洲、大洋洲和亚洲等国家为主。比较而言，EPCglobal 综合了欧美等发达国家的厂商，实力较强。

1．EPCglobal

EPCglobal 由国际物品编码协会 GS1（前身为 EAN International）发起成立，它继承了 EAN、UCC 与产业界近 30 年的成功合作传统与资源。

GS1（Global Standards 1）组织中文仍称为国际物品编码协会。GS1 的前身是 EAN International，由原美国统一编码委员会 UCC（Uniform Code Council）与原国际物品编码协会 EAN（European Article Number）合并而来。UCC 的主要成员是北美国家，而 EAN 的主要成员则涵盖了除北美以外的全球六大洲的国家与地区。UCC 与 EAN 既竞争又合作，而 EAN 码则兼容了 UPC 码，二者和平共处地应用在全球的任意信息系统中，对流通领域的信息革命做出了不可磨灭的贡献。随着经济全球化的不断发展与一体化融合，2002 年 11 月，EAN 与 UCC 终于从组织上走上了统一之路，合并成立了 EAN International 组织，由此结束了近 30 年的分治与竞争。2005 年，EAN International 更名为 GS1，并宣告成立 EPCglobal，这一划时代的里程碑，实现了有效的全球标准体系，开创了物联网——基于 Internet 的泛物品信息管理与资源共享的新纪元。

GS1 旗下覆盖了全球 107 个国家和地区的成员机构的上百万家制造商、零售商和物流商会员，GS1 服务遍布全球，如图 2.3.1-1 所示。

图 2.3.1-1　GS1 服务遍布全球

EPCglobal 是一个中立的、非营利性的 RFID 专业标准化组织。EPCglobal 的前身是 1999 年 10 月 1 日在美国麻省理工学院成立的非营利机构 Auto-ID 中心，Auto-ID 中心以创建物联网为使命，与众多成员企业共同制定了统一的开放技术标准。2003 年 9 月，国际物品编码协会 GS1 收购了 Auto-ID，宣布成立 EPCglobal，Auto-ID 中心加盟 GS1 后更名为 Auto-ID 实验室，是 EPCglobal 从事 RFID 专业研究的机构。EPCglobal 旗下有沃尔玛集团、英国 Tesco 等 100 多家欧美零售、流通业企业，同时有 IBM、微软、飞利浦、Auto-ID 实验室、Alien 等公司提供技术研究支持。EPCglobal 除发布标准外，还创建了 EPCglobal 会员注册管理。目前，EPCglobal 已在大部分国家与地区的 GS1 会员机构建立了分支机构，专门负责 EPC 码段的区域性分配与管理，EPC 相关技术标准制定，EPC 相关技术的宣传普及和推广应用等工作。

ISO/IEC 标准中有关 860～960 MHz 频段的标准，直接采用了 EPCglobal Gen2 UHF 标准。

2. ISO/IEC

ISO（International Organization for Standardization）是国际标准化组织的英文缩写，IEC（International Electrotechnical Commission）是国际电工委员会的英文缩写。ISO 和 IEC 是资深的全球非营利性标准化专业机构，它们联合发布的标准称为 ISO/IEC 标准。与其他组织相比，ISO/IEC 有着天然的标准化公信力，与 EPCglobal 只专注于 860～960 MHz 频段的研究不同，ISO/IEC 在多个频段都发布了 RFID 标准。ISO/IEC 组织下设有多个分技术委员会从事 RFID 标准研究，大部分 RFID 标准都由 ISO/IEC 的技术委员会（TC）或分技术委员会（SC）制定。

3. 泛在识别中心

泛在识别中心（Ubiquitous ID Center，UID）成立于 2002 年 12 月，是 T-Engine Forum 论坛下设的 RFID 研究机构。UID 的主要成员来自日本，如 NEC、日立、东芝、索尼、三菱、日电、夏普、富士通、NTT、DoCoMo、KDDI、J-Phone、理光等重量级厂商都是 UID 的成员，也有少数来自其他国家的著名厂商，如微软、三星、LG 和 SKT 等。

4. AIM 和 IP-X

诞生于 1999 年的 AIM 是 AIDC（Automatic Identification and Data Collection）组织发起成立的国际自动识别制造商协会，AIM 在全球有 13 个国家和地区性的分支，全球会员累计达 1 000 多个。AIM 曾制定了通行全球的条码标准，目前也推出了 RFID 标准。2004 年 11 月，AIM 和 CompTIA（美国计算机行业协会）宣布为发展 RFID 的第三方认证而合作，AIM 的 REG（RFID Experts Group）专家小组已经提供物理硬件安装和现有业务整合的认证和培训。但是 AIM 在 RFID 的影响远不及 GS1 的 EPCglobal，未来 AIM 是否有足够能力影响 RFID 标准的制定，我们将拭目以待。

IP-X 组织的成员则以非洲、大洋洲、亚洲等地的国家为主，主要在南非等国家推行。

2.3.2 全球 RFID 标准体系比较

当前，物联网与 RFID 的国际标准体系正在建设之中，因为有了 GS1/ISO/IEC 等国际知名的标准化组织的努力协调，许多发达国家拥有技术专利的企业标准已经成功地转换成为开放性的国际标准。我国物联网标准体系尚处于起步状态，少量的基础标准业已问世，标签数据标准正在进入审批程序，参照 GS1/ISO/IEC 制定的物联网国家标准体系的工作正在紧锣密鼓地进行中。

目前，在全球有影响力的 RFID 标准体系依次是 EPC 标准体系、ISO/IEC 标准体系和 UID 标准体系。它们各自相互独立、竞争并存，而内容上又相互交叉、共融，在 RFID 发展初期，对业界都具有很好的参考价值。

1. UID 的 RFID 标准体系

UID 的 RFID 标准体系架构由泛在识别码（Ucode）、信息系统服务器、Ucode 解析服务器和泛在通信器四部分构成。

Ucode 是赋予全球任何物理对象的唯一的 ID 识别码，具有 128 位的充裕容量，并能够以 128 位的整倍数进一步扩展至 256 位、384 位或 512 位。Ucode 的最大优势是能够包容现有编码体系的原编码设计，兼容多种编码。Ucode 标签具有多种形式，包括条码、射频标签、智能卡、有源芯片等。泛在识别中心把标签进行分类，设立了 9 个不同的认证标准；信息系统服务器存储并提供 Ucode 相关的各种信息；Ucode 解析服务器确定与 Ucode 相关的信息存放在哪个信息服务器上，Ucode 解析服务器的通信协议为 Ucode RP 和 eTP（entity Transfer Protocol，实体传输协议）；泛在通信器主要由标签、读写器和无线广域网通信设备等部分构成，用来把读到的 Ucode 送至解析服务器，并从信息系统服务器获得有关信息。

UID 的 RFID 标准体系在我国的 RFID 业界应用得不是很多，在全球影响力也远不如 EPCglobal 的 RFID 标准体系和 ISO/IEC 的 RFID 标准体系。

2. ISO/IEC 的 RFID 标准体系

ISO 和 IEC 的标准并非单独为 RFID 设立，但是现在国际上的 RFID 标准大部分都由 ISO 和 IEC 这两个国际级的标准化组织联合发布，称为 ISO/IEC 标准。在 ISO/IEC 的 RFID 标准中，大量涵盖了 EPC 和 UID 两种体系的标准。按应用分类，ISO/IEC 的 RFID 标准体系可以分为技术标准（如射频识别技术、IC 卡标准等）、数据结构标准（如编码格式、语法标准等）、性能标准（如测试规范等标准）和应用标准（如船运标签和产品包装标准）四大类，见表 2.3.2-1、表 2.3.2-2、表 2.3.2-3 和表 2.3.2-4[1]。

表 2.3.2-1 RFID 技术标准

序号	标 准 号	标 准 名 称	英 文 名 称	状态
1	ISO/IEC 18000-1—2008	信息技术 项目管理的射频识别 第 1 部分：标准化参数的基准结构和定义	Information technology - Radio frequency identification for item management - Reference architecture and definition of parameters to be standardized	现行
2	ISO/IEC 18000-2—2009	信息技术 项目管理的射频识别 第 2 部分：低于 13.56 kHz 空气接口通信参数	Information technology - Radio frequency identification for item management - Parameters for air interface communications below 135 kHz	现行
3	ISO/IEC 18000-3—2010	信息技术 项目管理的射频识别 第 3 部分：13.56 kHz 空气接口通信参数	Information technology - Radio frequency identification for item management - Parameters for air interface communications at 13.56 MHz	现行

1 资料来源：深圳市标准信息公共服务平台。

（续）

序号	标准号	标准名称	英文名称	状态
4	ISO/IEC 18000-4—2015	信息技术　项目管理的射频识别第 4 部分：2.45 GHz 空气接口通信参数	Information technology - Radio frequency identification for item management - Parameters for air interface communications at 2.45 GHz	现行
5	ISO/IEC 18000-6—2013	信息技术　项目管理的射频识别第 6 部分：860 MHz～960 MHz 空气接口通信参数	Information technology - Radio frequency identification for item management - Parameters for air interface communications at 860 MHz to 960 MHz	现行
6	ISO/IEC 18000-61—2012	信息技术　项目管理的无线电频率识别第 61 部分：860 MHz～960 MHz 的空气接口通信参数 A 型	Information technology - Radio frequency identification for item management - Part 61: Parameters for air interface communications at 860 MHz to 960 MHz Type A	—
7	ISO/IEC 18000-62—2012	信息技术　项目管理的无线电频率识别第 62 部分：860 MHz～960 MHz 的空气接口通信参数 B 型	Information technology - Radio frequency identification for item management - Part 62: Parameters for air interface communications at 860 MHz to 960 MHz Type B	现行
8	ISO/IEC 18000-63—2015	信息技术　项目管理的无线电频率识别第 63 部分：860 MHz～960 MHz 的空气接口通信参数 C 型	Information technology - Radio frequency identification for item management - Part 63: Parameters for air interface communications at 860 MHz to 960 MHz Type C	—
9	ISO/IEC 18000-64—2012	信息技术　项目管理的无线电频率识别第 64 部分：860 MHz～960 MHz 的空气接口通信参数 D	Information technology - Radio frequency identification for item management - Part 64: Parameters for air interface communications at 860 MHz to 960 MHz Type D	—
10	ISO/IEC 18000-7—2014	信息技术　项目管理的射频识别第 7 部分：433 MHz 空气接口通信参数	Information technology - Radio frequency identification for item management - Part 7：Parameters for active air interface communications at 433 MHz	现行
11	ISO/IEC 10536-1—2000	识别卡　无触点集成电路卡　强耦合卡 第 1 部分：物理特性	Identification cards - Contactless integrated circuit (s) cards - Close-coupled cards - Part 1：Physical characteristics	现行
12	ISO/IEC 10536-2—1995	识别卡　无触点集成电路卡　第 2 部分：耦合区域的尺寸和位置	Identification cards - Contactless integrated circuit (s) cards - Part 2：Dimensions and location of coupling areas	现行
13	ISO/IEC 10536-3—1996	识别卡　无触点集成电路卡　第 3 部分：电子信号和重新装配程序	Identification cards - Contactless integrated circuit (s) cards - Part 3：Electronic signals and reset procedures	现行
14	ISO/IEC 15693-1—2010	识别卡　无触点集成电路卡　邻近卡　第 1 部分：物理特性	Identification cards - Contactless integrated circuit cards - Vicinity cards - Part 1：Physical characteristics Second Edition	现行
15	ISO/IEC 15693-2—2006	识别卡　无触点集成电路卡　邻近卡　第 2 部分:空中接口和初始化	Identification cards - Contactless integrated circuit cards - Vicinity cards - Part 2:　Air interface and initialization	现行
16	ISO/IEC 15693-3—2009	识别卡　无触点集成电路卡　邻近卡　第 3 部分:抗碰撞和传输协议	Identification cards - Contactless integrated circuit cards - Vicinity cards - Part 3: Anticollision and transmission protocol	现行
17	ISO/IEC 14443-1—2016	识别卡　无接点集成电路卡　邻近卡　第 1 部分：物理特性	Identification cards - Contactless integrated circuit cards - Proximity cards - Part 1：Physical characteristics	现行
18	ISO/IEC 14443-2—2016	识别卡　无接点集成电路卡　邻近卡　第 2 部分:无线电频率和单接口	Identification cards - Contactless integrated circuit cards - Proximity cards - Part 2：Radio frequency power and signal interface	现行
19	ISO/IEC 14443-3—2016	识别卡　无触点集成电路卡　邻近卡　第 3 部分：初始化和防撞	Identification cards - Contactless integrated circuit (s) cards - Proximity cards - Part 3：Initialization and anticollision	现行
20	ISO/IEC 14443-4—2016	信息技术　系统间的通信和信息交换　近距通信接口和协议-2（NFCIP-2）	Information technology - Telecommunications and information exchange between systems - Near Field Communication Interface and Protocol -2（NFCIP-2）	现行

表 2.3.2-2　RFID 数据结构标准

序号	标 准 号	标 准 名 称	英 文 名 称	状态
1	ISO/IEC 15424—2008	信息技术　自动识别和数据捕捉技术　数据承载器识别器（包括符号识别器）	Information technology - Automatic identification and data capture techniques - Data Carrier Identifiers（including Symbology Identifiers）	现行
2	ISO/IEC 15418—2016	信息技术　自动识别和数据捕捉技术　GS1 应用标识符和 ASC MH10 数据标识符和维护*	Information technology - Automatic identification and data capture techniques - GS1 Application Identifiers and ASC MH10 Data Identifiers and maintenance	现行
3	ISO/IEC 15434—2006	信息技术　自动识别和数据捕捉技术大高容量 ADC 媒体用的传递语法*	Information technology - Automatic identification and data capture techniques - Syntax for high-capacity ADC media	现行
4	ISO/IEC 15459-1—2014	信息技术　传输设备的特殊识别第 1 部分：总则	Information technology - Unique identifiers - Part 1: Unique identifiers for transport units	现行
5	ISO/IEC 15459-2—2015	信息技术　传输设备的特殊识别第 2 部分：注册程序	Information technology - Unique identifiers - Part 2: Registration procedures	现行
6	ISO/IEC 15459-3—2014	信息技术　传输设备的特殊识别第 3 部分：特殊识别的通用规则*	Information technology - Unique identifiers - Part 3: Common rules for unique identifiers	现行
7	ISO/IEC 15459-4—2014	信息技术　传输设备的特殊识别第 4 部分：单独项目*	Information technology - Unique identifiers - Part 4: Individual items	现行
8	ISO/IEC 15459-5—2014	信息技术　传输设备的特殊识别　第 5 部分：可回收运输单元的唯一识别*	Information technology - Unique identifiers - Part 5: Unique identifier for returnable transport items （RTIs）	现行
9	ISO/IEC 15459-6—2014	信息技术　传输设备的特殊识别第 6 部分：产品分组的唯一识别*	Information technology - Unique identifiers - Part 6: Unique identifier for product groupings	现行
10	ISO/IEC 15459-8—2009	信息技术　传输设备的特殊识别第 8 部分：运输项目分组*	Information technology - Unique identifiers - Part 8: Grouping of transport units	现行
11	ISO/IEC 15961-1—2013	信息技术　项目管理无线射频识别：数据对象　第一部分：应用接口	Information technology - Radio frequency identification（RFID）for item management: Data protocol-Part 1:Application interface	现行
12	ISO/IEC 15961-4—2013	信息技术　项目管理无线射频识别：数据对象　第四部分：用于电池辅助和传感器功能的应用程序接口命令	Information technology - Radio frequency identification (RFID) for item management: Data protocol - Part 4: Application interface commands for battery assist and sensor functionality	—
13	ISO/IEC 15962—2013	信息技术　项目管理无线射频识别数据记录：数据编码规则和逻辑记录功能	Information technology - Radio frequency identification（RFID）for item management - Data protocol: data encoding rules and logical memory functions	现行
14	ISO/IEC 15963—2009	信息技术　项目管理射频识别　射频标签的唯一性识别	Information technology - Radio frequency identification for item management - Unique identification for RF tags	现行

注：*号所标记的标准中文名称为笔者翻译，其他标准中文名称均为标准信息服务网查询结果。

表 2.3.2-3　RFID 性能标准

序号	标 准 号	标 准 名 称	英 文 名 称	状态
1	ISO/IEC 18046—2006	信息技术　自动识别和数据捕获技术　射频识别装置性能试验方法	Information technology - Automatic identification and data capture techniques - Radio frequency identification device performance test methods	现行

（续）

序号	标 准 号	标 准 名 称	英 文 名 称	状态
2	ISO/IEC 18046-1—2011	信息技术　射频识别装置性能试验方法　第 1 部分：系统性能试验方法	Information technology - Radio frequency identification device performance test methods - Part 1: Test methods for system performance	—
3	ISO/IEC 18046-2—2011	信息技术　射频识别设备性能测试方法　第 2 部分：读写器性能的测试方法*	Information technology - Radio frequency identification device performance test methods - Part 2：Test methods for interrogator performance	现行
4	ISO/IEC 18046-3—2007 2012	信息技术　射频识别设备性能测试方法　第 3 部分：标签的测试方法	Information technology - Radio frequency identification device performance test methods - Part 3：Test methods for tag performance	现行
5	ISO/IEC 18046-4—2015	信息技术　射频识别装置性能试验方法　第 4 部分：图书馆 RFID 门性能试验方法	Information technology - Radio frequency identification device performance test methods - Part 4: Test methods for performance of RFID gates in libraries	—
6	ISO/IEC TR 18047—2006 2012	信息技术　射频识别装置一致性测试方法　第 2 部分：135 kHz 空中接口通信的测试方法	Information technology Radio frequency identification device conformance test methods Part 2：Test methods for air interface communications below 135 kHz	现行
7	ISO/IEC TR 18047-3—2004 2011	信息技术　射频识别装置一致性测试方法　第 3 部分：13.56 MHz 空中接口通信的测试方法	Information technology - Radio frequency identification device conformance test methods - Part 3：Test methods for air interface communications at 13.56 MHz（available in English only）	现行
8	ISO/IEC TR 18047-4—2004	信息技术　射频识别装置合一致性测试方法　第 4 部分：2.45 GHz 空中接口通信的测试方法	Information technology - Radio frequency identification device conformance test methods - Part 4：Test methods for air interface communications at 2.45 GHz（available in English only）	现行
9	ISO/IEC TR 18047-6—2011 2017	信息技术射频识别装置一致性测试方法　第 6 部分：860 MHz～960 MHz 空中接口通信的测试方法	Information technology - Radio frequency identification device conformance test methods - Part 6：Test methods for air interface communications at 860 MHz to 960 MHz	现行
10	ISO/IEC TR 18047-7—2010	信息技术　射频识别装置一致性测试方法　第 7 部分：433 MHz 有效空中接口通信的测试方法	Information technology - Radio frequency identification device conformance test methods - Part 7：Test methods for active air interface communications at 433 MHz	现行

注：*号所标记的标准中文名称为笔者翻译，其他标准中文名称均为标准信息服务网查询结果。

表 2.3.2-4　RFID 应用标准

序号	标 准 号	标 准 名 称	英 文 名 称	状态
1	ISO 18185-1—2007	货运集装箱　电子封条　第 1 部分：通信协议	Freight containers - Electronic seals - Part 1: Communication protocol	现行
2	ISO 18185-2—2007	货运集装箱　电子密封件　第 2 部分：应用要求	Freight containers - Electronic seals - Part 2: Application requirements	现行
3	ISO 18185-3—2015	货运集装箱　电子密封件　第 3 部分：环境特性	Freight containers - Electronic seals - Part 3: Environmental characteristics	现行
4	ISO 18185-4—2007	货运集装箱　电子密封件　第 4 部分：数据保护	Freight containers - Electronic seals - Part 4: Data protection	现行

（续）

序号	标 准 号	标 准 名 称	英 文 名 称	状态
5	ISO 18185-5—2007	货运集装 电子封条 第5部分：物理层	Freight containers - Electronic seals - Part 5：Physical layer	现行
6	ISO/TS 10891—2009	货运集装 射频识别 车牌标签*	Freight containers - Radio frequency identification（RFID）- Licence plate tag	现行
7	ISO 11784—1996	动物的射频信号识别 代码结构	Radio frequency identification of animals - Code structure	现行
8	ISO 11785—1996	动物的无线电频率识别的技术概念	Radio frequency identification of animals - Technical concept	现行
9	ISO 17363—2007	RFID供应链应用.货运集装箱*	Supply chain applications of RFID - Freight containers	现行
10	ISO 17364—2009	RFID 供应链应用.可回收运输单元*	Supply chain applications of RFID - Returnable transport items（RTIs）	现行
11	ISO 17365—2009	RFID供应链应用.运输单元*	Supply chain applications of RFID - Transport units	现行
12	ISO 17366—2009	RFID供应链应用.产品包装*	Supply chain applications of RFID - Product packaging	现行
13	ISO 17367—2009	RFID供应链应用.产品标识*	Supply chain applications of RFID - Product tagging	现行
14	ISO 14223-1—2003	动物射频标识 高级应答器 第1部分：无线接口	Radiofrequency identification of animals - Advanced transponders - Part 1： Air interface	现行
15	ISO 24631-1—2009	动物射频标识 第1部分：ISO 11784和ISO 11785 RFID应答器一致性评估（包括发放和使用的制造商代码）*	Radiofrequency identification of animals - Part 1：Evaluation of conformance of RFID transponders with ISO 11784 and ISO 11785（including granting and use of a manufacturer code）	现行
16	ISO 24631-2—2009	动物射频标识 第2部分：ISO 11784和ISO 11785 RFID收发器一致性评估*	Radiofrequency identification of animals - Part 2：Evaluation of conformance of RFID transceivers with ISO 11784 and ISO 11785	现行
17	ISO 24631-3—2009	动物射频标识 第3部分：ISO 11784和ISO 11785 RFID应答器性能评估*	Radiofrequency identification of animals - Part 3：Evaluation of performance of RFID transponders conforming with ISO 11784 and ISO 11785	现行
18	ISO 24631-4—2009	动物射频标识 第4部分：ISO 11784和ISO 11785 RFID收发器性能评估*	Radiofrequency identification of animals - Part 4：Evaluation of performance of RFID transceivers conforming with ISO 11784 and ISO 11785	现行
19	ISO/IEC TR 20017—2011	信息技术 项目管理的无线电频率识别 ISO/IEC 18000型审讯器辐射源对植入式起搏器和植入心律转复纤颤器的电磁干扰影响	Information technology - Radio frequency identification for item management - Electromagnetic interference impact of ISO/IEC 18000 interrogator emitters on implantable pacemakers and implantable cardioverter defibrillators	现行
20	ISO/IEC TR 24729-1—2008	信息技术 项目管理的无线电频率识别 实施指南第1部分：支持RFID的标签和包装18000-6C	Information technology - Radio frequency identification for item management - Implementation guidelines - Part 1: RFID-enabled labels and packaging supporting ISO/IEC 18000-6C	现行
21	ISO/IEC 29173-1—2012	信息技术 移动项目识别和管理 第1部分：ISO/IEC 18000-63移动RFID审讯器协议C型	Information technology - Mobile item identification and management - Part 1: Mobile RFID interrogator device protocol for ISO/IEC 18000-63 Type C	现行

注：*号所标记的标准中文名称为笔者翻译，其他标准中文名称均为标准信息服务网查询结果。

3．EPC的RFID标准体系

EPCglobal是全球专业的RFID标准研究开发机构。物联网实际上起源于EPCglobal下属的Auto-ID实验室的创新，EPC标准体系因开创物联网及其RFID新纪元而诞生，因支持物联网及其RFID持续发展而存在，EPC标准体系是EPCglobal致力于物联网应用研究的主要成果。

EPC标准体系是EPCglobal开发和发布的一揽子RFID标准，是全球中立、开放的标准。EPC标准体系既具有独创性，又博采众长地吸取了ISO/IEC专业标准化机构的营养，形成了RFID业内影响力最大的全球RFID标准体系。EPC标准体系由EPCglobal研究工作组与其全球各行各业的服务对象及用户共同制定，由EPCglobal管理委员会批准和发布并推广实施，EPC标准体系因此相对专业和完善。

2.3.3 EPC标准体系框架

EPC标准体系主要应用于全球供应链管理的RFID应用，业内将应用EPC标准的RFID标签称为"EPC标签"。

EPC标准体系从应用上可划分为数据标准、接口标准和认证标准，应用于RFID系统的标识层、采集层、交换层。EPC标准体系框架如图2.3.3-1所示。

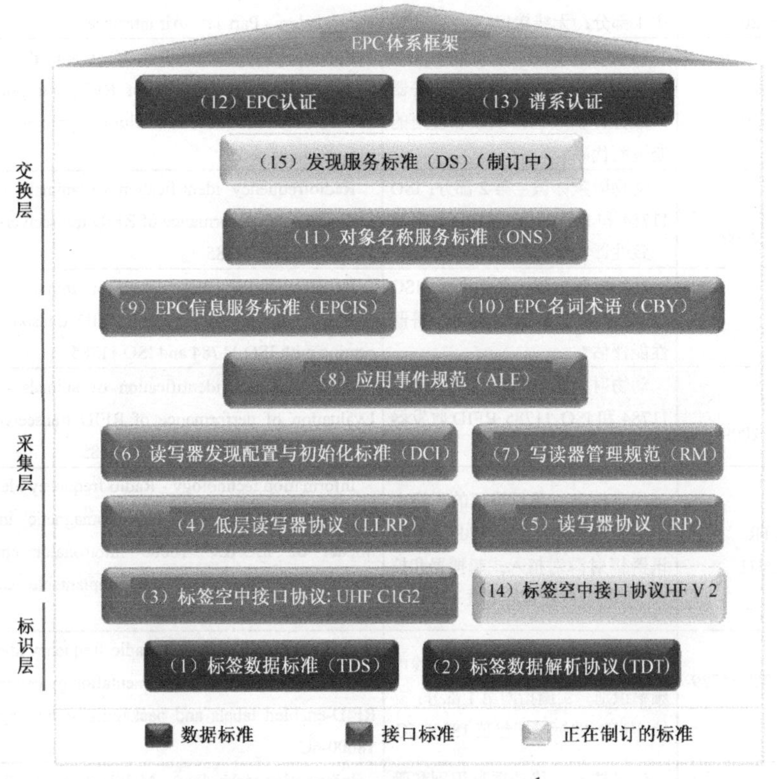

图2.3.3-1 EPC标准体系框架[1]

1. 标签数据标准（TDS）

标签数据标准，即EPC射频识别标签数据规范TDS 1.9版，包括EPC标签SGTIN、

1 资料来自http://www.gs1.org/gsmp/kc/EPCglobal。

SSCC SGLN、GRAI 和 GIAI 等编码格式的数据结构、代码赋值等规定，以及 GS1 之 EAN・UCC 全球统一标识系统中的全球贸易单元代码（GTIN）、系列货运包装箱代码（SSCC）、全球位置码（GLN）、全球可回收资产标识（GRAI）、全球单个资产标识（GIAI）与 EPC 标签编码格式的转换。此外，还规定了 EPC 的通用标识符 GID，以及美国国防部专用的 DoD 结构和原始 URI 十六进制表示法。

该标准为用户界面的数据标识层标准，将在本书第 4 章重点介绍。

2. 标签数据解析协议（TDT）

本协议是 EPC 标签数据标准规范的可机读版本，可以用来确认 EPC 格式及不同级别数据标识间的转换。该协议描述了如何解释可机读版本，包括可机读标准最终的说明文件的结构和原理，并提供了在自动转换和验证软件中如何使用该协议的指南。

本协议为软硬件开发商和系统集成商界面的数据标识层标准。

3. 标签空中接口协议：UHF C1G2

本协议也称为 Class1 Gen2（C1G2）标准。本协议规定了在 860～960MHz 频率范围内操作的无源反射散射、读写器优先沟通（ITF）、RFID 系统的物理和逻辑要求。

本协议为软硬件开发商和系统集成商界面的数据通信层标准。

4. 低层读写器协议（LLRP）

低层读写器协议（LLRP）由 EPCglobal 于 2007 年 4 月 24 日发布。低层读写器协议可以使读写器发挥最佳性能，形成丰富的、准确的、可操作的数据和事件。低层读写器协议将进一步培育读写器的互通性，并为技术支持商提供基础，以扩展其对于各个行业需求的技术支持能力。

本协议为软硬件开发商和系统集成商界面的数据采集层标准。

5. 读写器协议（RP）

读写器协议（RP）是一个接口标准，详细说明了在一台具备读写器能力的设备和应用软件之间的交互作用。

本协议为软硬件开发商和系统集成商界面的数据采集与数据交换层标准。

6. 读写器发现配置与初始化标准（DCI）

读写器发现配置与初始化标准（DCI）规定了 RFID 读写器与访问控制器及其工作网络间的接口，便于用户配置和优化读写器网络。

本标准为软硬件开发商和系统集成商界面的数据采集与数据交换层标准。

7. 读写器管理规范（RM）

读写器管理规范（RM）是无线协议的读写器管理标准（V1.0.1 版本），通过管理软件来控制符合 EPCglobal 要求的 RFID 低层读写器的运行状况。

本规范为软硬件开发商和系统集成商界面的数据采集与数据交换层标准。

8. 应用事件（中间件）规范（ALE）

应用事件规范于 2005 年 9 月发布，本规范规定了客户可以获取来自各个渠道、经过过滤形成的统一接口，增加了完全支持 Gen2 特点的 TID 区、用户存储器、锁定等功能，并可以降低从读写器到应用程序的数据量，将应用程序从设备细节中分离出来，在多种应用之间分享数据。采用标准的 XML 网络服务技术以便于集成，当供应商发生变化时可以升级拓展。

本规范定义了中间件对上层应用系统应该提供的一组标准接口，即针对 RFID 中间件和 EPC 信息服务标准（EPCIS）捕获应用定义了 RFID 事件过滤和采集接口，基于 ALE 设计的 RFID 中间件，便于其自身的扩展和与其他软件衔接。

本规范为软硬件开发商和系统集成商界面的数据采集与数据交换层标准。

9．EPC 信息服务标准（EPCIS）

EPC 信息服务标准为资产、产品和服务在全球的流动、定位和部署带来了前所未有的可视度，是 EPC 发展的又一里程碑。EPCIS 为产品和服务的生命周期的每一个阶段提供可靠而又安全的数据交换。

本标准为信息服务界面的数据交换与信息服务层标准。

10．EPC 名词术语（CBY）

EPC 名词术语为 EPC 标准体系定义了所有的名词术语。

本术语为所有的使用界面标准。

11．对象名称服务标准（ONS）

对象名称服务标准规定了如何使用域名系统来定位命令元数据和服务，这个命令元数据就是某个指定 EPC 代码中全球贸易物品序列代码（SGTIN）部分的厂商识别代码。本标准的服务对象是有意在实际应用中实施对象名称服务解决方案系统的软件开发商。

本标准为软件开发商界面的数据交换与信息服务层标准。

12．EPC 认证

为了在确保可靠使用的同时，保证可靠的互操作性和进行快速部署，EPC 认证定义了实体在 EPCglobal 网络内 X.509 证书的签发和使用概况。其定义的内容是基于互联网特别工作组（IEIF）的公钥基础设施（PKIX）工作组制定的两个 Internet 标准，这两个标准在多种现有环境中已经成功部署、实施和测试。

本认证为软件开发商和专业管理组织界面的数据交换与信息服务层标准。

13．谱系认证

谱系认证及其相关附件为医疗保健行业供应链中各参与方使用的电子谱系文档的维护和数据交换定义了架构。该架构的使用符合成文的谱系法律。

谱系认证是为了确保医疗保健品在供应链流通，如运输、配送等各个环节都能安全可靠。谱系是一种经过认证的供应链流通管理数据记录，包括每种处方的分布信息、制造商的生产信息、批发商的配送运输信息，以及零售商的销售信息等，谱系认证规定医疗保健品流通过程中使用数字签名来确保其安全性。但是，目前的谱系架构尚不支持对不同处方药的组合查询，如果将几种不同的药品打入一个包装成为混合包装的药品，那么电子谱系文档将无法记录这个混合包装的信息。药品谱系消息为电子谱系文档的交换提供标准化的数据交换接口，制定了规范的 XML 架构和进行关联界面的指导。

本认证为软件开发商和医疗保健行业供应链中各参与方界面的数据交换层标准。

14. 标签空中接口协议 HF V2 和发现服务标准（DS）

2011 年 9 月 5 日，EPCglobal 发布了标签空中接口协议 HF V2 的 2.0.3 版本标准，目前仍在现行使用之中。发现服务标准（DS）是尚处于制订中的标准。待这些标准制订完毕，EPC 的 RFID 标准体系就更臻于完善。

任何标准都需要与时俱进，一般国际标准平均修订周期为 2 年，成熟的工业标准尚需如此，更何况正处于摇篮时期的 EPC 技术和正在完善中 EPC 的 RFID 标准体系，尚未出台的标准亟待尽快出台，已经出台的标准也须在应用当中不断地修改完善，才能真正成为世界一流的 RFID 专业标准体系。

2.3.4 EPC 标准体系的优势

与其他的 RFID 标准体系相比，EPC 的 RFID 标准体系在组织资源、标识资源和网络数据资源等方面具有明显的优势。

1. 组织资源

EPCglobal 是国际物品编码协会 GS1 下设的从事 RFID 研究与开发的专业机构，具有分布在美国麻省理工学院、英国剑桥大学、澳大利亚阿德莱德大学、日本庆应大学、中国复旦大学和瑞士圣加仑大学的六个 Auto-ID 实验室的专业资源。EPCglobal 旗下众多的 RFID 开发服务商，以及制造商、零售商、批发商、运输企业和政府组织在内的终端成员；GS1 在全球推广条码与自动识别技术的工作积累，以及覆盖了全球 107 个国家和地区成员机构的 100 万多家企业会员，这些成员都具有 GS1 全球唯一的厂商识别代码。这些专业研究机构与用户企业组织资源支持 EPC 标准体系有效地可持续发展。

2. 标识资源

EPC 标签数据标准的信息标识建立在国际物品编码协会 GS1 之“EAN • UCC 全球统一标识系统”的基础之上，其定义的贸易单元标识代码 SGTIN、物流单元标识代码 SSCC、参与方位置标识代码 SGLN、全球可回收资产标识代码 GRAI 和全球单个资产标识代码 GIAI 分别由 EAN • UCC 全球统一标识系统的全球贸易单元代码（GTIN-14）、系列货运包装箱代码（SSCC-18）、全球位置码（GLN）、全球可回收资产标识（GRAI）、全球单个资产标识（GIAI）转换而来。“EAN • UCC 全球统一标识系统”是支撑 EPC 标准体系的信息标识资源。

3. 技术资源

EPCglobal Class1 Gen2（简称 C1G2 或 Gen2）标准，是 EPCglobal 开发的 RFID 核心标准，Gen2 规定了由用户终端设定的硬件产品的空中接口性能，是 RFID 技术、Internet 和 EPC 标识组成的 EPCglobal 的网络基础。Gen2 最初由 60 多个世界顶级企业联合制定，经过多年的研究开发与不断改进，EPC 于 2004 年发布了 Gen2 空中接口协议硬件标准，一年半之后，Gen2 作为 C 类 UHF（超高频）RFID 标准经 ISO 核准成为 ISO/IEC 18000-6 修订标准的一部分。

Gen2 融入 ISO 标准之中，为 RFID 技术在物流与供应链管理中的应用提供了全球统一的超高频硬件标准，对于 RFID 技术在全球的推广应用具有深远的意义。表 2.3.4-1 给出了 Gen2 的技术特点。

表 2.3.4-1　Gen2 的技术特点

需　求		特点/应对措施
管理性能	无线电管理条例	符合欧洲、北美、亚洲等地区的规定
技术性能	存储器存储控制	32 位存储口令，存储锁定
	快速识读	>1 000 个标签/秒
	密集型识读操作	密集型读写操作模式
	存储器写入功能	>7 个标签/秒
	位掩码过滤	灵活选择命令
互操作性	厂家可选，可从多个供应商采购	可选用户存储器
成本性能	低成本	提高了性能价格比，更易于推广
安全性能	“灭活”安全	32 位“灭活”口令
认证	机构认证	EPCglobal 认证
	产品认证	从 2005 年第二季度开始

在管理性能方面，Gen2 给出的超高频工作频段为 860～960 MHz，符合欧洲、北美、亚洲等国家与地区的无线电管理规定，为 RFID 的射频通信适应不同国家与地区的无线电管理创造了全球范围的应用环境条件。

在技术性能方面，Gen2 具有 32 位存储口令的存储锁定性能，以适应存储器存储控制的需求；具有大于 1 000 个标签/秒的识别速度，以适应快速识读的需求；具有大于 7 个标签/秒的写入速度，以适应快速存储器写入功能的需求；具有密集型读写操作模式，以适应密集型识读操作的需求；具有灵活选择命令的功能，以适应位掩码过滤的需求；等等。

在互操作性方面，Gen2 具有在 860～960 MHz 频段范围内的软硬件可选性，以适应用户可选择多个供应商采购的需求。

在成本性能方面，Gen2 具有芯片体积尺寸小、容量大的优势，确保性能稳定且降低了成本，满足了那些超小、超薄的标识对象对标签小型化的要求，并降低了价格，提高了性能价格比。

在安全性能方面，Gen2 具有 32 位“灭活”口令，使用户获得了控制标签的权利，利用“灭活”口令功能的设置，可以让芯片停止工作，使标签保持被灭活的状态，在任何时候都不产生任何答应。有效地防止标签被非法读取，提高了数据的安全性，减轻了人们对 RFID 隐私的担忧。

EPCglobal 还在全球范围内开展了符合 Gen2 标准的全球产品认证和机构认证，通过 EPCglobal 认证的机构，可以在全球范围内实施 Gen2 产品认证。EPCglobal 的产品认证和机构认证，为 Gen2 标准支持下的全球供应链 RFID 应用提供了技术保证和质量保证。

4．网络数据资源

EPC 标准体系拥有 GS1 的组织架构下的网络数据资源（见表 2.3.4-2），这就是全球数据同步网络（GDSN）静态数据和 EPCglobal 网络动态数据。

表 2.3.4-2　EPC 的网络数据资源

项目	全球数据同步网络（GDSN）静态数据		EPCglobal 网络动态数据		
	GDSN 服务		EPC 信息服务（EPCIS）		对象名解析服务(ONS)
	全球数据同步数据库（GDS）		EPC 信息数据库（EPCI）		ONS 对象名数据库
	商家信息	商品信息	商家信息	商品信息	商家信息
法律保障	全球注册	EAN · UCC 标识	全球注册	EPC 标识	全球注册
查询指针	全球唯一厂商 ID 代码 全球参与方位置代码	全球唯一商品 ID 代码	全球唯一厂商 ID 代码 全球参与方位置代码	全球唯一单品 ID 代码（即 EPC 代码）	全球唯一厂商 ID 代码
查询内容	名称、地址、电话等	产品类型 产品属性描述	名称、地址、电话等	单品在其生命周期的流转数据，如单品附加信息（生产日期、有效期等） 时间和状态数据（启程时间、到达时间、目的地、当前温度等）	GDS、EPCI 的 IP 地址
应用领域	电子商务		物联网及供应链管理信息追踪		GDS、EPCI 的定位
联合应用	GDS 和 EPCI 数据库中都含有厂商 ID 代码、全球参与方位置代码和商品 ID 代码，依据这些检索指针，可以实现 EPCglobal 的 EPC 信息服务和全球数据同步网络互联，进而实现 GDS 和 EPCI 的数据整合				

1）全球数据同步网络（GDSN）静态数据

为了适应目前国际上盛行的 ebXML 电子商务的实施，在整合全球产品数据的全新理念的指导下，国际物品编码协会 GS1 创建了全球数据同步网络（Global Data Synchronisation Network，GDSN）。GDSN 提供了一个全球同步的商品数据服务平台，支持这个数据服务平台的是全球数据同步的商品数据库（GDS）。利用全球数据同步实施电子商务如图 2.3.4-1 所示。

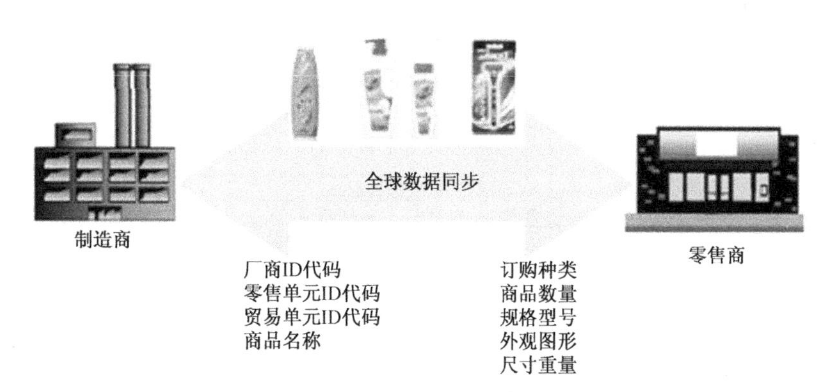

图 2.3.4-1　利用全球数据同步实施电子商务

GS1 通过采用自愿和协调一致的原则，协同旗下分布在全球 107 个国家和地区的成员机构，及其 100 万多家企业会员建立了 GDS 全球数据同步数据库。同时规定系统内所有数据都采用统一的标准规范，包括数据编码结构、全球产品分类、商品单元和记录内容要求等，建立全球统一的数据库。由于所有 GS1 系统成员的数据都是统一进行注册、更新，因此能够保持所有系统成员信息的同步和一致，而成为全球唯一的同步数据库系统。

全球数据同步数据库 GDS 是一个静态的商品数据库。全球数据同步数据库 GDS 中有两大类信息：商品信息和厂商信息。商品信息以商品条码的零售单元的 EAN-13、EAN-8、UPC-A、UPC-E 格式的 ID 代码以及贸易单元的 GTIN-14 格式的 ID 代码为检索指针；厂商信息一般以零售单元及贸易单元中所包含的 GS1 注册的厂商识别代码为检索指针；也可以以参与方位置码 GLN 为检索指针。全球数据同步数据库中包含了厂商与商品的主要属性信息，这些厂商与商品的数据检索指针在全球中都是唯一的，并以 GS1 的 EAN • UCC 规范确保全球供应链中商品的标识、分类和描述的一致性。

在 GDSN 出现之前的全球贸易电子商务活动中，对于商品的开发、更新的不断变化，以及推陈出新，供应商需要"一对一"地向自己的贸易伙伴通知产品的变化。而有了 GDSN 全球数据同步的服务平台，效率低下的"一对一"就变成高效可靠的"一对多"了。全球数据同步系统支持供应商和零售商之间的自动信息交换，实施电子商务，令供应链流程更有效率，因而得到包括全球零售巨头及欧美发达国家的许多大型采购商与制造商的大力支持，目前已在美国、欧洲和亚洲得到推广应用，为国际商贸流通提供了强有力的信息交互手段，成为当前国际商贸信息流通的主流趋势。

我国的全球数据同步系统由中国物品编码中心负责建设和管理。

2003 年，中国物品编码中心按全球数据同步相关标准开始主持建设全球数据同步中国数据池服务平台，如图 2.3.4-2 所示。2007 年，中国数据池通过国际认证，可与全球另外 22 个国家或地区的数据池进行商品数据同步交换。

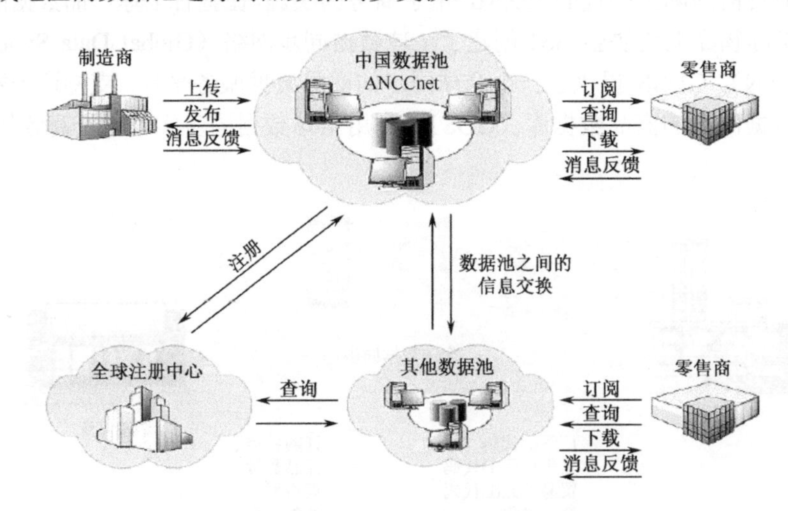

图 2.3.4-2　全球数据同步网络中国数据池服务平台[1]

全球数据同步网络支持供应商和零售商之间的自动数据交换，使得整个供应链流程更有效率。2004 年，宝洁（中国）有限公司作为供应商开始同中国数据池合作，推动数据同步的发展，2008 年，家乐福北京地区分公司与宝洁（中国）有限公司达成一致，应用中国数据池同步商品信息，以提高订单满足率，收到了较好的效果。

1 资料来源于中国物品编码中心。

2）EPCglobal 网络动态数据

EPCglobal 网络动态数据服务包括对象名解析服务（ONS）和 EPC 信息服务（EPCIS）两部分。

（1）对象名解析服务（ONS）

对象名解析服务是一个自动的网络服务系统，类似于域名解析服务（DNS），ONS 设计与架构都以 Internet 域名解析服务 DNS 为基础，因此，可以使整个 EPC 网络以 Internet 为依托，迅速架构并顺利延伸到世界各地。对象名解析服务是 EPC 信息服务（EPCIS）和全球数据同步（GDSN）的检索指针，背后有一个对象名数据库支撑其有效运行。ONS 为 EPC 中间件指明了存储产品相关信息的服务器，ONS 是联系 EPC 中间件和 EPC 信息服务（EPCIS）的网络枢纽。

从概念上讲，ONS 服务输入的是一个 RFID 标签的 EPC 代码的查询请求，输出的则是查询目标 EPCIS 服务器的 URL 地址。ONS 实际上是一个由 ONS 根服务器与 ONS 本地服务器组成的"GS1 全球唯一厂商 ID 代码"数据库，ONS 根服务器储存着 GS1 在全球 107 个国家和地区成员机构的 EAN 前缀 ONS，为其提供一个 EPCIS 本地服务器的查询地址，将用户的查询引导到 EPCIS 本地动态数据库中，例如指向中国的 EPCIS 服务器。

（2）EPC 信息服务（EPCIS）

EPC 信息服务提供了一个模块化、可扩展的数据和服务的接口，使得 EPC 的相关数据可以在企业内部或者企业之间共享。EPCIS 实际上是一个 EPC 事件数据库和一个 EPC 动态信息服务平台的有机组合，EPC 事件数据库实时跟踪记录了 EPC 标签流动的相关动态信息和处理信息。通过 EPC 动态信息服务平台，用户能够在 EPCglobal 网络查询与交换各种 EPC 信息。

通过 RFID 标签中的单品 ID 代码，可以很方便地利用 EPC 信息服务查询某个单品在其生命周期的流转数据，如单品附加信息（生产日期、有效期等）、时间和状态数据（启程时间、到达时间、目的地、当前温度）等。

（3）GDSN 与 EPCIS 的整合应用

在全球数据同步 GDS 数据库和 EPC 信息服务 EPCI 数据库中，都含有厂商 ID 代码和商品 ID 代码，依据这两个检索指针，可以将全球同步数据库 GDS 与 EPC 信息服务数据库 EPCI 相连，使被跟踪单品的动态信息与静态信息相连。如果需要，可经单品的供应链跟踪动态信息查询之后，转为单品的静态商品信息与厂商信息的查询，反之亦然。

2.3.5　我国 RFID 的标准化

在物联网与 RFID 的标准体系的建设中，因为有了 GS1/ISO/IEC 等国际知名的标准化组织的努力协调，许多发达国家拥有技术专利的企业标准已经成功地转换成为开放性的国际标准，为 RFID 国际标准体系的全球应用和国际标准本地化奠定了基础。

我国物联网与 RFID 标准体系尚处于起步阶段。由工业和信息化部电子标签（RFID）标准工作组、全国信息技术标准化技术委员会传感器网络标准工作组、工业和信息化部信息资源共享协同服务（闪联）标准工作组、全国工业过程测量和控制标准化技术委员会等产学研用各界共同发起成立了物联网标准联合工作组。

2002 年，组建成立的全国信息技术标准化技术委员会自动识别与数据采集技术分技术委员会，其秘书处设在中国物品编码中心，以条码、一致性测试、射频识别三个工作组对应国际上的五个工作组，开展了与 ISO/IEC JTC1 SC31 对口的标准化研究工作，负责全国自动识别和数据采集技术及应用的标准化工作。2006 年，成立全国物品编码标准化技术委员会（TC287），对口 ISO 有关物品编码国际标准委员会和国际物品编码协会 GS1 的工作。

虽然我国不存在类似 EPC、ISO 标准开放与企业专利协调问题，但是存在不同专业部门的管理交叉，某种程度上影响了 RFID 技术的开发进程。目前，我国已经正式发布的 RFID 技术方面的国家标准见表 2.3.5-1。

表 2.3.5-1　我国已经正式发布的 RFID 技术方面的国家标准

标 准 代 号	标 准 名 称	采 标 状 况	实施日期
GB/T 14916—2006	识别卡物理特性	ISO/IEC 7810：2003 IDT	2006-07-01
GB/T 20563—2006	动物射频识别代码结构	ISO 11784：1996 ISO 11784：DAM 2005	2006-12-01
GB/T 22334—2008	动物射频识别技术准则	ISO 11785-1996	2009-02-01
GB/T 22351.1—2008	识别卡 无触点的集成电路卡 邻近式卡 第 1 部分：物理特性	ISO/IEC 15693：2000 IDT	2009-01-01
GB/T 22351.2—2010	识别卡 无触点的集成电路卡 邻近式卡 第 2 部分：空中接口和初始化	ISO/IEC 15693-2-2000	2011-04-01
GB/T 22351.3—2008	识别卡 无触点的集成电路卡 邻近式卡 第 3 部分：防冲突和传输协议	ISO/IEC 15693-3-2001	2009-01-01
GB/T 29266—2012	射频识别 13.56MHz 标签基本电特性	—	2013-06-01
GB/T 29272—2012	信息技术 射频识别设备性能测试方法 系统性能测试方法	—	2013-06-01
GB/T 28925—2012	信息技术 射频识别 2.45GHz 空中接口协议	—	2013-02-09
GB/T 28926—2012	信息技术 射频识别 2.45GHz 空中接口符合性测试方法	—	2013-02-09
GB/T 29261.3—2012	信息技术 自动识别和数据采集技术 词汇 第 3 部分：射频识别	—	2013-06-01
GB/T 29797—2013	13.56MHz 射频识别读/写设备规范	—	2014-05-01
GB/T 29768—2013	信息技术 射频识别 800/900MHz 空中接口协议	—	2014-05-01
GB/T 33459—2016	商贸托盘射频识别标签应用规范	—	2017-07-01
GB/T 32829—2016	装备检维修过程射频识别技术应用规范	—	2017-03-01
GB/T 32830.1—2016	装备制造业 制造过程射频识别 第 1 部分：电子标签技术要求及应用规范	—	2017-03-01
GB/T 32830.2—2016	装备制造业 制造过程射频识别 第 2 部分：读写器技术要求及应用规范	—	2017-03-01
GB/T 32830.3—2016	装备制造业 制造过程射频识别 第 3 部分：系统应用接口规范	—	2017-03-01
GB/T 33848.1—2017	信息技术 射频识别 第 1 部分：参考结构和标准化参数定义	—	2017-12-01
GB/T 33848.3—2017	信息技术 射频识别 第 3 部分：13.56MHz 的空中接口通信参数	—	2017-12-01
GB/T 34594—2017	射频识别在供应链中的应用 集装箱	—	2018-05-01
GB/T 34996—2017	800/900MHz 射频识别读/写设备规范	—	2018-05-01
GB/T 35102—2017	信息技术 射频识别 800/900MHz 空中接口符合性测试方法	—	2018-05-01

全国物品编码标准化技术委员会已完成 12 项编码国家标准，见表 2.3.5-2；正在制定的编码国家标准 39 项，见表 2.3.5-3；报批及征集意见中的 RFID 标准见表 2.3.5-4。

表 2.3.5-2　全国物品编码标准化技术委员会已完成的 12 项编码国家标准

标 准 代 号	标 准 名 称	实施日期	标 准 代 号	标 准 名 称	实施日期
GB/T 23559—2009	服装名称代码编制规范	2009-09-01	GB/T 31866—2015	物联网标识体系 物品编码 Ecode	2016-10-01
GB/T 23560—2009	服装分类代码	2009-09-01	GB/T 31007.1—2014	纺织面料编码 第 1 部分：棉	2015-02-01
GB/T 22970—2010	纺织面料编码 化纤部分	2010-12-01	GB/T 31007.2—2014	纺织面料编码 第 2 部分：麻	2015-02-01
GB/T 27766—2011	二维条码 网格矩阵码	2012-05-01	GB/T 31007.4—2014	纺织面料编码 第 4 部分：毛	2015-02-01
GB/T 27767—2011	二维条码 紧密矩阵码	2012-05-01	GB/T 32007—2015	汽车零部件的统一编码与标识	2016-01-01
GB/T 31022—2014	名片二维码通用技术规范	2015-02-01	SJ/T 11652—2016	离散制造业生产管理用射频标签数据模型	2016-09-01

表 2.3.5-3　正在制定的编码国家标准

项 目 名 称	计划编号
动物电子标识应用规范	20079827-T-326
国家物品编码通用导则	20080468-Q-469
物品编码体系标识（CSI）	20080470-T-469
基于 RFID 的开放流通领域贸易项目编码	20081320-T-469
国家物品编码与基础信息通用规范 第三部分：生产资料编码与基础信息通用规范	20111593-T-469
国家物品编码与基础信息通用规范 第一部分：物品编码与基础信息通用规范标准化总体框架	20111594-T-469
国家物品编码基础信息规范规范 第四部分：医药产品编码与基础信息通用规范	20110898-T-469
国家物品编码与基础信息通用规范 第二部分：消费品编码与基础信息通用规范	20111592-T-469
电子商务参与方编码与基础信息规范	20130302-T-469
物品编码-物品标识-产品标识编码	20130305-T-469
物品编码-物品标识-商品编码	20130306-T-469
物品编码-物品标识-商品单品编码	20130308-T-469
物品编码-物品标识-商品储运单元编码	20130307-T-469
物品编码-物品标识-商品批次编码	20130309-T-469
物品编码-物品标识-资产标识编码结构	20130310-T-469
物联网标识体系 总则	20130057-T-469
电子商务产品质量信息规范通则	20142071-T-469
电子商务参与方分类与编码	20142070-T-469
国家物品编码与基础信息规范 生产资料 第 3 部分 水泥	20142076-T-469
水上施工船舶分类编码	20142078-T-469
国家物品编码与基础信息规范 生产资料 第 4 部分 沥青	20142077-T-469
国家物品编码与基础信息规范 生产资料 第 2 部分 燃润料	20142075-T-469
国家物品编码与基础信息规范 生产资料 第 1 部分 建筑用钢材	20142074-T-469
公路桥梁施工用大宗物资分类编码	20142073-T-469
纺织纤维编码	20142072-T-469
物品编码术语	20142080-T-469
图书馆编码标识应用测试	20142079-T-469
手机二维码编码通用数据结构	20132312-T-469
物联网标识体系 Ecode 在 NFC 标签中的存储	20150055-T-469
物联网标识体系 数据内容标识符	20150053-T-469
物联网标识体系 Ecode 在二维码中的存储	20150058-T-469
物联网标识体系 Ecode 标识公共服务平台的接入规范	20150056-T-469

（续）

项目名称	计划编号
物联网标识体系 Ecode 在条码中的存储	20150051-T-469
物联网标识体系 Ecode 标识体系中间件规范	20150059-T-469
物联网标识体系 Ecode 在 RF 标签中的存储	20150060-T-469
物联网标识体系 Ecode 的注册与管理	20150052-T-469
物联网标识体系 Ecode 解析规范	20150057-T-469
物联网标识体系 Ecode 标识应用指南	20150054-T-469
物联网标识体系 Ecode 标识系统安全机制	20150061-T-469

表 2.3.5-4 报批及征集意见中的 RFID 标准

标准名称	采标状况	状态
物品电子编码 基于射频识别的贸易项目代码编码规则	EPC 射频识别标签数据规范 TDS 1.9 版	报批稿
物品电子编码 基于射频识别的物流单元编码规则		
物品电子编码 基于射频识别的资产代码编码规则		
物品电子编码 基于射频识别的参与方位置编码规则		
基于 RFID 的物品编码数据结构	MOD ISO/IEC 15961-3	征集意见稿
射频识别通用技术规范 产品回收和 RFID 标签	MOD ISO/IEC 24729-2	征集意见稿

2018 年 6 月 28 日，由中国建筑股份有限公司与中国物品编码中心联合主编的建筑行业首个基于国际 GS1 体系的《预制构件全生命期 RFID 应用标准》编制启动会在北京召开，会议讨论了标准编制大纲、工作制度、标准编制分工与进度计划。

该标准汇集了建筑、通信等产学研行业的龙头，如中建国际投资、中建西南设计院、中建科技集团、中建钢构、中建一局发展、中建三局绿投、广东海龙建筑科技、上海中建航、中建科技湖南、中建科技武汉、中建科技河南、安徽宝业集团、宝德建筑工业化、上海持云工程技术、北京工业大学、远望谷信息技术公司、新大陆自动识别技术公司、中国移动通信研究院、北京烽火联拓、联想集团企业云、北京云端互联公司、南京肯麦思智能技术公司等 25 家参编单位；该标准全面采用国际 GS1 通用编码标识技术，规定了装配式混凝土、钢构、木构等七大类结构式建筑以及主体结构、装饰装修及设备管线等部品部件的编码结构和数据载体要求。为传统建筑领域实现标准化设计、工厂化生产、装配化施工、一体化装修、信息化管理、智能化应用奠定了数字化基础。

《预制构件全生命期 RFID 应用标准》的启动，将为建筑业全面数据化管理及质量跟踪的 RFID 大数据采集、数据价值挖掘提供有效的系统工具。

RFID 标准体系架构是一个非常庞大的系统工程，虽然业界非常期待我们自己的 RFID 标准体系，但“罗马不是一天建成的”，RFID 标准体系架构需要有一定的产业发展的基础，国际标准的转化也需要进行许多的调查研究与实验测试，需要政府的支持，需要产学研用各界的努力，还需要科学的方法与手段，任重而道远。

2.3.6 RFID 标准的应用

本节以 EPC 标准体系为例说明 RFID 标准的应用。从应用的角度出发，已发布的 EPC 标准可归纳为数据标准、接口标准、信息服务标准和认证标准四大类，另外还有一部分是正在制定中的标准。EPC 之 RFID 标准的应用见表 2.3.6-1。

表 2.3.6-1　EPC 之 RFID 标准的应用

<table>
<tr><th>分　类</th><th>标　准</th><th>版　本</th><th>应用界面</th></tr>
<tr><td rowspan="2">数据标准</td><td>标签数据标准</td><td>TDS1.9</td><td>用户界面</td></tr>
<tr><td>标签数据解析协议（TDT）</td><td>TDT1.6</td><td rowspan="6">软硬件开发商及系统集成商界面</td></tr>
<tr><td rowspan="5">接口标准</td><td>标签空中接口协议（UHF C1G2）</td><td>UHFC1G2 1.1.0
UHFC1G2 1.2.0</td></tr>
<tr><td>底层读写器协议（LLRP）</td><td>LLRP 1.0.1</td></tr>
<tr><td>读写器协议（RP）</td><td>RP1.1</td></tr>
<tr><td>读写器管理规范（RM）</td><td>RM1.0.1</td></tr>
<tr><td>应用级事件规范（ALE）</td><td>ALE1.1.1</td></tr>
<tr><td rowspan="3">信息服务标准</td><td>EPC 信息服务（EPCIS）</td><td>EPCIS 获取接口（EPCIS1.0.1）
EPCIS 数据规范（EPCIS1.0.1）</td><td rowspan="3">软件及系统开发商界面
EPC 机构界面
EPC 信息服务商界面</td></tr>
<tr><td>核心商务用语（CBV）</td><td>CBV1.0</td></tr>
<tr><td>对象名服务（ONS）</td><td>ONS1.1</td></tr>
<tr><td rowspan="2">认证标准</td><td>EPC 认证</td><td>CERT 2.0</td><td rowspan="2">EPC 机构界面</td></tr>
<tr><td>谱系认证</td><td>Pedigree 1.0</td></tr>
<tr><td rowspan="3">制定中标准</td><td>标签空中接口协议（HF V_2）</td><td>HFC1</td><td rowspan="3">EPC 机构界面</td></tr>
<tr><td>读写器发现、配置和初始化</td><td>DCI</td></tr>
<tr><td>发现服务</td><td>—</td></tr>
</table>

RFID 标准应用的基本原则是根据表 2.3.6-1 EPC 标准所列出的不同应用界面，采用不同的应用对策。

1．用户界面的标准

表 2.3.6-2 中的标签数据标准是处于用户界面的标准，主要用于 RFID 标签的信息标识编码，要求用户掌握并能够运用自如。

表 2.3.6-2　基于 EPC 标准体系的标签数据标准的信息标识编码

<table>
<tr><th rowspan="2">标准采用与转换来源</th><th rowspan="2">标准名称</th><th colspan="2">编码格式</th><th rowspan="2">标识对象</th></tr>
<tr><th>符　号</th><th>长　度</th></tr>
<tr><td rowspan="9">参照“射频识别标签数据规范 1.9 版”制定的国家标准报批稿</td><td rowspan="2">物品电子编码　基于射频识别的贸易项目代码编码规则</td><td rowspan="2">SGTIN</td><td>SGTIN-96</td><td rowspan="2">全球消费贸易单元（CPG）
全球配销贸易单元（SKU）
全球单一物流/零售单元</td></tr>
<tr><td>SGTIN-198</td></tr>
<tr><td>物品电子编码　基于射频识别的物流单元编码规则</td><td>SSCC</td><td>SSCC-96</td><td>全球物流单元（SPU）</td></tr>
<tr><td rowspan="2">物品电子编码　基于射频识别的参与方位置编码规则</td><td rowspan="2">GLN</td><td>GLN-96</td><td rowspan="2">全球参与方全球位置</td></tr>
<tr><td>GLN-195</td></tr>
<tr><td rowspan="4">物品电子编码　基于射频识别的资产代码编码规则</td><td rowspan="2">GRAI</td><td>GRAI-96</td><td rowspan="2">全球流动的可回收资产</td></tr>
<tr><td>GRAI-170</td></tr>
<tr><td rowspan="2">GIAI</td><td>GIAI-96</td><td rowspan="2">全球流动的单个资产</td></tr>
<tr><td>GIAI-202</td></tr>
<tr><td>直接采用 EPC 规范</td><td>射频识别标签数据规范 1.4 版</td><td>FKF</td><td>FKF-96</td><td>非供应链管理项目的 RFID 各种标识对象</td></tr>
</table>

用户应该掌握表 2.3.6-2 中的信息标识编码。具体的编码方法将在本书第 4 章中详细讨论。

2. 软硬件开发商及系统开发商界面的标准

表 2.3.6-1 中的标签数据解析协议（TDT）、标签空中接口协议（UHF C1G2）、底层读写器协议（LLRP）、读写器协议（RP）、读写器管理规范（RM）、应用级事件规范（ALE）是处于软硬件开发商及系统集成商界面的标准，要求用户有所了解，明白怎样利用该类标准进行硬件选择（相关内容详见本书第 5、6 章）、软件选择（相关内容详见本书第 7 章），或检验系统开发商硬件配置的合理性，以及软件开发的合规性。

3. 软件及系统开发商、EPC 机构界面、EPC 信息服务商界面的标准

表 2.3.6-1 中的 EPC 信息服务（EPCIS）、对象名服务（ONS）是处于软件及系统开发商、EPC 信息服务商界面的标准，要求用户有所了解，明白怎样利用 EPC 数据资源。

4. EPC 机构界面的标准

表 2.3.6-1 中的 EPC 认证、谱系认证是处于 EPC 机构界面的标准，要求用户有所了解，明白怎样利用 EPC 认证资源；利用谱系认证资源参与供应链序列化跟踪和追溯。

5. 制定中标准

对于表 2.3.6-1 中的标签空中接口协议（HF V2）和读写器发现、配置和初始化处于 EPC 机构界面的制定中标准，应当关注其制定进程，以及该标准对软硬件及系统开发商的要求与影响。

2.4 RFID 不能做什么

RFID 不是万能的……

任何一项技术都不是万能的，RFID 也是如此。用户应该清楚地认识到 RFID 能做什么，又做不到什么，这才是正确的 RFID 应用之道。

1. RFID 不是无本之源

与所有的 IT 建设一样，RFID 需要一定的资金、人力、物力等资源的投入，这种投资可以利用一般的信息系统的投资评估方法进行财务估算。但是，RFID 的投资效益又是一种“潜在效益”，可能需要经过一段时间的实际运作才能量化评估，此外还必须在业务、管理，甚至操作流程进行一些相应的适应性改变，因此可能会带来一定的投资风险。RFID 不是无本之源，用户需要确认自己的实力，具体分析这些效益、投入和改变是否适合自己，权衡利弊，再进行决策。

2. RFID 不能超越价值理念改变你的思想方法

有一种观点非常精辟：信息化工程首先是“一把手”工程。RFID 是一门新兴技术，接纳 RFID 需要决策层具有与新兴技术匹配的开放式的价值理念和思想方法。用户的发展战略取决于决策层开放变革、学习创新、与时俱进的发展理念。RFID 可以促使你接受新技术新事物，但是 RFID 不能超越价值理念并改变用户的思想方法，当用户决定引入 RFID 项目的时候，应该首先进行一些切合实际的分析权衡，确认企业发展战略和市场的合规性是否对 RFID 应用的需求足够迫切，然后再确定是否施行。

3．RFID 不能先于人工提高你的管理水平

RFID 需要建立在一定的管理水平之上，包括相对先进的企业管理制度、合理的营运模式、优化的业务流程和信息化基础。

新技术应用首先要求制定相应的管理制度，并落实实施；新技术应用效益最大化的实现，需要营运模式的改善和业务流程优化的配合。RFID 系统本质上是给用户原有的应用系统配置一个可视化的数据采集终端，当然离不开良好的信息化基础。

RFID 可以帮助用户从营运模式的改善中受益。但是，改善就意味着改变，因营运模式植根于长期以来的企业经营文化，并涉及诸多市场因素，也许还需要合作伙伴的配合，改变存在着一定的经营风险，改变除了需要变革理念、变革魄力及决策，还需要有一定的管理水平、优化的业务流程和针对性的解决方案去落实。总而言之，改变就是变革，但我们的变革是改善，改善是以优化为目标，改善是向好处发展，在深入细致的可行性研究的支持下，改善营运模式可以适度地渐进，绕开“暗礁”，回避风险，达到期望改善的彼岸。

与营运模式相比，业务流程涉及的范围相对较小，大部分在企业内部，优化业务流程的实施难度或许小于改善营运模式。事实上许多有远见卓识的企业家，都已经将优化业务流程作为优化企业管理的长期举措列入企业发展长期规划，即使不实施 RFID 项目，优化业务流程都会根据规划按部就班地进行。RFID 项目则将为这些用户实现这一战略目标助力，创造机遇，提供技术支持，形成良性循环。

4．不能无中生有地产生有序数据

休伯特·德雷福斯（Hubert L.Dreyfus）的“计算机不能做什么”一文有一段关于“人工智能的极限”的精彩论述：“许多人类的行为不能被简单地看作遵照一套规则行事。人工智能每一步特殊努力后的停滞，意味着从人类行为任何孤立的方面，不会有通向完成人智能行为的一点的突破。棋弈、语言翻译、问题求解和模式识别都依赖人类‘信息加工’的特殊形式，而这种特殊形式的人类‘信息加工’，反过来又取决于人类在世界中的存在方式。对这种处于某一局势之中的方式，原则上无法用现在能想象到的技巧加以程序化。”

计算机系统的工作效果看起来异乎神奇，其巨大的存储能力和惊人的计算速度常令人称奇。其实仔细想想，计算机的威力也在意料之中，因为计算机集合了人类的智慧，是无数人的智慧的集合，而且这些人当中有许多天才科技精英。实际上，计算机的本质也非常简单，只不过是一种二进制的存储与计算。可以说计算机是依赖大量的高速、简单、机械、繁重的“重复劳动”取胜，计算机的“重复劳动”是人力所不能及的，然而这种“重复劳动”的方式方法全是由人类赋予的。就 RFID 系统而言，事实上其初始的 RFID 编码及相关信息都是需要人工按照一定的著录规则加工、整理和录入，如果没有人工先期的操作，RFID 系统跟计算机一样不能无中生有地产生有序数据，也根本谈不上自动识别。这就是那句大实话：“如果计算机进去的是垃圾，出来的同样也是垃圾。”

5. 不能完全取代条码技术

在本书第 1 章中，我们已经讨论了“条码与 RFID 的优势互补”观点。从哲学意义上讲，一个和谐的社会是每个公民都能找到自己合适的位置，那么一个最佳的技术应用应该是各种技术各显神通，各司其职。所以当前 RFID 还不能完全取代条码技术，用户应针对实际应用及不同环境，选择不同层次的应用技术，形成条码技术与 RFID 技术优势互补的应用适配，这才是明智的选择。

6. RFID 不是廉价的系统，不适合低端商品管理

由于当前 RFID 标签的性价比尚未达到与低端商品管理相匹配的应用水平，低附加值的低端商品管理应用就显得得不偿失。对此英国人举了一个极端但又很实际的例子：“假如大量使用单品级的 RFID 标签，就得生成大量的数据。比如可能得给诸如 30 便士一块的三明治分配一个唯一的序列号，事实上它在一两天之内就被卖光了，但还是要在数据库里给它们创建成千上万的序列号，这样做的意义很值得怀疑。”因此，我们可以暂且将效益较低的低端商品的商品管理列为 RFID 不适合与不需要应用的范畴，根据发展，将来一定可以有更适合的解决方案。但是，煤气罐等安全性要求高以及贵重商品，如高档酒、珠宝首饰等就值得付出一定成本，实施 RFID 管理。

7. 较浅的应用集成度可能没有直接效益

当用户按照供应链合作伙伴合规性要求，选择了单纯“贴—运”和“贴—检—运”等较浅的应用集成度的时候，完全有可能体现不出 RFID 的应用的直接效益。不过此时，你实施 RFID 的重点本来就不是直接的效益，而是维系供应链合作伙伴关系和保住市场份额。对于增加的贴标成本，可以在提高的市场份额中消化。

同样是发达国家，英国、美国、德国对 RFID 应用态度就有所不同：由零售商拉动的 RFID 应用在美国的沃尔玛和德国的麦德龙轰轰烈烈地展开，而英国的制造商们就不必承受来自零售商的 RFID 应用合规性压力。当英国的零售商们采用 RFID 技术所能得到的好处十分明晰的时候，但其供应商改善库存的愿望并不那么强烈，英国的许多供应商如是说：“沃尔玛采用 RFID 技术获益颇丰，比如他们可以更高效地追踪产品，可迅速补货，减少缺货率，可那些因为沃尔玛而被迫给产品贴上 RFID 标签的制造商们的益处在哪儿。”“通常成本问题被认为是普及 RFID 技术的一大障碍，特别是当大批量应用时，条码的成本实际上是可以忽略不计的，相对而言，RFID 标签的成本就挺高。”这种疑问在我国的供应商中同样屡见不鲜。

有些用户的应用系统的数据处理能力可能本来就不强，因此其 RFID 数据的生成和处理就成了一个大问题，生成的大量复杂的 RFID 标签数据对某些系统能力较弱的潜在用户来说简直是噩梦，所以只能放弃 RFID 的应用效益，选择较浅的应用集成度应用。但是如今，有了云计算的助力，小企业也不必再做这种无奈的选择了。

以上列举了 RFID 可能力所不能及之处，如果不想放弃应用，则必须进行一些相应的改变。

第 3 章　RFID 项目

成功的 RFID 项目不是纯粹的技术工作，而是包含新的理念和方法。RFID 项目应该着眼于企业的整体效能：优化和改善业务流程，适应和提高管理水平，深化对 IT 数据，尤其是实时 RFID 数据的应用。

本章以“沃尔玛山姆会员店 EPC/RFID 贴标指南”的案例分析为基础，提炼出适合中国企业的可行性研究框架，借助这些实用的方法和有价值的经验，读者可以做好必要的功课。

3.1　RFID 项目工作概述

所谓项目，是“一系列独特的复杂的相互关联的活动，这些活动都有一个明确的目标或者目的，也就是说要达到项目预计的目的，并且这些活动都要在特定的时间和预算内依据一定的规范完成”。

3.1.1　RFID 项目的基本流程

RFID 系统是信息系统的一个分支，RFID 项目的开发应符合一般信息系统的开发流程。本节参考典型信息系统开发的一般流程，并结合 RFID 项目的特点与需求，给出项目开发的基本框架流程图如图 3.1.1-1 所示。了解 RFID 项目开发流程，可以帮助用户熟悉实施路径，梳理管理脉络，形成 RFID 项目的框架性认识，这对 RFID 项目小组成员尤其重要。

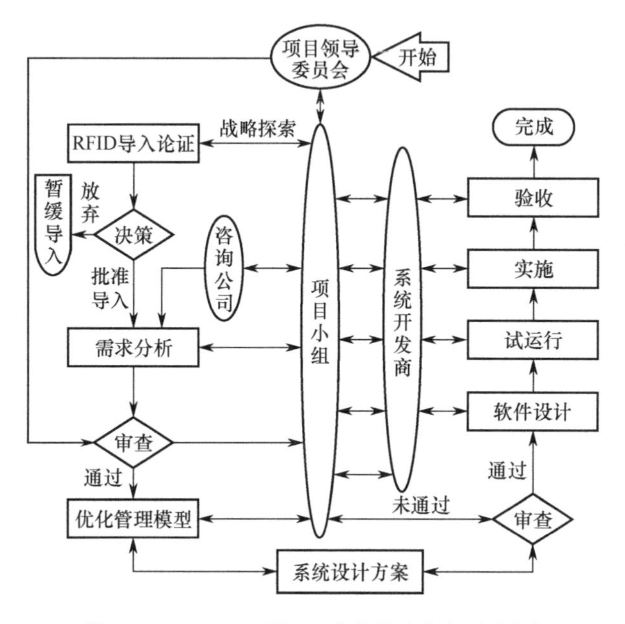

图 3.1.1-1　RFID 项目开发的基本框架流程图

流程中各项工作的基本内容如下：

1．RFID 导入论证

RFID 导入论证就是决策层根据企业的发展战略，通过市场分析与 RFID 的效能分析，确认实施 RFID 项目。该工作可由筹备小组配合决策层完成。

2．需求分析

本节所讲的需求分析主要指企业内部的需求分析，可以是在未接触系统开发商之前（如果项目小组有把握的话），也可以是在寻找系统开发商的过程中，还可以在确定系统开发商之后，与开发商的系统设计合并进行。

需求分析就是企业自身对 RFID 项目的需求做详细的调研与分析综合，对此，业界已经有许多成形的操作模式可以借鉴，本章在 3.4～3.6 节中将重点介绍发达国家的他山之石：通过 RFID 友好性分析、确定应用集成度和应用模式，进而确定应用目标等路径的可行性研究方法，用户可以邀请候选的系统开发商一起尝试。

有些大型项目需要请专门的咨询公司提交可行性研究报告，此类用户首先要选定咨询公司。

3．优化管理模型

需求分析清晰之后，项目小组可以根据企业的管理升级目标，针对 RFID 项目的实施，对企业内部进行流程再造，经反复讨论验证，形成优化的“管理模型”。

优化管理模型对于 RFID 项目是否能取得预期的效益非同小可，因为管理是以人为本的。RFID 项目能够有效地帮助企业实现优化模型后的管路目标，但是正如本书的 2.4 节“RFID 不能做什么”指出的那样：RFID 不能先于人工提高你的管理水平，RFID 需要建立在一定的管理水平之上，包括相对先进的企业管理制度、合理的营运模式、优化的业务流程和信息化基础。

优化管理模型应该在系统设计与开发之前完成，以便于系统开发商据此给出最优化的系统设计，确保 RFID 项目目标与效益的实现。

4．系统设计方案

一般情况下，项目小组应在选定系统开发商之后将已经优化的管理模型提交系统开发商，据此系统开发商给出个性化的系统设计方案初稿，提交项目小组审查，并与系统开发商反复研究，必要时开发一些演示程序示范系统效果，共同商讨确认，并取得项目领导委员会的批准，才能进入整体的软件开发。

5．软件设计

软件设计主要是系统开发商的编程，由于不在用户界面，在此不需展开讨论。

6．试运行

试运行可以分为局部（或功能模块）试运行与整体试运行，也称为系统测试。

局部试运行一般发生在软件开发的过程中。当某一功能模块完成后，希望以试运行确定其用户需求的适应性，以便于环环相扣的下一个模块的开发。值得注意的是，业内软件开发一般都是采用现有的标准化模块或者在同类功能相似的模块上修改而成，因此试运行时一定要注意其修改后的功能是否具备满足本用户个性化的需求，而不是现有模块的简单排列组合。

整体试运行一般都在系统软件整体初步完成之后，用于整体确认系统功能是否符合用户需求。

试运行的目的是测试软件编程的用户满意度，用户应该提出不满意的问题、明确实现目标和应对意见。试运行应该由项目组主要负责人参加，并存有文档进行量化测试和记录，比如，试运行记录，试运行测试报告等。

整体试运行一定要形成正规的《试运行报告》，以备忘用户与开发商之间的协调。

系统试运行报告有很多参考模板，可根据各自的喜好参考使用。

7. 实施

整体试运行合格之后就是实施，根据双方合同的具体规定，进行相对较长一段时间的系统运行，检验系统的互操作性、稳定性与可靠性，或进行必要的调整。

8. 验收

在实施之后的规定时间里，RFID 项目应该按双方合同规定的条款验收。如果你的 RFID 项目已经按本节的 1～7 的工作流程认真地实施，那么验收就是水到渠成的了。当然，项目验收投入正式运作之后，还应该有相关售后的条款，这些都应该在 RFID 项目的商业合同中加以明确。

3.1.2　RFID 项目区块工作框架

为了方便 RFID 项目管理协调与分工合作，本节将 RFID 项目流程的工作归纳为组建项目团队、项目可行性研究、选择系统开发商、系统设计与开发、项目实施与验收等五个区块，这些区块的工作相对独立而又相互关联，需要分工并协调进行，有些工作还需要用相同的分析工具在各个区块反复进行。在后续内容中将详细阐述这些区块工作的执行，并重点介绍一些分析方法，比如“RFID 友好性”、应用集成度、应用模式等。RFID 项目区块工作框架如图 3.1.2-1 所示。

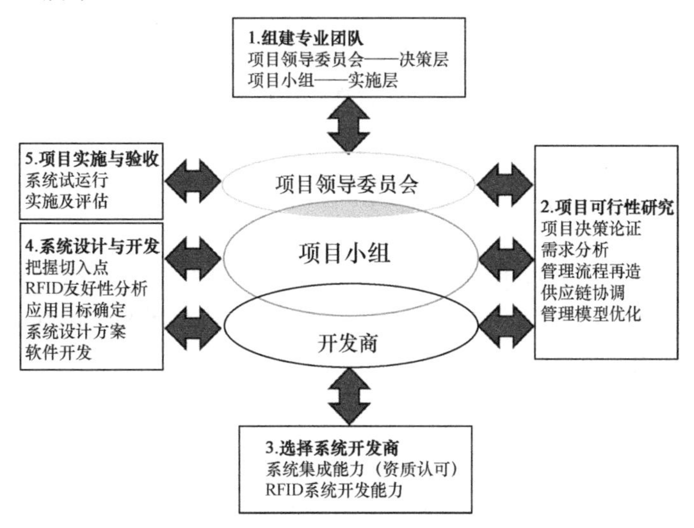

图 3.1.2-1　RFID 项目区块工作框架

3.2 组建专业团队

任何项目的实施，组织支持都是必需的，RFID 项目也不例外。

RFID 项目需要组织两队人马来管理监控。RFID 专业团队包括决策层（即项目领导委员会）和实施层（即项目小组），在确定 RFID 导入之前项目小组可以以少量人员组成的项目筹备小组的面貌出现。

3.2.1 项目领导委员会——决策层

首先要成立的是项目领导委员会，负责 RFID 的决策工作，包括项目导入决策和财务决策，项目小组重要工作及其阶段性成果的检查与批准，项目验收批准等。

该委员会由总经理或者其他决策层领导主持，如营运总监、财务总监、信息总监等，以确保该委员会的领导者拥有直接与决策层各分管领导对接的渠道，保证必要的资源，包括各个不同部门的财力资源和人力资源，保证整个项目的实施。

某些企业常选派 IT 总监担任该委员会的领导，而有些企业则会选派运营总监或者供应链管理的总监来担任。无论由谁来领导委员会，以下人选都应该成为该委员会成员。

IT 总监（CIO）——因为 RFID 本质上是通过信息采集和数据应用获得商业效益的，所以 IT 总监是非常关键的人选。

财务总监（CFO）——财务是 RFID 项目实施的强大后盾，也是 RFID 项目的评估者与受益者，财务总监的责任非同小可。

供应链总监（SCO）——供应链总监是必不可少的，因为项目的焦点就是通过提高供应链的可视化，提高供应链管理水平，进而提高供应链管理效益，改善用户与供应链合作伙伴的关系。

营运总监（COO）——如果希望从 RFID 项目中获得显著的效益，那么优化管理模式和业务流程是重要而艰巨的任务，营运总监任重而道远。

如果用户的 RFID 项目目标效益是在防盗、防伪等方面，委员会还可以包括防盗保安总监等。

3.2.2 RFID 项目小组——实施层

项目领导委员会指派由 IT 技术人员、供应链管理专家，以及负责与外部合作伙伴联络的行政主管等人员组成的 RFID 项目小组，保持与项目领导委员会的联系，贯彻执行决策层的决定，负责 RFID 项目的具体实施。

1．项目小组组长及职责

RFID 项目并不是一个单纯的科技项目，其实施涉及信息、管理、业务、财务，甚至企业发展战略等企业内外部因素的方方面面，且协调的工作量很大，因此任命一个熟知企业业务流程且对其他部门有足够影响的人担任 RFID 项目小组组长是重要的、必须的和最好的。项目小组组长可以来自供应链或业务部门，或者在其职业生涯中曾经领导过不同的部门，有较深资历，知识丰富且勇于创新，以确保能够轻松地驾驭业务流程，保持与企业其他部门的沟通合作，使 RFID 项目贯穿内部政策而获得成功。

2．项目小组成员及职责

（1）项目小组主要包括以下几个方面的代表：

信息技术——参与系统分析，评估软硬件选择，监管系统集成，保证现有 IT 系统和网络与 RFID 方案的无缝连接和平滑过渡。

（2）供应链——定义现有的业务流程，善于发现和分析 RFID 支持下的业务流程所创造的效益，管理项目对供应链上各个环节的影响，协调与合作伙伴业务流程的变化。

（3）生产——评估哪一个生产环节可以进行 RFID 标签的数据写入、贴标或识读，与系统开发商合作将贴标操作集成到生产线中，并将不能停止的生产流程的干扰控制在最小范围。

（4）工程——支持硬件部署，将 RFID 贴标操作实施到每天的生产和运输操作中。

（5）财务——监管、制定项目预算，鉴定和管理 RFID 贴标操作每天发生的成本。

（6）销售客服——了解合作伙伴的最新情况，与合作伙伴协商并确定联合业务效益，分析实施策略。

（7）RFID 专家——与技术提供商合作，把好项目技术关，与团队其他成员合作，确保项目平稳推广。

如果可能，还可邀请其他部门的以下人员参与 RFID 项目小组的活动，例如：

（1）条码技术人员——保证现有产品的条码标识体系和 RFID 贴标的一致性。

（2）包装技术人员——确定 RFID 标签可以有效地应用到现有包装中。

（3）市场业务人员——评估 RFID 用于改善销售和市场的可行性。

（4）法律顾问——保证任何新技术措施符合企业的法律引导，分析实施中的任何潜在法律分歧，审查和供应商的不公开协议和法律合同。

（5）行政人员（办公室）——保证后勤、对外公共关系和与公众保持沟通，确保项目为公众所接受而不被隐私拥护者攻击。

3．项目筹备小组

项目小组的前期可以由少量的策划人员与技术人员组成，称为项目筹备小组，完成项目前期的导入、调研和论证工作。

（1）针对本书第 1、2 章的主题，通过对 RFID 项目认知的系统学习，掌握 RFID 概念、标准以及应用的基本内容；

（2）了解本单位科技发展战略需求与市场合规性要求；

（3）参考表 2.2.1-1 中应用举例，大体确定 RFID 项目应用类型。

例如：供应链管理（SCM）、供应商管理库存（VMI）、第三方物流、分销配送、售后服务、集装箱运输、单品管理等应属于 RFID 应用的开放式系统，也称为开环系统；身份管理、票证管理、图书管理、门禁管理、海关管理、车辆管理、收费管理等应属于 RFID 应用的非开放式系统，也称为闭环系统。

针对适合自己的 RFID 项目应用类型导入可行性分析。

非开放式系统要求 RFID 标签仅在同一局域网系统中被读取，并进行数据交换和信息共享，应用系统因此较为简单，仅考虑本单位内部的局域网协调，统一编码格式即可；而开放式系统则要求 RFID 标签在不同局域网系统中被读取，并进行数据交换和信息共享，应用系统因涉及两个及以上的局域网及相关单位，需要在所有参与数据共享的网络及单位之间协调，统一编码格式，其业务管理模式和流程都面临不同程度的改变与调整，RFID 项目实施具有一定的难度。

根据以上分析，权衡 RFID 项目实施难度、收益及战略地位的利弊与取舍，提出建设性的意见，供决策层做出 RFID 项目的确定导入、推迟导入和放弃导入的决策。

如确定导入，则项目筹备小组经充实扩大，成立项目小组开展 RFID 项目小组日常工作，进入下一个流程。

3.3 选择系统开发商

用户应选择什么样的系统开发商？
怎样鉴别系统开发商的系统集成资质？
怎样鉴别系统开发商的 RFID 开发能力？
业内有何经验之谈？

总结国内外的经验，RFID 系统开发实施途径可以各不相同：有的全部外包；有的自行开发应用系统；有的自行开发中间件。应该说究竟采用哪种方式都不能一概而论，因为没有一种方法能适合所有的人，没有一条绝对正确之路能适合所有用户。简单地说，RFID 项目开发与一般的应用系统开发模式是相近的，现在已经有相当多的应用系统开发商导入了 RFID 系统开发。按照专业分工与核心竞争力原则，RFID 项目一般应委托专业的系统开发商完成，除非用户的开发水平可以与系统开发商相媲美。

如果用户确定 RFID 项目开发外包完成，那么组建团队之后就是选择系统开发商，从专业的角度出发，RFID 系统开发商应该具备以下三种能力；如果用户决定自行开发，那么用户也可以依据以下标准评估一下自己的开发能力。

1. 专业的计算机系统集成与可持续服务能力

借助系统集成商的国内资质鉴别，判断其专业的计算机系统集成能力及可持续性服务能力。

2. 专业的 RFID 系统开发能力与可持续服务能力

通过考察 RFID 的认证与测试水平、RFID 项目经验与合作伙伴，确认其专业的 RFID 系统开发与可持续服务能力。

3. 个性化服务能力

通过用户个性化的 RFID 解决方案，了解同类成功案例，考察其个性化服务能力。

3.3.1　系统集成与服务能力

系统集成是指从事计算机应用系统工程和网络系统工程的总体策划、设计、开发、实施、服务和保障。

系统集成资质是衡量系统开发商的专业基础与综合能力的法定标志，计算机信息系统集成企业资质证书为用户判断系统开发商的能力提供一个可靠而有效的途径。

1．系统集成资质认定

工业和信息化部于 1999 年发布了计算机信息系统集成资质管理办法（试行）〔1999〕1047 号，建立了我国的计算机信息系统集成资质认定制度。该制度自 2000 年 1 月 1 日开始实施，至 2014 年 2 月 15 日截止，经过十四年的努力，为国内系统集成市场搭建了良好的质量技术监督管理平台。

为了最大限度地减少政府职能干预，2014 年年初，工业和信息化部发布了《工业和信息化部关于做好取消计算机信息系统集成企业资质认定等行政审批事项相关工作的通知》，系统集成与服务的资质认定发生了以下变化：

（1）工业和信息化部自 2014 年 2 月 15 日起，停止计算机信息系统集成企业和人员资质认定行政审批，相关资质认定工作由中国电子信息行业联合会（以下简称电子联合会）负责实施。

（2）原先由各省市负责的行政审批的系统集成资质认定工作，现转由当地相关行业组织负责。“各省、自治区、直辖市及计划单列市、新疆生产建设兵团工业和信息化主管部门，停止资质认定行政审批相关工作，移交由当地相关行业组织负责本行政区域内的资质认定相关工作。地方主管部门应选择并推荐一家具有社会团队法人资格，且不从事软件和信息技术服务经营业务及资质评审业务的行业组织承担本行政区域内的资质认定工作。”

（3）2015 年 6 月 30 日，电子联合会发布《关于发布〈信息系统集成及服务资质认定管理办法（暂行）〉的通知》（见附录 A），我国“系统集成与服务资质认定”制度，由民间行业机构中国电子信息行业联合会延续实施。使这项资质认定工作回归国际惯例，其认可的技术含量仍保持行业领先水平，因此该系统集成资质认定具有相当的参考价值。

根据《信息系统集成及服务资质认定管理办法（暂行）》以下的规定，用户可以依据相关条款和认定成果，判断系统开发商的系统集成能力。

第三章资质设定：

第九条　信息系统集成资质（以下称集成资质）是对企业从事信息系统集成及服务综合能力和水平的客观评价，集成资质分为一级、二级、三级和四级四个等级，其中一级最高。

第五章资质证书管理：

第十七条　资质证书有效期四年，分为正本和副本，正本和副本具有同等效力。

第十八条　在资质证书有效期内，持证企业每年应按时向电子联合会资质办提交年度数据信息，不能按时提交年度数据信息的企业，视为其自动放弃资质证书。

第十九条　在资质证书有效期期满前，持证企业应按时完成换证申报认定，未按时完成换证申报认定的企业，其资质证书视为自动失效。

第二十条　持证企业资质证书记载事项发生变更的，应在变更发生后30日内，向电子联合会资质办或注册所在地的地方服务中心提交资质证书变更申请材料，电子联合会资质办核实无误后，换发资质证书。

第二十一条　持证企业遗失资质证书，应按电子联合会资质办要求发布遗失声明后，向电子联合会资质办或注册所在地的地方服务中心提交资质证书遗失补发申请，电子联合会资质办核实无误后，补发资质证书。

2015 年 6 月 30 日，中国电子信息行业联合会发布了《关于发布〈信息系统集成资质等级评定条件（暂行）〉的通知》（见附录A），从综合条件、财务状况、信誉、业绩、管理能力、技术实力、人才实力等七个方面详细地界定了一级至四级信息集成与服务开发商的资质认定条件，具有权威的专业参考价值。用户可以根据自己的 RFID 系统的应用层次、投资规模、实现目标、复杂程度和风险控制等综合权衡，选择适合自己的系统集成商。

2．系统集成资质证书的鉴别要点

1）查验资质证书发证机构

因为工业和信息化部自 2014 年 2 月 15 日起，已经将停止计算机信息系统集成企业和人员资质认定行政审批，转由中国电子信息行业联合会（以下简称电子联合会）负责实施，而且资质证书有效期四年，所以以往工业和信息化部审批核发的资质证书全部过期，有效的系统集成资质证书应该是中国电子信息行业联合会批准颁发的“信息系统集成与服务资质证书”。现行的中国电子信息行业联合会颁发的证书样式如图 3.3.1-1 所示。

信息系统集成及服务
资质证书
经审查，核定　的
信息系统集成及服务资质为 壹 级，特发此证书。
证书编号：XZ1440820172370
中国电子信息行业联合会

图 3.3.1-1　现行的中国电子信息行业联合会颁发的证书样式

2）查验资质证书有效期

资质证书从核发之日起，有效期为 4 年，用户应该仔细查看证书上的起止日期。

3）判断资质证书的真伪

如果用户需要验证系统集成商资质的真伪，可以在主管部门的官方网站（http://www.csi-s.org.cn）查询到资质证书的相关信息，包含企业名称、资质等级、资质证书编号、发证日期、证书有效期等。

3.3.2　RFID 系统开发与个性化服务能力

RFID 系统开发商通常会提供包括 RFID 软硬件选择、安装、测试，以及系统集成等一系列服务，但其各自的优势是不同的：有些在数据整合和硬件测试方面拥有强大的技术力量；有些则会在特定行业应用拥有丰富的经验；有些可能只能开发应用集成度较低的 RFID 系统，如仓储管理以下的系统。如果需要开发与业务流程深度衔接的生产管理和制造过程控制 RFID 系统，用户应该选择 RFID 系统开发能力相匹配的系统开发商。

专业的 RFID 系统开发能力，体现在 RFID 技术水平、RFID 项目经验和个性化开发能力等几个方面。

1．RFID 技术水平

如同系统集成能力可以通过资质证书判断一样，系统开发商的 RFID 技术水平可以通过 RFID 产品的测试与认证情况判断。

RFID 产品的测试与认证由具有公信力的专业测试机构承担，以下介绍一些重要的国内外专业测试机构。

1）国际射频识别认证测试中心（ARTC）

国际射频识别认证测试中心于 2007 年 9 月通过了国际 EPCglobal 授权的 METlab 实验室的评审，取得了射频识别认证测试中心（Approved RFID Test Center，ARTC）资质，是目前国内唯一可以提供射频识别产品认证测试的机构。ARTC 挂靠在中国物品编码中心，可以开展射频识别相关产品的认证测试。

ARTC 提供的 RFID 产品认证见表 3.3.2-1。

表 3.3.2-1　ARTC 提供的 RFID 产品认证[1]

		强制认证	产品认证		性能测试
			一致性	互操作性	
产品	硬件	型号核准 CCC-FCC-EC-ROHS	标签芯片 识读器 识读器模块	标签芯片 识读器 识读器模块 打印机	静态测试 动态测试 闸门入口测试 传送带入口测试 用户简单测试 其他（黏胶等）
	软件	—	标签数据 识读器软件 中间件 数据库接口 其他软件	中间件 其他软件	可靠性 可维护性 其他性能
	系统	—	—	—	针对具体需求进行测试

1 资料来源：2011 年 1 月 14 日，第三届中国射频识别基准测试发展论坛，国家射频识别产品质量监督检验中心赵辰主任的报告《RFID 测试技术与测试体系框架》，http://www.rfidinfo.com.cn/Info/n16322_1.html。

这些测试与认证对确认系统开发商的能力，判断系统开发商为用户选择配置的软硬件产品，以及系统的性能等方面将是非常有益的。

2）国家射频识别产品质量监督检验中心

我国的国家射频识别产品质量监督检验中心（以下简称国家射频质检中心）与国际射频识别认证测试中心（ARTC）是“一套人马，两块牌子”。依托于中国物品编码中心的国家射频质检中心于 2007 年开始筹建，2008 年 9 月通过国家合格评定实验室认可委员会的评审，获得中国合格评定国家认可委员会颁发的实验室认可证书（No.CNAS L0719）、国家质量中心的授权证书[（2008）国认监认字（375）号]和计量认证证书（编号：2008002980Z）。国家射频质检中心是独立于生产、销售的非营利专职检测机构，提供射频识别软硬件产品和系统的检测服务，同时还接受国家质量监督部门的委托，开展射频识别产品质量国家监督抽查工作。

目前，国家射频质检中心已经开展了的 RFID 检测认证项目见表 3.3.2-2。

表 3.3.2-2　国家射频质检中心已经开展了的 RFID 检测认证项目

检测项目	检验依据	认证内容
射频识别芯片/标签检测	EPCglobal Class 1 Gen 2 UHF Air Interface Protocol Standard Version 1.0.9 EPC Radio-Frequency Identity Protocols - Class-1 Generation-2 UHF RFID-Conformance Requirements Version 1.0.4 Interoperability Test System for EPC Compliant Class-1 Generation-2 UHF RFID Devices - Interoperability Test Methodology，Version 1.2.5	芯片一致性测试和标签互操作性测试
射频识别识读器/射频识别识读器模块检验	EPCglobal Class 1 Gen 2 UHF Air Interface Protocol Standard Version 1.0.9 EPC Radio-Frequency Identity Protocols - Class-1 Generation-2 UHF RFID-Conformance Requirements Version 1.0.4 Interoperability Test System for EPC Compliant Class-1 Generation-2 UHF RFID Devices - Interoperability Test Methodology，Version 1.2.5	射频识别识读器/射频识别识读器模块的一致性测试和互操作性测试
射频识别打印机互操作性检验	EPCglobal Class 1 Gen 2 UHF Air Interface Protocol Standard Version 1.0.9 Interoperability Test System for EPC Compliant Class-1 Generation-2 UHF RFID Devices - Interoperability Test Methodology，Version 1.2.5	射频识别打印机互操作性测试
EPC 信息服务协议符合性测试	EPCglobal，EPC Information Services（EPCIS），Version 1.0 EPCglobal，EPC Information Services（EPCIS），1.0 Conformance Requirements Document	本测试为 EPC 信息服务协议符合性测试，包括 45 个测试项，涵盖协议必需的 101 个测试点
底层识读器协议符合性测试	EPCglobal，Low Level Reader Protocol（LLRP），Version 1.0.1 EPCglobal，Low Level Reader Protocol（LLRP） 1.0.1 Conformance Requirements Document	本测试为底层识读器协议符合性测试，包括 12 个测试项，涵盖协议必需的 206 个测试点
识读器管理协议符合性测试	EPCglobal，Reader Management（RM），Version 1.0.1 EPCglobal，Reader Management（RM）1.0.1 Conformance Requirements Document	本测试为识读器管理协议符合性测试，包括 17 个测试项，涵盖协议必需的 147 个测试点
识读器协议符合性测试	EPCglobal，Reader Protocol（RP），Version 1.1 EPCglobal，Reader Protocol（RP）1.1 Conformance Requirements Document	本测试为识读器协议符合性测试，包括 25 个测试项，涵盖协议必需的 253 个测试点

3）在 EPCgloble 注册的测试机构

国际上的 RFID 测试中心（见表 3.3.2-3）不完全都是第三方的，有的甚至是企业的，如美国俄亥俄州的 Alien 公司、中国深圳的远望谷公司等。但是，他们都具有 EPCgloble 的注册资格，且在国际间互认程度较高，经他们测试认可的产品以及提供这些 RFID 产品与服务的软硬件企业，也具有较好的质量水平。

表 3.3.2-3　国际上的 RFID 测试中心[1]

企　业	测试中心	地　点	服务内容
rfid Center of Excellence	HP Brazil RFID CoE - Center of Excellence	巴西 圣保罗	RFID 技术促进研究 RFID 案例开发咨询 RFID 教育和培训 闸门测试 输送带测试 静态试验 RFID 的现场调查 巴西国家电信局 RFID 硬件管理认证测试
Performance Test Center LOGyCA Powered by GS1 Colombia Accredited by EPCglobal	GS1 Colombia LOGyCA Performance Test Center	哥伦比亚 波哥大	动态闸门测试/输送带闸门测试 RFID 咨询教育培训 RFID 的应用研究 RFID 的现场演示
	Pacific RFID Performance Center	中国台湾省 桃园	闸门测试 输送带闸门测试 静态测试 RFID 咨询教育培训 RFID 现场测试 技术转让
ALIEN.	RFID Solutions Center, a division of Alien Technology	美国 俄亥俄州 代顿	培训 CompTIA RFID 认证 贴标位置测试 电波暗室测试 高速传送带测试 收发货闸门测试 RFID 安装服务 项目管理服务 建设场地分析
nipa National IT Industry Promotion Agency RFID / USN Center	RFID/USN Center	韩国 仁川	静态测试 传送带闸门测试 闸门测试 RFID/USN 国际研讨会和商务解决方案 RFID/USN 技术咨询和商务解决方案 RFID/USN 普及

1 资料来源：国际物品编码协会 GS1 官方网站（www.gs1.org）。

（续）

企　业	测试中心	地　点	服务内容
Invengo	深圳市射频识别工程技术研究开发中心	广东省 深圳市	闸门测试 传送带测试 RFID 应用咨询 RFID 技术咨询 教育/培训
ADT	Tyco Retail Solutions RFID Performance Test Center	荷兰 Echt	贴标范围测试 • 闸门测试 • 传送带测试 • 打包测试
EECC European EPC Competence Center	The European EPC Competence Center (EECC)	德国 诺伊斯	动态：闸门
GS1 Korea	Korea Testing Laboratory, KTL	韩国 首尔	动态：闸门 动态：传动带
RFID Research Center Sam M. Walton College of Business	RFID Research Center at the University of Arkansas	美国 阿肯色州 费耶特维尔	动态：闸门 动态：传动带

4）山东省物流与自动识别技术实验室

山东省物流与自动识别技术实验室挂靠山东省标准化研究院，专门从事射频技术等自动识别技术、数据终端技术产品、移动计算技术产品的研发与应用，详见 http://www.sdis.org.cn。

5）深圳市 RFID 公共测试服务中心

深圳市 RFID 公共测试服务中心是深圳市 RFID 公共技术与标准服务平台项目的组成部分。由深圳市标准技术研究院设计承建，是独立于生产、销售的公益性的公共测试机构。深圳市 RFID 公共测试服务中心具备对 RFID 硬件产品和软件产品的一致性测试、互操作性测试、性能测试、应用测试等测试能力，能为相关企业和科研机构提供研发、测试的支撑。

2. RFID 项目经验和个性化开发能力

能够针对需求提供适合用户所在行业的全面的系统解决方案，包括需求调查、可行性分析、优化系统模式、设备选型、采购建议、系统设计、实施、咨询、培训、系统维护、升级、实施效果评估，这些都体现了 RFID 系统开发商的项目经验和个性化开发能力。

1）项目经验

一些开发商和顾问公司懂得信息技术，可是并不真正了解 RFID 系统在真实环境中的工作实况，他们也许是为了尝试进入市场，通过客户的成本来学习，因此对用户来说选择具有一定项目经验的系统开发商，特别是他们曾经开发过的 RFID 项目所涉及的产品和行业与用户的类似，就显得尤为重要。用户可以要求候选的系统开发商提供能够证明其项目经验的案例，用户也可以向已经实施 RFID 项目的同行业的用户请教，对系统开发商的项目经验加以确认。

2）个性化开发能力

通常，用户做出导入 RFID 系统决策时，都会感觉自身业务流程存在一定的问题。用户期望通过 RFID 项目来解决这些问题，但又往往不知问题的本质所在，而无从入手。据此，系统开发商是否能够较好地理解与把握用户所在行业的业务结构、现状与发展，就显得尤为重要。具有个性化开发能力的系统开发商能够将用户的关键问题从直观的业务流程中抽离出来，加以分析，给出适合用户的 RFID 解决方案，也许还能给用户提出更为合理的业务流程。

3.3.3 经验之谈

1. 大型系统集成商的优势

一些大型的系统集成商能够统观用户在全国甚至全球的业务，帮助用户集成供应链上的数据与业务流程。例如，美国的 Accenture 公司就与 Best Buy 及其供应商合作，调研了 RFID 应用为消费电器产业带来的潜在效益，为 Accenture 公司在消费电器行业的 RFID 应用开发建立了明显的优势。

有些系统集成龙头企业拥有自己的软件平台，可以用来整合迥然不同的后台系统的数据。但是，这些大型常规软件集成商也有缺陷，他们可能缺乏足够的能够安装及维护 RFID 硬件的熟练的技术人员，其中一些大型集成商及咨询公司会采用收购或者与具有实践经验的中小集成商合作的方式弥补不足，在提供商业资讯及数据整合方案的同时，也提供 RFID 系统安装的服务。

2. 特定行业中小型系统集成商的优势

当然不是只有大型系统集成商和咨询公司才能帮助用户改进业务流程。有些专注于特定行业的小公司也能帮助用户部署实现有价值的 RFID 系统。美国的 R4 Global Services 就专门为包装食品企业提供服务，R4 Global Services 在其测试实验室安装了一个冷冻柜用来测试客户冷冻食品上的标签使用情况，为卡夫和蓝多湖这样的大企业提供了很好的 RFID 系统；美国 Acsis 公司也与包括拜耳这样的全球著名企业在内的多家制药企业有着 RFID 开发合作关系。

3. 对“用例”的使用

RFID 项目具有很强的行业性应用个性。不同的行业开发应用，有不同的“用例”，能不能拿出最适合用户的“用例”，则是对系统开发商的能力强弱的一个很好的鉴别方法，详见本书的 8.2.1 节“采用可解决实际问题的用例（Use Case）”。

4．地区性还是全球性

选择本地的系统开发商可以方便地进行现场考察，对实施中出现的具体问题做出快速反应，相比而言具有一定的优势。采用本地化的合作，还避免了外地或国外合作伙伴带来的诸如差旅费开销、时差等问题。

但是如果产品需要销售到全国，甚至销往不同国家，必须满足全球贸易合作伙伴的合规性要求，此时，选择具有全国甚至全球的服务网络的系统开发商，在不同的地区的不同应用环境中，识读设备的适应性的应对方面就具有较大的优势。

从小型的 RFID 应用试点开始，逐步推广至全国/全球的分步开发也是一个不错的选择，也可以首先与本地系统集成商合作，再通过大型的系统集成商将应用延伸至其他分支机构。此时，必须统筹规划，分步进行。

5．多个系统开发商

当一个系统开发商无法满足项目要求时，与多个系统开发商合作是必要的，甚至是明智的选择。如美国的系统集成商 ODIN Technologies、GTSI、Acsis、R4 Global Services 和 Accenture 之间都有着互相合作的关系。

当企业使用一个以上的系统开发商时，一定要确保由其中一家企业来整体管理项目的实施进程，监管主要硬件供应商，承担全部的责任。这样可以避免出现问题时多个开发商之间相互推卸责任。

6．与系统开发商的磨合

RFID 个性化开发能力与服务能力的鉴别，需要在用户 RFID 系统解决方案咨询的磨合过程中做出判断，其间，RFID 项目小组对自身需求的分析与把握起着关键的作用。本节所讨论的只是系统开发商的初选，一般初选出两个或以上的系统开发商作为候选对象，再通过可行性分析与解决方案细化，逐步明确。

3.4 把握切入点——RFID 系统分析方法之一

站在用户的角度看 RFID 项目，关键的切入点位于人—机—物交互的界面。这就是信息标识编码、标签的数据写入贴标、ID 识别数据采集与交换三大部分，见表 3.4-1。

表 3.4-1 RFID 的人—机—物交互界面

交互界面	操作对象	释义
信息标识编码	标识对象代码	按一定的编码规则给每一个标识对象赋予一个特定内涵的代码，作为唯一标记，即所谓标识对象的“身份证”
标签数据写入贴标	标签代码数据	以射频耦合方式将标识对象的 ID 代码标记于 RFID 标签之中，通过贴标将 RFID 标签附着在标识对象之上，使“签物不分离”
ID 识别数据采集数据与交换	数据	读写器识读标签，自动地采集相关数据，经中间件处理并传输给后台应用系统，应用于用户需要的管理与监控中

RFID 项目的用户切入点与本书的各章节之间的关系如图 3.4-1 所示。

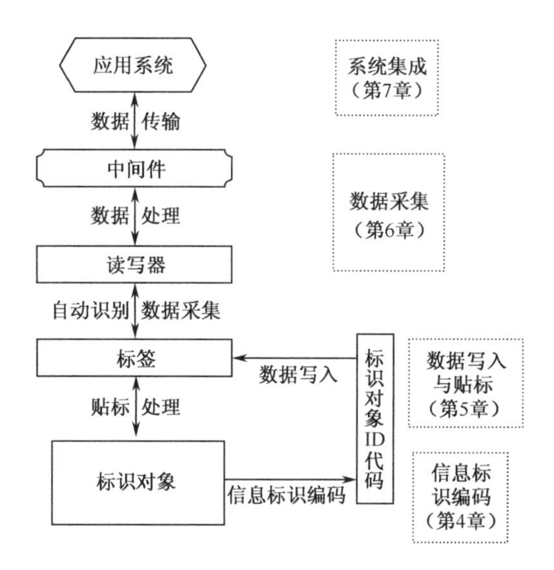

图 3.4-1　RFID 项目的用户切入点与本书各章节内容的关系

3.5 “RFID 友好性”分析——RFID 系统分析方法之二

用户的产品是否适合应用 RFID 项目？

引入 RFID 项目能不能给用户带来“潜在效益”？

沃尔玛实施的供应链管理 RFID 应用提示：综合以上问题的评估，可以得到较为实际的 RFID 项目可行性分析结果，是行之有效的可行性研究方法，业界称其为“RFID 友好性”分析。

首先，用户适合 RFID 应用吗？或者说用户是否具备上马 RFID 项目的环境条件？

关于项目环境条件的投资能力、管理水平、信息化基础等软环境方面基础适应性分析，我们已经在本书第 2 章 2.4 节中进行了讨论；RFID 系统软硬件环境方面的技术适应性分析，我们将在本书第 5、6 章讨论；本节将针对产品（标识对象）自身特点及其 RFID 应用的“潜在效益”进行业务和效益适应性分析。

其次，RFID 应用能给用户带来多少好处？或者说用户是否能预测到 RFID 项目的前景——“潜在效益”？

RFID 项目给用户带来的效益也许并不会立竿见影，但却也不像投资研发新产品那样需要很长的回收周期。发达国家的成功应用经验已经让用户对 RFID 达成“潜在效益”的共识。RFID 的效益不仅可以直接体现在满足市场合规性要求、提高作业效率、提高数据采集与处理的可靠性、减少出错率、防伪防盗等诸多方面，还间接体现了优化管理、改善客户关系、提高市场占有率和提高企业产品竞争能力等更深层意义的“潜在效益”。

本节关于“RFID 友好性”分析，实际上就是对 RFID 系统与标识对象的适应性，以及 RFID 项目所带来的应用效益等基本内容的分析。下面将针对开放式 RFID 项目与非开放式 RFID 项目分别进行详细讨论。

3.5.1 开放式 RFID 项目

开放式 RFID 项目主要是那些与供应链合作伙伴进行数据交换的各类应用系统，如表 2.2.1-1 中所列出的单品管理、第三方物流、分销配送、仓储配送、供应商管理库存、售后服务、集装箱运输、食品追溯等。开放式 RFID 项目的标识对象按其应用优先级排列，依次是产品/商品、位置/空间以及相关的人/管理者。本节将以产品/商品为标识对象进行具体分析。

1. 用户能从中得到多少好处——“RFID 友好性”分级

用户能从 RFID 应用中得到多少好处？这是所有用户最关心的问题。从获利的程度入手。可以使用“RFID 友好性”进行定性分析。

几年前，国际日化巨头宝洁公司（P&G）针对“RFID 友好性”将其产品分为 EPC/RFID 项目优势产品、EPC/RFID 项目尝试产品、EPC/RFID 项目挑战产品三个友好性等级，用以判断导入 RFID 项目的可行性。

1）EPC/RFID 项目优势产品

该类项目的标识对象是最适合引入 RFID 应用的产品。这些产品/商品使用的 RFID 标签可以很容易地被识读，投入较低的成本可以得到较高的作业效率，而且还可以使用对现有操作的最少干扰的方法贴标，例如可以从生产源头开始贴标。最重要的是，RFID 优势产品的回报会迅速越过盈亏分界点，这些产品引入 RFID 应用具有很高的潜在收益，使你可以得到的好处最大化。

2）EPC/RFID 项目挑战产品

该类项目的标识对象是不太适合引入 RFID 应用的产品。产品原包装可能难以使用 RFID 标签，可能需要附加处理才能实现贴标，或者由于外包装的质地造成标签难以识读，该类产品引入 RFID 应用获得商业效益的可能性很小。

3）EPC/RFID 项目尝试产品

介于优势产品和挑战产品之间的产品。这些产品需经过一定尝试与调整，才能确定是否适合 RFID 应用。

美国的食品制造商协会已经采用了“RFID 友好性”评价分类方法作为 RFID 应用企业的最佳范例。

2.“RFID 友好性”打分方法

根据沃尔玛“山姆会员店 EPC/RFID 贴标指南”的应用经验，以下问题可以作为“RFID 友好性”打分的依据。

1）该产品缺货率高不高？

（1）如果缺货率高，通过 RFID 改善上架率可以收到很好的效益，得 15 分；

（2）如果缺货率低，通过 RFID 改善上架率收效甚少，得 5 分；

（3）如果缺货率中等，通过 RFID 改善上架率收效一般，得 10 分。

仓储缺货率是从仓储缺货的角度来反映一定时期内物流仓储的服务水平和服务质量，

也是仓储物流信息的一个重要数据。一般用缺货量的百分比来表示，即

仓库缺货率=缺货量 / 需求量×100%

仓储缺货率也可以用缺货客户数与供货客户数的百分比表示，即

仓储缺货率=缺货客户数 / 供货客户数×100%

仓储缺货率反映了仓储物流因货物存储不足对客户需求的影响程度，是衡量仓储物流服务水平的一个反指标。仓储缺货率越大说明服务水平越差，必须千方百计降低仓储缺货率，以提高仓储物流的服务水平。

麦肯锡曾做过一份调查报告，报告显示中国零售企业的平均缺货率为 10%，远高于国外同行水平，每年因畅销商品未能及时补充上架销售造成的损失高达 830 亿元。调查显示，造成超市商品缺货的瓶颈环节主要存在下面五个方面：一是商品品种过多，货架排位太少，造成陈列不足；二是门店后仓狭小，影响周转；三是缺乏补货支持信息系统，导致漏订、晚订和非最优批量订货；四是零售商与供应商之间缺乏诚信；五是供售双方的物流配送不能保障。在以上五个瓶颈中，沃尔玛供应商的 RFID 应用实践至少对后三个瓶颈有明显的改善。

2）产品的利润率高不高？

（1）如果利润率高，通过 RFID 提高商品上架率，进而大幅度提升商品销售量和营业额带来显著的效益，得 15 分；

（2）如果利润率低，通过 RFID 提高商品上架率，进而大幅度提升商品销售量和营业额带来效益甚少，得 5 分；

（3）如果利润率为中等，通过 RFID 提高商品上架率，进而大幅度提升商品销售量和营业额带来效益一般，得 10 分。

3）产品是否经常会出现盗损，其损耗率高不高？

（1）如果损耗率高，通过 RFID 可以大大减少损失，得 15 分；

（2）如果损耗率低，通过 RFID 可以减少损失不明显，得 5 分；

（3）如果损耗率为中等，通过 RFID 可以减少部分损失，得 10 分。

4）产品仓储物流管理出错率高，是否因此产生了巨额手续费？

（1）如果出错率高，通过 RFID 提高准确率、减少手续费收效巨大，得 15 分；

（2）如果出错率低，通过 RFID 提高准确率、减少手续费收效不明显，得 5 分；

（3）如果出错率为中等，通过 RFID 提高准确率、减少手续费收效可观，得 10 分。

5）产品是否容易贴标，产品的贴标适应性高不高？

（1）如果贴标适应性高，效果好，得 15 分；

（2）如果产品难以贴标，则意味着收益低，沃尔玛建议此项得 5 分，但笔者认为产品难以贴标可能会造成 RFID 应用得不偿失，建议此项得 0 分，同时启动否决权——直接将此产品列入 RFID 项目挑战产品，推迟 RFID 应用导入，或进行有效的改善。

（3）如果贴标适应性为中等，得 10 分。

6）产品的贴标是否容易识读，产品的标签的识读率高不高？

（1）如果识读率高，产品标签能够毫无困难地读到产品，得 15 分；

（2）如果识读率低，或者外包装的质地造成标签难以识读，或者因为产品原因需要附加处理，沃尔玛的经验建议此项得 5 分；但笔者认为，如果外包装的质地造成标签难以识读或者因产品需要附加处理所提高的成本抵消了 RFID 的收益，可能会造成 RFID 应用得不偿失，建议此项得 0 分，同时启动否决权——直接将此产品列入 RFID 项目挑战产品，推迟 RFID 应用导入，或进行有效的改善。

（3）如果识读率为中等，得 10 分。

通过回答上述问题，用户可以轻松地给出 RFID 友好性评分方法表，见表 3.5.1-1。

表 3.5.1-1 RFID 友好性评分方法表

评分项目	等级得分			优势类总分（RFID 项目优势产品）	尝试类总分（RFID 项目尝试产品）	挑战类总分（RFID 项目挑战产品）
	高	中	低			
缺货率	15	10	5	≥70	70～50	≤50
利润率	15	10	5			
损耗率	15	10	5			
管理出错率	15	10	5			
贴标适应性	15	10	5			
标签识读率	15	10	5			

总分数超过并包括 70 分的是 RFID 项目优势产品，低于并包括 50 分的是 RFID 项目挑战产品，中间区域则是 RFID 项目尝试产品。

3．“RFID 友好性”评估举例

下面是两个产品的对比示例。

1）滑板运动鞋

一种深受青少年欢迎的滑板运动鞋，售价为 75 美元，经常出现被盗现象，因为产品不含有水或者金属，易于 RFID 贴标，其评分汇总见表 3.5.1-2。

表 3.5.1-2 RFID 适应性评分举例——滑板运动鞋

评分项目	等级得分		总得分
缺货率	高	15	80
利润率	中	10	
损耗率	高	15	
管理出错率	中	10	
贴标适应性	高	15	
标签识读率	高	15	

从上表可以得出，滑板运动鞋是一个 RFID 项目优势产品。

2）罐装汤

罐装汤的得分表看起来就会完全不同，该商品利润率较低，很少被盗或者很少缺货，尤其麻烦的是金属罐装和内容物的水质性会使 RFID 标签难以识读，其评分汇总见表 3.5.1-3。

表 3.5.1-3　RFID 适应性分类评分举例——罐装汤

评 分 项 目	等 级 得 分		总 得 分
缺货率	低	5	45
利润率	低	5	
损耗率	低	5	
管理出错率	中	10	
贴标适应性	中	10	
标签识读率	中	10	

由上表可以得出，罐装汤是一个 RFID 项目挑战产品的结论。

通过以上的评分结果，即可得到标识对象产品的“RFID 友好性”优先顺序。据此顺序，用户可以优先实施 RFID 项目优势产品，探索 RFID 的潜在效益；可摸索和积累 RFID 项目尝试产品和 RFID 项目挑战产品的经验，探讨选择更合适的 RFID 标签、贴标位置与实施的策略。

“RFID 友好性”是能否导入 RFID 应用的前提，如果用户的“RFID 友好性”打分不及格，或者经过比较经济的辅助处理后效果还不理想，用户的 RFID 应用应该暂停或者缓期导入，待条件成熟再启动。

需要说明的是，本节讨论的节点是供应链中供应商与零售商的交互，对供应链中的 RFID 应用有着触类旁通的示范作用，但是，由于供应链涉及的商家、产品及其应用环境众多，其他节点的 RFID 应用除了可参照本节案例，还需根据具体情况进行具体分析与调整。

3.5.2　非开放式 RFID 项目

由于非开放式 RFID 项目仅限于用户内部使用，不涉及不同系统的数据交换，与开放式 RFID 项目相比，非开放式 RFID 项目的标识对象的适应性与效益分析要相对简单得多。非开放式 RFID 的总体效益可以直接体现在提高作业效率，提高数据采集与处理的可靠性、减少出错率，防伪防盗等诸多方面，还可以间接体现在优化管理、提高服务质量等方面，可以参照本书的 3.5.1 节进行。

3.5.3　“RFID 友好性”分析的差异性

由于以下原因，使用“RFID 友好性”进行可行性分析，不同的企业可能存在一定的差异性。

1．依据的数据准不准

“RFID 友好性”分析需要依据诸如缺货率、损耗率、利润率、上架率与管理出错率等企业内部的这些统计报表来进行。这些统计报表的数据的准确度直接影响着“RFID 友好性”分析的客观程度；另外，每个企业的统计的方法也可能存在不同程度的差异，这些都会造成“RFID 友好性”分析的客观差异。

2. 内部管理是否合理

每个企业的内部管理也有所不同，也都会造成"RFID 友好性"分析上的差异。内部管理越趋于合理，"RFID 友好性"分析的客观度就越高。

3. RFID 项目团队成员的水平如何

RFID 项目团队成员的水平不同，也会带来"RFID 友好性"分析的差异。项目小组成员基础水平，对 RFID 项目理解程度，对企业管理的把握程度等都是影响"RFID 友好性"分析客观度的关键因素。

4. 企业的战略与"RFID 潜在性效益"是否吻合

"RFID 友好性"分析基于 RFID 潜在效益，如果 RFID 潜在效益与企业的战略并不一致，"RFID 友好性"的分析可能会失去实际意义。

5. "RFID 友好性"分析与企业内部管理相结合

每个项目小组都会有一些"高人"，每个企业都有自己的"高招"，有些 RFID 用户具有很高的管理水平，拥有健全的管理机制和配套的管理体系。有些用户也许拥有比"RFID 友好性"分析更好的、更适合的 RFID 可行性研究的方法，不妨将"RFID 友好性"分析的"他山之石"与用户的精湛管理艺术相结合，也许能攻凿出更加精美的"RFID 之玉"。

通过"RFID 友好性"分析工作，是不是与候选的系统开发商有了进一步的沟通和了解？如果是这样，可继续共同进入下一节——确定应用目标。

3.6 确定应用目标——RFID 系统分析方法之三

> 不同的应用目标对应着不同的应用集成度及应用模式。
> 怎样确定用户的 RFID 应用集成度及应用模式？
> 不同的 RFID 应用集成度对业务流程有什么影响？
> 不同的 RFID 应用模式对应着怎样的应用效益？
> 如何确定用户的应用目标？

用户可能需要开发一个包含 RFID 功能的新系统，也可能需要在原有应用系统的基础上增加 RFID 系统，其本质都是将 RFID 系统作为用户应用系统的采集终端，提高作业效率、减小出错率，实现自动信息采集，保证信息的可靠性及实时数据应用，提高信息系统的应用效益。本节针对用户现有的实力、市场需求、预期目标和业务流程进行 RFID 项目实施分析，确定用户的应用集成度和应用模式。

不同应用集成度有着不同的优缺点和预期应用目标，据此，用户可以做出符合自己的实际情况的短期、中期和长期安排。

3.6.1 应用集成度

本节将参考"沃尔玛山姆会员店 EPC/RFID 贴标指南"建议其供应商所采用的五种不同 RFID 应用集成度（见表 3.6.1-1），为用户确定应用目标提供参考。

表 3.6.1-1 RFID 项目的应用集成度

应用集成度	贴标对象标识对象	贴 标 描 述	RFID 系统描述	应 用 目 标
贴—运	商品/成品	人工导入打印数据—打印标签—手工贴标—运输	单机系统，无系统集成	市场合规性要求（SCM 接口）
贴—检—运	商品/成品	人工导入打印数据—打印标签—手工贴标—发货检验运输	离线 RFID 系统，最低限制的系统集成	市场合规性要求（SCM 接口） 检错与截漏
WMS 贴标	商品/成品	WMS 导入发货单—打印标签—手工贴标—发货检验—数据采集—库存管理数据应用	WMS 出货管理 RFID 系统，WMS 后端系统集成	后端库存管理应用
自动贴标	商品/成品	电子商务订单—成品生产在线打印贴标或离线批次打印贴标—数据采集—生产管理数据应用—成品入库—数据采集—拣货发货—数据采集—库存管理数据应用	WMS 管理 RFID 系统，完全 WMS 系统集成	全面库存管理应用，伴有部分生产管理后端应用
集成贴标	物料、成品、人员、设备/工具、资产	电子商务订单—物料入库贴标—数据采集—物料管理数据应用—上线物料数据采集—制造过程控制数据应用—成品在线打印贴标或离线批次打印贴标—数据采集—生产管理数据应用—成品入库—数据采集—拣货发货—数据采集—库存管理数据应用	头尾集成 RFID 系统，企业系统资源的完全整合	企业资源计划应用 制造过程控制应用 生产管理应用 库存管理应用

1. 应用集成度 1——“贴—运”

标签贴—运是实现沃尔玛山姆会员店合规性最低要求。本质上是由供应商或者第三方物流在发货的时候，将 RFID 标签贴在运往山姆会员店的商品上，其产生的成本将计入业务成本。

1）适用情况

如果用户只有很少的供货批量，用户的企业资源无法支撑其他方法的实施，合作伙伴的 RFID 合规性要求不是长期的计划，可以选用单纯的 RFID 标签“贴—运”。

2）优点

极少或没有设备投资要求，浪费投资的风险很小或为零；标签有现货供应；对生产线没有干扰；系统可以很快建成。

3）缺点

由于单纯的 RFID 标签“贴—运”要求用户必须重新处理产品，这种满足客户要求的方法以降低操作速度和额外投入人工为代价。当涉及的零售单元、理货单元及其操作设施数量增加的时候，不仅费用昂贵，且管理难度和出错率也会增加。

4）应用目标

在单纯为满足合作伙伴的合规性要求而简单的投入中，建立了一个 RFID 应用的 SCM 接口，但用户自身没有直接受益。

2. 应用集成度 2——“贴—检—运”

“贴—检—运”跟“贴—运”很类似，但是增加了用户利用 RFID 标签进行发货单和采购单的核对一环，可以减少因错误发货而产生的费用，以及漏发货带来的发货单扣减的费用。

1）适用情况

基本适用于“贴—运”中所列举的情况，但较“贴—运”具有优势。

通过在发货前确认订单，可以减少因错误发货以及漏发货带来支出。对易于使用 RFID 标签的商品，该方法尤为有效。托盘上的标签可以很轻松地读出并进行数据采集，而发货正确性检验并不要求改变业务流程或者额外投入工作量。

2）优点

除具有与“贴—运”一样的优点外，用户还能通过“贴—检—运”的检查核对发货，有效克服人工操作造成的错发与漏发，避免由此而带来的损失，从“检”中获得一定的内部效益。

3）缺点

具有与“贴—运”同样的缺点，但这种投入还是能够使用户从中获取一些内部效益。

4）应用目标

在满足合作伙伴的合规性要求的投入中，建立了一个 RFID 应用的 SCM 接口，用户也通过“检错与截漏”获得一定的收益。

3．应用集成度 3——WMS 贴标

WMS 贴标的特点是 RFID 系统通过 WMS 系统与用户应用系统集成。WMS 贴标较前两个模式更进了一步，“贴标”所产生的数据采集可以有效地传输到用户的后台应用系统，进行一些必要的数据处理和应用。

用户的后台系统与沃尔玛山姆会员的系统在订单—供货界面具有电子数据交换的功能。当一个来自沃尔玛山姆会员的配送中心或门店订单到达用户后台系统时，WMS 系统的终端会自动为此订单打印包装箱或托盘的 RFID 智能标签，经人工拣选备货，打印好的智能标签将被人工粘贴在货物的包装箱或托盘上。在沃尔玛山姆会员店一方，拥有 RFID 系统的配送中心可以方便地采集到 RFID 的标签信息，没有 RFID 基础设施的配送中心仍然可以通过扫描智能标签上的条码进行数据采集，实现订单、发货、收货等供应链管理数据的应用，较好地体现了 RFID 与条码相结合的实用性。

1）适用情况

该类 RFID 应用对少量或中等数量的配送较为理想，山姆会员店的供应商们不认为可以从标签数据中实现很大的效益。尤其是这些供应商通常经营的是“低流转”（slower-moving）商品，这些商品很少出现被盗或缺货的情况。

2）优点

降低了与重复处理商品相关的人力成本，并且给用户留出了提高贴标速度的空间，如果需要，用户可以采用贴标机加速贴标操作。

3）缺点

需要较大的投资将 RFID 贴标操作集成到 WMS 及其后台应用系统中，但与可以补偿这些投资的效益却并不匹配。

4）应用目标

WMS 贴标在满足合作伙伴的合规性要求的投入中，建立了一个 RFID 应用的 SCM 接口，同时降低了重复处理商品的相关人力成本，RFID 信息可以有效地传输到用户的后台应用系统，进行一些必要的数据处理和应用。

4．应用集成度 4——自动贴标

此类 RFID 应用在后端集成了订单管理和自动 RFID 贴标操作，自动贴标可以采用在线实时贴标或离线批次贴标两种模式。

1）适用情况

适用于大量配送商品的用户。每日配送多个托盘或较大数量的 SKU 包装（配销包装），如果用户的人工贴标成本巨大，而且会对原有的发货操作造成很大的干扰，此时适合使用自动贴标。

2）优点

降低了因重复处理商品带来的人工成本和对原有发货操作的干扰，并且给用户留出了提高贴标速度的空间，如果需要，用户可以采用贴标机加速贴标操作。

3）缺点

需要 IT 的预先投入，如果选择在线贴标，还需要大量投资用于购买贴标机，同时需要承担干扰原有生产操作的风险。

4）应用目标

该应用建立了一个 RFID 应用的 SCM 接口，同时在 WMS 贴标的基础上，降低了人工贴标对原有发货操作的干扰，可以挖掘数据应用效益，扩大预期应用目标，使应用向企业内部的生产管理延伸。

5．应用集成度 5——集成贴标

集成贴标是最积极的 RFID 应用，虽然有些用户的应用启动是由合作伙伴的拉动而被动性导入的，但在用户深入挖掘数据应用之后，就演变成了战略性的主动应用。集成贴标将 RFID 应用扩展到企业内部及其供应链管理的各个领域，包括生产管理、制造流程控制、仓储管理以及利用零售伙伴的销售数据改善补货和客户满意度等。集成贴标是实现供应链扁平化的一系列有效的 IT 支撑。由于集成贴标需要将 RFID 系统与用户内部系统全面整合，即使在欧美发达国家，也只有少数用户采用。

1）适用情况

如果用户从多个地点向贸易合作伙伴配送大量商品货物；如果用户相信快速消费品行业最终会在供应链管理中使用 RFID，并希望利用 RFID 数据为企业带来效益；如果用户具有 RFID 应用的战略规划，而且企业内部具有全面应用 RFID 系统的需求与环境条件：那么应该采用集成贴标的方式实施 RFID 项目。

2）优点

不仅能够减少重复处理产品的劳动成本和提高贴标效率，而且在有效地利用供应链管理数据、实施仓储管理、改善补货以及内部的生产管理、制造过程控制等方面都会产生较大的收益，并可以通过 RFID 全面应用的收益抵消投入成本。

3）缺点

在 IT 整合和设备方面要求更多的预先投入，同时也需要对使用 RFID 数据应用进行相应的投入。

4）应用目标

集成贴标可以将 RFID 的应用从库存管理的局部应用扩大到生产管理和制造过程控制等的全面的内部应用，同时建立全面的 SCM 接口，当收益超过成本时，将变为用户实现终极的战略应用目标的有效途径。

3.6.2 应用模式

从效益的角度考量，本书 3.6.1 节所述的 5 种 RFID 应用集成度，可以归纳为成本模式、价值模式（Return On Investment，ROI）和战略模式三种 RFID 应用模式，见表 3.6.2-1。

表 3.6.2-1 应用模式

应用模式	应用集成度	系统集成度	应用驱动力	应用效益
成本模式	贴—运	单机系统	市场合规性要求	无直接经济效益，但具有保留客户的潜在市场效益
	贴—检—运	离线 RFID 系统	市场合规性要求 检错与截漏	除具有保留客户的潜在市场效益，还因减少出错率带来少许直接效益
价值模式	WMS 贴标	WMS 出货集成 RFID 系统	提高库存管理效率	降低人工成本和出错率，提高库存管理效率，带来一定的直接效益，并具有潜在市场效益
	自动贴标	WMS 全集成 RFID 系统	全面优化库存管理，部分 RFID 数据应用	提高库存管理效率和部分 RFID 数据应用带来客观的直接效益和潜在的市场效益
战略模式	集成贴标	头尾集成 RFID 系统	战略规划企业发展，挖掘 RFID 数据应用，优化企业管理，提高产品核心竞争力	全面提升企业管理水准，带来符合长期发展战略的效益

1. 成本模式

成本模式对应于表 3.6.1-1 中的“贴—运”和“贴—检—运”两种应用集成度。

在美国，“贴—运”（slap-ship）和“贴—检—运”（slap-verify-ship）也被称为“即拆即运”，其应用背景主要源自给沃尔玛供货。

沃尔玛的供应商有直接制造商，也有纯粹的供货商。为了满足沃尔玛的市场合规性要求，出货前他们必须将自己生产或供货的商品重新包装，其基本贴标流程如下：

（1）将大包装的贸易单元（trade item）拆箱，变成小包装的零售单元（制造商本操作可以省略）。

（2）将预先打印好的零售单元的 RFID 智能标签贴在在零售单元包装上。

（3）将一定数量的零售单元集合，包装成大包装的贸易单元。

（4）将预先打印好的贸易单元的 RFID 智能标签，贴在贸易单元的包装上。

（5）再将一定数量的贸易单元集合，装上托盘。

（6）在托盘上贴好物流单元的 RFID 智能标签。

（7）“贴—运”：以读写器确认贴标无误，然后付之运输，标签提供给供应链伙伴使用。

（8）“贴—检—运”：除了以读写器确认贴标无误，还可以以读写器读取的标签数据，与订单核对发货无误，然后付之运输。“贴—检—运”可以避免漏发和错发货物造成的损失，相对纯粹为了满足的市场合规性要求的“贴—运”而言，略有效益。

2．价值模式

价值模式对应于表 3.6.1-1 中的“WMS 贴标”和“自动贴标”两种应用集成度。

价值模式主要用于库存管理和制造商的部分生产管理，其基本贴标流程如下：

（1）“自动贴标”应用集成度的用户可以从成品生产线下线开始对零售单元和贸易（仓储配送）单元贴标，贴标采用下线即时贴标或离线批次贴标两种方式。

（2）当商品入库时，“自动贴标”应用集成度的用户在成品入库可以读取标签信息，并在入库闸口进行实时数据应用。

（3）当客户下订单时，WMS 据此生成检货单，工作人员依据货架上的 RFID 标签检货，之后，“WNS 贴标”应用集成度的用户在此零售单元和贸易（仓储照送）单元贴标。

（4）检货完毕，以 RFID 数据核对出货单。

（5）装托盘并打包，实施物流单元的贴标。

（6）货物出仓库闸门，读写器矩阵读取 RFID 标签数据，核对并确认出货，然后付之运输，标签提供给供应链伙伴使用。

（7）其间，所有的 RFID 数据都被实时地传输至 WMS 系统中。

3．战略模式

战略模式对应于表 3.6.1-1 中“集成贴标”的应用集成度。

基于长期战略发展的用户选择 RFID 的战略应用模式。战略应用模式是在价值模式的基础上增加了制造过程控制的应用，因此，战略模式可以从物料管理着手贴标，需要在价值模式的基本流程前增加以下流程：

（1）在物料入库前，对物料贴标，或者要求物料生产商送货前贴标。

（2）物料入库时读取物料标签数据，进入仓储。

（3）应用系统（ERP/MES 等）根据客户订单生成生产计划单及物料清单，并据此配料。

（4）物料出库，读取相关物料标签数据，并应用实时数据。

（5）在制造过程中的所有结点，如物料配料上线、装配过程，质量或管理监控均可以根据用户的需要设置标签的数据读取及实时数据应用。

（6）除了产品和物料，还可以对相关的人员（管理者、操作者）、设备、工具、资产等进行贴标与数据采集。

3.6.3 应用效益

无论用户因什么契机确定导入 RFID 项目，应用效益是共同的目标。

1. RFID 应用效益的体现

不同的应用驱动有着不同应用集成度和应用模式，不同的应用集成度与应用模式对应着不同层次的应用效益，见表 3.6.3-1。

表 3.6.3-1 RFID 项目的应用效益

<table>
<tr><th>应用模式</th><th>应用驱动</th><th>效益来源</th><th colspan="2">效益体现</th></tr>
<tr><td rowspan="2">成本模式</td><td rowspan="2">强制驱动——市场合规性要求</td><td rowspan="2">SCM 效益——改善 SCM 接口</td><td>贴—运</td><td>无直接效益，但具有保留客户的潜在市场效益</td></tr>
<tr><td>贴—检—运</td><td>除具有保留客户的潜在市场效益，还因检错与截漏带来少许直接效益</td></tr>
<tr><td rowspan="2">价值模式</td><td rowspan="2">机会驱动——提高管理效率</td><td rowspan="2">直接效益——提高工作效率减少出错率</td><td>WMS 贴标</td><td>降低人工成本和出错率，提高库存管理效率，带来一定的直接效益，并具有潜在效益</td></tr>
<tr><td>自动贴标</td><td>提高库存管理效率和部分 RFID 数据应用，带来可观的直接效益和潜在效益</td></tr>
<tr><td>战略模式</td><td>战略驱动——企业发展规划</td><td>价值效益——RFID 的数据应用价值</td><td>集成贴标</td><td>挖掘 RFID 的数据应用价值，全面提升企业管理水准，带来直接效益、潜在效益和长期发展的战略效益</td></tr>
</table>

RFID 项目应用效益可以归纳为市场合规性效益、经济效益和价值效益三个层次。

1）市场合规性效益

供应链管理要求用户与市场以及合作伙伴建立友好的柔性接口，RFID 应用就是其中之一。市场合规性效益主要体现在成本模式的 RFID 用户之中，成本模式的 RFID 用户大都是为了保持 SCM 接口的畅通，而实施 RFID 应用。

在美国，许多被动式 RFID 用户最初是以满足沃尔玛市场合规性要求，以强制驱动为契机导入 RFID 应用的。直观上，成本模式的 RFID 应用是纯粹地增加成本，但是为了维系多年来经营所建立的贸易伙伴关系，保住与企业生存息息相关的现存市场份额，也不乏成为一种 SCM 潜在市场效益，只是这种效益来得较为被动而已。

随着科技应用的深入和企业的壮大，市场合规性的延续与发展，还可能帮助成本模式的 RFID 用户创建或优化 SCM 接口，向价值模式 RFID 应用推进。

2）经济效益

RFID 应用的经济效益有直接效益和潜在效益两个方面。

直接效益主要体现在通过 RFID 的应用提高作业效率与可靠性、减少出错率、防伪防盗、减少损耗、减少缺货率、提高营业额等直接获得的经济效益；潜在效益主要体现在通过 RFID 的应用优化企业管理及营运模式，改善业务流程及客户关系等间接获得的经济效益。

直接效益主要体现于价值模式的 RFID 用户，价值模式下的用户除了因 RFID 应用能得到良好的 SCM 接口，还可以通过 RFID 的应用直接获得以上的经济效益，尤其是那些 WMS 全面集成的自动贴标的用户，在间接获得的潜在效益方面，效果较为明显。

3）价值效益

RFID 应用的价值效益主要体现在挖掘 RFID 数据应用的市场价值，实现提高产品市场占有率和企业竞争能力等战略发展目标，具有更深层的意义。

价值效益主要体现于战略模式的 RFID 用户。RFID 应用的价值效益犹如经济学上的价值投资，着眼于 RFID 数据深度应用及系统整合所带来的长期的巨大的效益。一些具有战略发展规划的大型跨国制造业如宝洁公司、青岛海尔、格力电器等都已经或正在准备进行这一类的 RFID 应用。

关于 RFID 数据的应用，将在本书第 8 章中详细讨论。

2. 应用效益分析

应用集成度、应用模式与应用效益的定性分析如图 3.6.3-1 所示。

通过波特价值链[1]的分析，我们不难看出各种不同应用模式在应用效益上的明显差异。

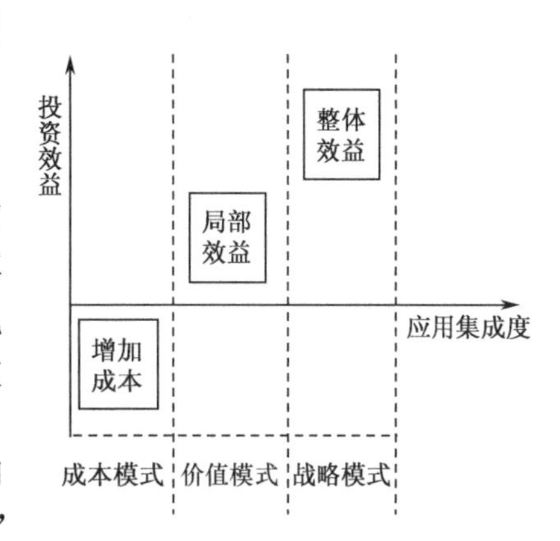

图 3.6.3-1　应用集成度、应用模式与应用效益的定性分析图

1）成本模式

成本模式的应用仅涉及波特价值链中基本活动的“发货后勤”部分，这是用户通向外部市场的入口，其应用动机来自强制驱动的市场合规性要求。为了保持现有的市场份额，或者说为了不失去现有的贸易伙伴而被动地实施 RFID 应用。

由于需要增加标签、读写器、打印机等设备成本和即拆即运的作业成本，成本模式的“贴—运”“贴—检—运”应用方式，没有直接的投资效益。但是以单纯增加成本为代价，满足 RFID 的市场合规性要求，也是这类用户必需的。成本模式的 RFID 应用投资计入经营成本。

2）价值模式

在价值模式的 WMS 贴标、自动贴标的应用集成度中，RFID 应用是从企业营运层切入，通过提高生产后端管理以及仓储配送等波特价值链之基本活动的工作效率，降低出错率，为各项基本活动节约成本，具有一定的直接效益和潜在效益。

但是通常大多数价值模式并没有开发 RFID 实时数据的应用，其集成也仅限于局部的系统集成，所以，其投资效益也是局部效益，其应用投资可以由局部的效益逐步回收。价值模式的局部效益示范，使用户看到了 RFID 实时的应用前景与盈利机会，具有进一步挖掘潜在价值的吸引力。

3）战略模式

战略模式是一种主动投资的 RFID 应用模式。战略模式实际上并不是仅仅创建一个 RFID 系统，而是从优化管理和战略规划抉择出发，将 RFID 系统与原有的信息系统进行全面整合。

战略模式的 RFID 应用不仅仅为了提高效率和降低出错率，更重要的是可以通过挖掘

---

1 由美国哈佛商学院著名战略学家迈克尔·波特提出的“价值链分析法”把企业内外价值增加的活动分为基本活动和支持性活动，基本活动涉及企业生产、销售、进料后勤、发货后勤、售后服务，支持性活动涉及人事、财务、计划、研究与开发、采购等，基本活动和支持性活动构成了企业的价值链。不同的企业参与的价值活动中，并不是每个环节都创造价值，实际上只有某些特定的价值活动才真正创造价值，这些真正创造价值的经营活动，就是价值链上的“战略环节”。

RFID 数据的应用，提高产品市场占有率和企业竞争能力。战略模式的 RFID 应用以创造价值实现投资回报，直指战略发展目标，实现战略模式 RFID 应用的整体效益，这就是波特价值链上真正创造价值的“战略环节”。

3.6.4 应用目标

确定应用目标就是最终选择 RFID 项目的应用模式与应用集成度。

1．基本原则

对于以上应用方式的分析，没有什么正确与错误之分，只有适合、不适合或暂时不适合之选。重要的是理解每种方式的含义、成本、收益，探讨如何提高满足合作伙伴合规性要求的能力，以及今天所做的决定会如何影响今后的发展。兼顾当前的现实与将来可能发生的变化，权衡利弊，用发展的眼光去选择 RFID 应用，选择适合的应用集成度和应用模式，实现预期的 RFID 项目应用目标。

2．模拟选择

沃尔玛的经验提示：没有任何两个用户是完全重合的。用户可以检查以上应用模式、应用集成度的优缺点，通过比对流程和需求来选择适合用户的目标。

如果可能，不妨做一些模拟实验：可以对一个 SKU 采用贴运的方式，对其他的 SKU 采用自动贴标，甚至是全面的起点到终点的集成贴标；也可以采用渐进的方式，从贴运开始，然后向自动贴标或者集成贴标发展。

系统开发商应该可以满足模拟实验的需求。

3．兼顾发展

沃尔玛的经验提示：大部分用户将会选择从最简单的做起，但是除非用户企业规模不算大，发货量少于每年 200 000 个单位，不然一定会在某个时间点希望能比简单应用更进一步。这是因为，手工贴标和维持单独库存，会减慢发货速度，对发货操作的干扰也会带来较大的成本，许多用户最终都因希望更有效率，而最终采用了应用集成度更高的应用模式。

4．建议

参照表 3.6.1-1“RFID 项目的应用集成度”、表 3.6.2-1“应用模式”给出的 RFID 项目应用目标，建议如下。

（1）主动导入 RFID 的用户一般对应用效益都有较高的预期，建议至少以“后端库存管理应用（出货管理）”——应用集成度 3 为应用起步；或者以“全面库存管理应用”——应用集成度 4 为应用目标。

（2）具有战略规划的 RFID 应用项目应该选择以“全面管理应用的企业资源计划、制造过程控制、生产管理、库存管理”——应用集成度 5 为应用目标，但是集成贴标的投入产出比较高，而且与业务流程的紧密衔接要求有相应的配套措施，选择此应用目标需要做好充分的准备工作。

（3）被动导入 RFID 的用户因其自身的市场定位及具备条件各不相同，需要以首先满足市场合规性要求为近期应用目标，可以先从最初级的应用集成度 1 和应用集成度 2 做起，但一定要在系统设计中为将来的扩展留有足够的余地。

第 4 章　信息标识编码

人、物、空间怎么能进物联网？在这茫茫的世界里，又怎么能够通过网络快速地找到他们？

可以说，信息标识编码赋予了世间万物的一个身份证，RFID 则把他们的 ID 与确定的 IP 地址相互连接。

对有的读者而言，标准是一种比较严格而又枯燥的文字，读起来感觉晦涩是常有的事，理解编码标准，制定编码方案是一种费时费力的劳动，但值得欣慰的是，这种付出可以为用户提供成果共享。

我们总是在感叹计算机的无所不能，但是你是否想过，如果没有人的智慧，计算机不但一无所能，而且压根儿就不会诞生？计算机的数据处理几乎没有限量，Internet 与 IoT 的信息查询似乎应有尽有，但是，如果没有人工的信息标识编码、人工的初始信息加工、人工的初始信息录入，计算机就什么都没有。

计算机是人脑智慧的集合、延伸、深化、提速的工具，是储存人之智慧的大海，Internet 与 IoT 的门户网站是分享公共智慧的平台。为了将人类的智慧最快捷、最大化地载入计算机，实现储存、查询与分享的目标，我们首先需要赋予世间万物一个身份证，把它们都变成数字，例如：按国家标准 GB 11643“公民身份号码编制规则”给每个人一个 18 位的十进制数字代码，将一个“社会人”变成一个“数字人”；按国家标准“物品电子编码　基于射频识别的贸易项目代码编码规则”给每一件商品赋予一个全球唯一的 ID 代码，将一件普通的商品变成了一件可以在全球查询的“智能物件”，无数的 ID 代码与其对应的相关信息形成了成千上万的分布式数据库系统，RFID 则把这些在全球物联网中移动的“智能物件”的 ID 与确定的数据库 IP 地址实时相互连接……于是，用于加工和处理初始信息的手段与工具——信息标识编码技术应运而生。

信息标识编码是将人、物、空间等物理世界的实体进行“数字化”处理的技术手段，这些作为管理对象的“人、物、空间”称为“标识对象”。

本章所讨论的信息标识编码不是计算机系统界面的由计算机程序实施的编码与译码等数据处理，而是人—机—物界面的人工编码与信息转换，这里的信息标识与编码是人工完成的操作，与 RFID 用户息息相关。信息标识编码是 RFID 项目的第一个用户界面。

信息标识编码就是实现“标识对象”的 ID 化。按一定的规则赋予“标识对象”一定的标记，使一个物理存在的人、物或者空间获得一个虚拟符号（数字型、字符型或数字字符型），称为“编码”；这一虚拟符号就是“标识对象”的身份代码，也称为“ID 代码”；编码所遵循的“一定的规则”称为“编码规则”。

在信息标识编码阶段，ID 代码是初始信息，可以作为主代码参与管理信息系统核心数据库的建设，其编码规则也应该成为各种信息系统之数据库著录规则的组成部分。

本章使用以下缩写与释义：

（1）GS1：指国际物品编码协会。经常使用与 GS1 有关的名词有 GS1、GS1 组织、GS1 标准体系等。

（2）EAN/UCC（EAN•UCC）：GS1 的前身。经常使用与 EAN/UCC 有关的名词有 EAN/UCC 规范（标准）、EAN/UCC 编码、EAN/UCC 条码（商品条码）、EAN/UCC 标签（条码标签）等，再版全部以 GS1 替换。

（3）EPC（或 EPCglobal）：GS1 下属的 RFID 技术研究与标准化组织。经常使用与 EPC 有关的名词有 EPC 组织、EPC 规范（标准）、EPC 编码、EPC 标签（电子标签）等。

（4）ISO/IEC：国际标准化组织/国际电工委员会组织或国际标准化组织/国际电工委员会标准。

4.1 编码方案分类及其适用范围

开放式 RFID 编码方案以满足供应管理需求为主导，适用于在不同局域网间实现数据交换和信息共享的开放式 RFID 系统。

非开放式 RFID 编码方案以满足局部管理需求为主导，适用于在单一局域网内各子系统间实现数据交换和信息共享的非开放式 RFID 系统。

4.1.1 系统基本类型及其适用范围

RFID 系统分为开放式与非开放式两大类，开放式又分为全球开放式和行业开放式两种。开放式 RFID 系统以满足供应链管理需求为主导，非开放式 RFID 系统以满足局部管理需求为主导。不同类型的 RFID 系统遵循不同的标准规范制定编码方案，其适应范围也不同。RFID 系统的基本类型及其适用范围见表 4.1.1-1。

表 4.1.1-1 RFID 系统的基本类型及其适用范围

RFID 系统		执行编码标准	适应范围
开放式	全球开放式	执行由国际标准化机构制定的全球统一标准，如国际物品编码协会 GS1 系列标准	全球系统，如物联网、供应链管理系统
	行业开放式	执行由各种国际行业协会组织制定的全球行业统一标准，如美国国家汽车货运协会的承运商 SCAC 标准，国际航空运输协会的 IATA 标准	行业系统，如美国及其贸易伙伴的输美集装箱海运中 SCAC 运单，以航空公司为主承运方的 IATA 运单
非开放式		可执行由国际标准化机构制定的全球统一标准和由各种国际行业协会组织制定的全球行业统一标准，也可执行由非开放式系统自行制定的内部统一标准	除全球开放式和行业开放式以外的各种非开放式系统

4.1.2 RFID 编码方案

开放式 RFID 系统应该配备开放式编码方案，非开放式 RFID 系统可以配备开放式编码方案，也可以使用非开放式编码方案，两种编码方案的定义及其适应项目可参见表 4.1.2-1。

表 4.1.2-1　开放式与非开放式编码方案

<table>
<tr><th>类　型</th><th>定　义</th><th>数 据 交 换</th><th>适应项目举例</th></tr>
<tr><td rowspan="6">开放式
编码方案</td><td rowspan="6">适应于开放式 RFID 系统：
在全球范围的不同局域网系统统一定义标识对象、编码格式、数据结构和代码赋值，RFID 代码具有全球唯一性</td><td rowspan="6">RFID 数据可以在全球范围的不同局域网间实现数据交换和信息共享</td><td>零售单品管理</td></tr>
<tr><td>供应商管理库存（VMI）</td></tr>
<tr><td>第三方物流</td></tr>
<tr><td>分销配送</td></tr>
<tr><td>售后服务</td></tr>
<tr><td>集装箱运输</td></tr>
<tr><td rowspan="11">非开放式
编码方案</td><td rowspan="11">适用于非开放式 RFID 系统：
仅在单一局域网内部统一定义标识对象、编码格式、数据结构和代码赋值，RFID 代码具有该局域网唯一性</td><td rowspan="11">RFID 数据只能在同一局域网内的子系统间实现数据交换和信息共享</td><td>企业资源计划管理系统(ERP)</td></tr>
<tr><td>仓储管理系统（WMS）</td></tr>
<tr><td>生产管理</td></tr>
<tr><td>过程控制</td></tr>
<tr><td>身份管理</td></tr>
<tr><td>票证管理</td></tr>
<tr><td>图书管理</td></tr>
<tr><td>海关管理</td></tr>
<tr><td>车辆管理</td></tr>
<tr><td>收费管理</td></tr>
<tr><td>门禁管理</td></tr>
</table>

4.2　为什么要讨论条码

条码与 RFID 有着许多深刻的关联，在 RFID 系统的建设中，我们经常会涉及条码。

1. 条码与 RFID 的优势互补

在本书的 1.7.3 节中，我们已经讨论了条码技术与 RFID 技术在各方面的优势互补，条码标签与 RFID 标签在物联网共同使用已经在业界达成共识。

2. RFID 智能标签

在 RFID 的实际应用中，最普遍使用的集条码与 RFID 于一身的“智能标签”，就是条码与 RFID 优势互补的具体体现，智能标签就是 RFID+条码。智能标签允许用户以原有或相近的形式保留条码和相关信息，有一种形象的描述——将智能标签称为“内嵌 RFID 芯片无线条码”。

3. EPC/RFID 的信息标识编码以商品条码为基础

EPC 规范是当今 RFID 应用最系统的标准体系，在先进性与综合性方面引领全球。本章所讨论的开放式 EPC 标准的编码方案，主要由商品条码的 GS1 规范标准的编码标识转换而来。

4.3　编码依据

国内外相关编码标准是 RFID 信息标识编码的依据。

4.3.1 条码编码的标准

本章依据以下国家标准阐述有关条码标签的编码格式与编码规则，具体引用将在各个章节具体明确。

GB/T 12905—2000 条码术语。
GB/T 12904—2008 商品条码 零售商品编码与条码表示。
GB/T 19251—2003 贸易项目的编码与符号表示导则。
GB/T 16830—2008 商品条码 储运包装商品编码与条码表示。
GB/T 16986—2009 商品条码 应用标识符。
GB/T 18127—2009 商品条码 物流单元编码与条码表示。
GB/T 16828—2007 商品条码 参与方位置编码与条码表示。
GB/T 23833—2009 商品条码 资产编码与条码表示。

4.3.2 RFID 编码标准与编码原则

本章所述的 RFID 信息标识编码方案的依据是：

（1）国际物品编码协会（GS1）的标签数据标准编码规范 EPC TDS 1.9（*EPC Tag Data Standard Version 1.9, Ratified, Nov-2014*）；

（2）SJ/T 11652—2016《离散制造业生产管理用射频标签数据模型》。

RFID 信息标识编码应该遵从唯一性、稳定性、可扩展性、简洁性的编码原则，确保编码体系的严谨与科学。

1．唯一性

对每一类标识对象的每一个个体，只能有全球唯一的 ID 代码，以确保此个体不同于彼个体。

编码的唯一性是保证物品在全球标识流通而决不重复的基本条件，EPC 为此提供了全球注册的组织保障以及足够的编码空间。

2．稳定性

标识对象只要经过了赋码，就必须保持稳定性，在该标识对象的生命周期内永不改变。

对于一般的实体标识对象，编码赋予的使用周期与其生命周期一致；对于特殊的标识对象，编码赋予的使用周期是永久的。稳定性是唯一性的保障，稳定性与唯一性共同构筑了一个严谨的编码体系。

3．可扩展性

可扩展性就是要具有足够的编码冗余，为 RFID 系统应用发展与升级留出足够的编码空间。

EPC 编码体系具有巨大的备用编码空间，在启用的码段中提供了具有不同长度的编码格式，供用户依据自己的需求选择，确保编码方案的可扩展性。

4．简洁性

简洁性就是在不影响编码可扩展性的前提下，尽可能压缩编码冗余，追求标签信息容量与系统存储应用的最佳化是简洁编码所遵循的基本原则。

在 RFID 系统编码方案的设计中，我们追求的不仅仅是标签能写入多少信息，而是标签容量与系统存储应用的最佳配合。有些 RFID 用户在提出编码需求时，过于依赖标签的容量，其实片面强调标签信息容量也是编码方案的误区。出于对速度、效率与可靠性的最佳化考量，在能够确定唯一 ID 代码的前提下，写入标签的信息应该是越少越好。在强大的网络系统与数据库系统支持下，只要有唯一的 ID 代码，就可以实现对标识对象的跟踪与信息管理。

4.4　RFID 编码格式

国际物品编码协会 GS1 规范为全球商品类别管理提供了配套的商品条码编码格式，EPC 射频识别标签数据规范 TDS 1.9 版（简称 EPC 规范）为全球单品管理提供了配套的 RFID 编码格式。

本节收纳了当前全球应用于开放式、非开放式，以及军事领域的 RFID 编码格式，这些格式均符合 4.3 节的编码标准的相关要求，其适用领域和标识对象见表 4.4-1。

表 4.4-1　常用的 EPC 编码格式及其适用领域

<table>
<tr><th rowspan="2">编码方案</th><th rowspan="2">适用领域</th><th rowspan="2">参考标准</th><th colspan="2">编码格式</th><th rowspan="2">标识对象</th></tr>
<tr><th>符　号</th><th>长　度</th></tr>
<tr><td rowspan="9">开放式</td><td rowspan="9">供应链管理（SCM）</td><td rowspan="2">物品电子编码　基于射频识别的贸易项目代码编码规则</td><td rowspan="2">SGTIN</td><td>SGTIN-96</td><td rowspan="2">全球消费贸易单元（CPG）
全球配销贸易单元（SKU）
全球单一物流/零售单元</td></tr>
<tr><td>SGTIN-198</td></tr>
<tr><td>物品电子编码　基于射频识别的物流单元编码规则</td><td>SSCC</td><td>SSCC-96</td><td>全球物流单元（SPU）</td></tr>
<tr><td rowspan="2">物品电子编码　基于射频识别的参与方位置编码规则</td><td rowspan="2">GLN</td><td>SGLN-96</td><td rowspan="2">全球参与方全球位置</td></tr>
<tr><td>SGLN-195</td></tr>
<tr><td rowspan="4">物品电子编码　基于射频识别的资产代码编码规则</td><td rowspan="2">GRAI</td><td>GRAI-96</td><td rowspan="2">全球可回收资产</td></tr>
<tr><td>GRAI-170</td></tr>
<tr><td rowspan="2">GIAI</td><td>GIAI-96</td><td rowspan="2">全球流动的单个资产</td></tr>
<tr><td>GIAI-202</td></tr>
<tr><td>非开放式</td><td>非 SCM</td><td>EPC 规范射频识别标签数据规范 1.9 版（英文版）</td><td>自定义</td><td>自定义</td><td>非供应链管理项目的各种 RFID 标识对象</td></tr>
<tr><td>开放与非开放</td><td>所有领域</td><td>EPC 规范射频识别标签数据规范 1.9 版（英文版）</td><td>GID</td><td>GID-96</td><td>泛指所有对象</td></tr>
<tr><td rowspan="2">专用方案</td><td rowspan="2">美国军方</td><td rowspan="2">美国国防部供应商 RFID 指南</td><td rowspan="2">DoD</td><td>DoD-64</td><td rowspan="2">供应美国国防部的军用物资</td></tr>
<tr><td>DoD-96</td></tr>
</table>

1．供应链管理的信息标识编码

适用于供应链管理领域 RFID 系统的是开放式编码方案。根据 EPC 规范的基本编码格式规定了其系列化全球贸易标识代码（SGTIN，常称为“贸易单元标识”）、系列货运包装箱代码（SSCC，常称为“物流单元标识”）、系列化全球位置码（SGLN，常称为“位置标识”）、全球可回收资产标识符（GRAI，常称为“可回收资产标识”）、全球单个资产标识符（GIAI，常称为“单个资产标识”）等编码格式。

EPC 规范与 GS1 规范同属于国际物品编码协会（GS1）的国际标准体系。GS1 规范的前身是 ENA•UCC 编码体系，为适应 20 世纪供应链管理的应用需求，先于 EPC 规范 30 多年在全球范围内普及，随着国际物品编码协会更名为 GS1，本书再版将有关 ENA•UCC 的称谓全部改为 GS1；EPC 编码体系则是在 21 世纪初与物联网概念同时诞生，为 RFID 配套的电子标签编码体系。EPC 编码体系参照了 GS1 体系的编码格式，并包括了 GS1 数据的基本内容，所以 EPC 的数据来自 GS1 数据的转换就顺理成章了。

供应链管理标识是 EPC 编码体系在深度与广度上最具应用前景的一部分。

2. 通用的 RFID 信息标识编码

EPC 规范定义了一种独有的不依赖任何原有编码格式转换的“通用标识”（GID）编码类型。“通用标识”原则上适用于所有的标识对象，但是由于 EPC 提供了已经普遍应用于供应链管理领域的全面的成熟的编码格式，“通用标识”在实际中很少使用。

3. 美国国防部专用的 RFID 信息标识编码

美国国防部可以说是全球 RFID 应用的鼻祖，其 DoD 标识是 EPC 体系标识类型的组成部分，美国国防部要求其供应商均使用 DoD 标识。

2005 年 10 月公布的“美国国防部供应商无源 RFID 指南”，明确了计划在 2005 年年底前开始接收 RFID 电子标签物品的要求，并在 2006 年 1 月份实施。美国国防部要求其供应商在货箱、汽油包装箱、润滑油箱、油箱、化学药品箱等包装箱上使用 EPC-64 或 EPC-96 的无源 RFID 标签，这就是 DoD-64 或 DoD-96。自 2007 年 1 月开始，所有应用于美国国防部商品与货物的货箱及托盘都要求贴上 RFID 标签才可放行。美国国防部还修改了供应链电子数据交换的 EDI 传输格式，供应商将 DoD-64 或 DoD-96 作为 EDI 的唯一编码，通过 EDI 系统发送一个提前发货通知，美国国防部在接收货物时使用 DoD-64 或 DoD-96 标签与发货通知信息关联，实现了 EDI 系统与 RFID 系统的互联。美国国防部在伊拉克战争中的军用物资，已经有约 97%的托盘使用了主动式标签，实现了军用物资的可视化物流管理。现在更多的美国国内外的补给站正在配备 RFID 标签读取器，实现更大范围的来自远洋集装箱货物的 RFID 应用。

对于我国的用户，可能很少会涉及美国国防部专用的 RFID 信息标识编码。由于美国国防部的 DoD 标识编码对 EPC 的起步具有重要的作用，本节只进行以上一般性的介绍，以便于用户参考。我们将重点讨论适应于供应链管理的编码格式及其相关的转换方法。

4.5 RFID 数据结构

本节在本书 4.3.2 节的 RFID 编码标准的基础上，从用户的角度出发，将 EPC 规范给出的单层通用数据结构细化为三层数据结构（见表 4.5.1-1），以便于用户掌握与应用。

数据结构是编码标识的核心，如果读者能够理解本节所述的系统指示、功能指示和 ID 指示的数据结构，相信就会轻松地掌握开放式与非开放式编码方案等主要内容。

4.5.1 EPC 规范的通用数据结构

EPC 规范给出包括“标头”和“数字字段”的 EPC 标签通用数据结构，所有的 RFID 标签都应该具有这种数据结构，我国有关射频识别的国家标准也沿用了这种描述。EPC 规范给出的通用数据结构如图 4.5.1-1 所示。

图 4.5.1-1　EPC 规范给出的通用数据结构

EPC 结构中的“标头”仅与标签自身有关，而与标识对象无关，属于“系统字段”；图中的“数字字段”是与标识对象有关的字段，属于“标识对象字段”。据此，笔者从用户的角度出发，将 EPC 规范给出的通用数据结构归纳为三层数据结构（见表 4.5.1-1），以便于用户理解与应用。

表 4.5.1-1　EPC 标签的三层数据结构

第一层	系统字段	标识对象字段（数字字段）				
第二层	系统指示	功能指示		ID 指示		
第三层	标头	滤值	分区	管理者代码	分类/参考项代码	序列号
应用举例 SGTIN	标头	滤值	分区	厂商识别代码	贸易项代码	序列号

EPC 标签的通用数据结构释义与选择见表 4.5.1-2。

表 4.5.1-2　EPC 通用数据结构释义与选择

	系 统 字 段	**标识对象字段**				
	系 统 指 示	**功 能 指 示**		**ID 指示**		
	标　　头	**滤　　值**	**分　　区**	**管理者代码(厂商识别代码)**	**参　考　项**	**序　列　号**
释义	定义 EPC 标签的总长度、编码格式和数据结构类型的代码	定义 EPC 标签标识对象的类型的代码	定义的厂商识别代码与参考项对应长度的代码	定义标识对象所有人的全球唯一用户识别代码，我国由中国物品编码中心分配	定义标识对象分类流水号的代码，由用户分配	定义标识对象个体流水号的代码，由用户分配
选择	必选项	必选项	必选项	必选项	必选项	必选项

4.5.2　系统指示——标头

表 4.5.1-2 中的“系统指示”是指示标签自身属性的字段，与标签所标识的对象无关。系统指示为“必选”项，EPC 标签的系统指示就是“标头”这个字段。

“标头”是定义 EPC 标签的总长度、编码格式和数据结构类型的代码的字段，属于系统代码。用户应按照 EPC 规范的规定取值进行赋值，而不能自行定义 EPC 编码标头并赋值。EPC/RFID 的标头取值与释义见表 4.5.2-1。

表 4.5.2-1　EPC/RFID 的标头取值与释义

标头二进制值	标头十六进制值	标签长度（比特）	EPC 编码格式
0000 0000	00	未定义	未编码标签
0000 0001	01	未定义	预留将来使用
0000 001x	02、03	未定义	预留将来使用
0000 01xx	04、05、06、07	未定义	预留将来使用

（续）

标头二进制值	标头十六进制值	标签长度（比特）	EPC 编码格式
0000 1000	08	64	预留 64 位做 SSCC-64 使用
0000 1001	09	64	预留 64 位做 SGLN-64 使用
0000 1010	0A	64	预留 64 位做 GRAI-64 使用
0000 1011	0B	64	预留 64 位做 GIAI-64 使用
0000 1100～0000 1111	OC～OF	64	4 个 64 位保留方案
0001 0000～0010 1110	10～2E	未定义	预留将来使用
0010 1111	2F	96	DoD-96
0011 0000	30	96	SGTIN-96
0011 0001	31	96	SSCC-96
0011 0010	32	96	SGLN-96
0011 0011	33	96	GRAI-96
0011 0100	34	96	GIAI-96
0011 0101	35	96	GID-96
0011 0110	36	198	SGTIN-198
0011 0111	37	170	GRAI-170
0011 1000	38	202	GIAI-202
0011 1001	39	195	SGLN-195
0011 1010～0011 1111	3A～3F	—	预留做将来的标头
0100 0000～0111 1111	40～4F	—	预留 64 位使用
1000 0000～1011 1111	80～8F	64	预留做 SGTIN-64 使用
1100 0000～1100 1101	C0～8D	—	预留 64 位使用
11001110	CE	64	预留 DoD-64 使用
1100 1111～1111 1110	CF～FE	—	预留 64 位使用
0011 0101	FF	—	预留将来大于 8 的标头

当用户在 4.4 节中选定编码格式后，便可以在表 4.5.2-1 中得知其对应的标头的二进制值。

4.5.3 功能指示——滤值与分区

“功能指示”是指示标识对象数据属性字段，供识读器的中间件在数据采集时快速判断标识对象的属性，从而很快过滤出有用的数据，便于数据处理和数据传输，功能指示型字段并不是数据传输的对象。

EPC 编码的功能指示包括滤值、分区两个字段，均为必选字段。

1．滤值

EPC 编码的滤值由 3 位二进制组成，具有定义标识对象类型的功能，也就是说确定的滤值对应着确定的标识对象。例如，在 SGTIN-96 中，滤值为“001”的标识对象为零售单元；滤值为“010”的标识对象为贸易单元；滤值为“011”的标识对象为单一物流/零售单元；等等。

2．分区

EPC 编码的分区由 3 位二进制组成，具有定义 ID 指示中“厂商识别代码”与“参考项代码”对应长度的功能。确定的分区值应具有确定的标识对象的厂商识别代码与参考项代码长度的对应关系。

4.5.4 ID 指示——标识对象的身份代码

ID 指示是指标识对象的身份代码的字段，EPC 编码的 ID 指示包含厂商识别代码、参考项代码和序列号代码三部分。

1．厂商识别代码

厂商识别代码是一个全球唯一的用户识别代码，长度与具体数值由国际物品编码协会（GS1）设在全球 107 个国家和地区成员机构确定，并分配给用户。我国用户厂商识别代码由中国物品编码中心分配。

2．参考项代码

参考项代码是定义标识对象分类的代码，分类可以从不同的角度出发，因此不同的标识对象有着不同的分类，不同的标识对象的分类也有着不同的称谓。为了避免编码空间的不必要的冗余，参考项代码一般取无含义的流水号。

3．序列号

序列号定义了标识对象个体流水号的代码。在使用中应根据不同的标识对象的不同情况选择使用。

4.6 开放式编码方案

为了便于读者理解和接受，笔者从用户编制 RFID 的编码方案的操作界面出发，依据标签数据标准编码规范 EPC TDS 1.9 的相关规定，结合实际详细解读 EPC 在开放式系统中的应用。以期待用户花费最少的时间和精力，明白自己最想要了解的东西，得到最适合自己的信息标识编码方案。期望满足用户的以下需求：

了解 EPC 编码体系；掌握开放式编码方案的标识对象、编码格式、数据结构、代码赋值，以及 GS1 条码编码向 EPC 编码的转换方法；自如应用 EPC 标准的 SGTIN（贸易单元）格式、SSCC（物流单元）格式、SGLN（参与方位置）格式、GRAI（可回收资产）格式和 GIAI（单个资产）格式。

开放式的编码方案适用于在两个或两个以上的局域网系统中运行的 RFID 项目的信息标识。

开放式编码方案的特点是在全球范围统一定义标识对象、编码格式、数据结构和代码赋值，以确保用户 RFID 标签代码在全球的唯一性，使 RFID 数据可以在全球范围的不同局域网间进行数据交换与信息共享。

开放式编码方案主要参照 EPC 规范“射频识别标签数据规范 TDS 1.9 版”（英文版）、“物

品电子编码　基于射频识别的贸易项目代码编码规则”（报批稿）、“物品电子编码　基于射频识别的物流单元编码规则”（报批稿）、“物品电子编码　基于射频识别的资产代码编码规则”（报批稿）和“物品电子编码　基于射频识别的参与方位置编码规则”（报批稿）制定。

4.6.1　标识对象

开放式编码方案的标识对象见表 4.6.1-1。

表 4.6.1-1　开放式编码方案的标识对象

标识对象		释　义	举　例
产品/商品	零售单元	直接用于消费的最小结算单元	如一箱多瓶装的啤酒、一箱多筒装的牛奶等
	贸易单元	仅用于贸易结算和分销配送的定量组合包装，也称为配送单元或配销单元	如 30 瓶装的一箱洗头水、50 双装的一箱袜子、60 盒装的一箱注射用水等
	物流/零售单元	同时为货运、配送、零售包装的大型产成品单元	如电视机、冰箱等
物流单元		在供应链中为运输、仓储、配送等建立的包装单元	如包装箱、车笼、托盘、集装箱
全球物理位置		与供应链相关的位置与空间	如车间、工位、库位、门位等
全球资产	回收资产	一定价值，可重复使用的包装、容器或运输设备等	高压气瓶、啤酒桶、板条箱、托盘、集装箱等
	单个资产	固定资产	设备、仪器、工具及其他物品

表 4.6.1-1 基本上覆盖了现有各种开放式 RFID 应用项目的标识对象，适用于在两个或两个以上的局域网系统中运行的供应链管理系统，如单品管理、供应商管理库存、第三方物流、分销配送、售后服务、集装箱运输等开放式 RFID 应用项目。

零售单元、物流/零售单元、贸易单元、物流单元的释义与区分如图 4.6.1-1～图 4.6.1-5 所示。

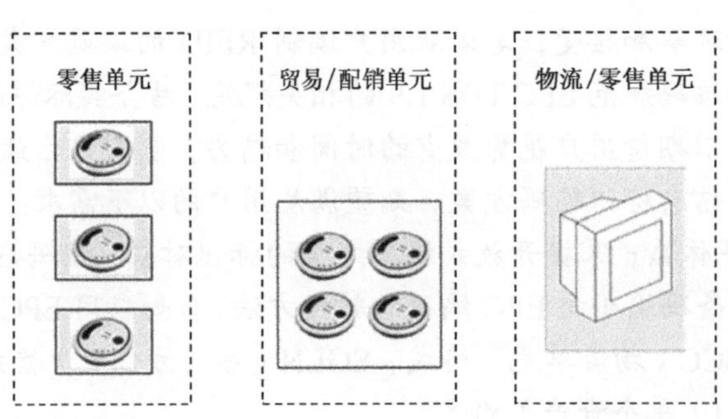

图 4.6.1-1　零售单元、贸易/配销单元和物流/零售单元

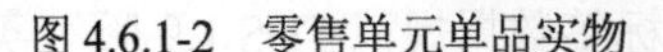

图 4.6.1-2　零售单元单品实物　　图 4.6.1-3　贸易单元单品实物

图 4.6.1-4　物流/零售单元单品实物

图 4.6.1-5　物流单元实物

4.6.2　编码格式

参照表 4.4.1-1，针对开放式系统的标识对象，开放式编码方案推荐使用表 4.6.2-1 中的 EPC/RFID 编码格式。

表 4.6.2-1　开放式编码方案的 EPC/RFID 编码格式

标识对象		编码格式			标准依据
		符号	格式	长度（容量）/比特	
产品/商品	零售单元	SGTIN	SGTIN-96	96	物品电子编码　基于射频识别的贸易项目代码编码规则
			SGTIN-198	198	
	贸易单元	SGTIN	SGTIN-96	96	
			SGTIN-198	198	
	物流/零售单元	SGTIN	SGTIN-96	96	
			SGTIN-198	198	
物流单元		SSCC	SSCC-96	96	物品电子编码　基于射频识别的物流单元编码规则
全球位置		GLN	SGLN-96	96	物品电子编码　基于射频识别的参与方位置编码规则
			SGLN-195	195	
全球资产	回收资产	GRAI	GRAI-96	96	物品电子编码　基于射频识别的资产代码编码规则
			GRAI-170	170	
	单个资产	GIAI	GIAI-96	96	
			GIAI-202	202	

表 4.6.2-1 中各种 EPC 编码格式及其标头取值见表 4.6.2-2。

表 4.6.2-2　EPC 编码格式及其标头取值

EPC 编码格式	标头二进制值	标头十六进制值	标签长度（比特）
SGTIN-96	0011 0000	30	96
SSCC-96	0011 0001	31	96
SGLN-96	0011 0010	32	96
GRAI-96	0011 0011	33	96
GIAI-96	0011 0100	34	96
GID-96	0011 0101	35	96
SGTIN-198	0011 0110	36	198
GRAI-170	0011 0111	37	170
GIAI-202	0011 1000	38	202
SGLN-195	0011 1001	39	195

4.6.3 数据结构

开放式 EPC 编码格式和编码结构汇总见表 4.6.3-1。

表 4.6.3-1 开放式 EPC 编码格式和编码结构一览表

标识对象及编码格式	系统字段	标识对象字段				
	系统指示	功 能 指 示		ID 指 示		
	标头 8 位	滤值 3 位	分区 3 位	与 GTIN[1] 有关的字段		序列号/扩展位
	二进制值	二进制值	二进制值	厂商识别代码	参 考 项	
贸易单元 SGTIN-96	0011 0000	（见表 4.6.4-13）	（见表 4.6.4-14）	二进制 20～40 位 十进制 6～12 位 十进制取值范围： 000 000～999 999 999 999	商品项目代码： 二进制 24～4 位 十进制 7～1 位 十进制取值： 9 999 999～0	可变长度数字型代码： 二进制≤38 位 十进制取值范围： 1～274 877 906 943 的数值 若不选用，参见注
贸易单元 SGTIN-198	0011 0110	同上	同上	同上	同上	可变长度数字字符型代码： 二进制≤140 位 十进制≤20 位 取值范围见附录 E
物流单元 SSCC-96	0011 0001	（见表 4.6.5-3） （取值 010）	（见表 4.6.5-4）	同上	序列号： 二进制 38～18 位 十进制 5～11 位 十进制取值： 00 000～99 999 999 999	未使用
全球位置 SGLN-96	0011 0010	（见表 4.6.6-5）	（见表 4.6.6-6）	同上	位置参考代码： 二进制 24～1 位 十进制 7～1 位 十进制取值： 999 999 9～0	可变长度数字型代码： 二进制≤41 位 十进制取值范围： 1～2 199 023 255 551 的数值 若不选用，参见注
全球位置 SGLN-195	0011 1001	同上	同上	同上	同上	可变长度数字字符型代码： 二进制≤140 位 十进制≤20 位 取值范围见附录 E
可回收资产 GRAI-96	0011 0011	（见表 4.6.7-4）	（见表 4.6.7-5）	同上	资产类型 二进制 21～4 位 十进制 6～0 位 十进制取值： 999 999～0	可变长度数字型代码： 二进制 38 位 十进制取值范围： 1～274 877 906 943 的数值 若不选用，参见注
可回收资产 GRAI-170	0011 0111	同上	同上	同上	同上	可变长度数字字符型代码： 二进制 112 位 十进制 16 位 取值范围见附录 E

1 全球贸易项目代码（Global Trade Item Number）。

（续）

标识对象及编码格式	系统字段	标识对象字段				
	系统指示	功能指示		ID 指示		
	标头 8 位	滤值 3 位	分区 3 位	与 GTIN 有关的字段		序列号/扩展位
	二进制值	二进制值	二进制值	厂商识别代码	参考项	
单个资产 GIAI-96	0011 0100	（见表 4.6.8-3）	（见表 4.6.8-4）	同上	可变长度的数字型单个资产参考代码 二进制 62～42 位 十进制≤19 位 十进制取值范围：1～4 611 686 018 427 387 904 的数值	
单个资产 GIAI-202	0011 1000	同上	（见表 4.6.8-6）	同上	可变长度的数字字符型单个资产参考代码 二进制 168～148 位 十进制≤24 位 取值范围见附录 E	

注：如果不选用此项，此项编码也不能为空白，应人工取值为“0”，系统在译码时将自动默认此项所有二进制各位取值为“0”。

表 4.6.3-1 浓缩了 EPC 规范用户界面的编码标准，以及国家标准关于 GTIN-14 向 EPC 编码的转转规则，可以使读者对标识对象、编码格式、数据结构等开放式编码方案的基本要素一目了然。下面，我们将围绕此表展开具体的应用讨论。

4.6.4　贸易单元标识

贸易单元在国家标准中称为“贸易项目”，来自英文 Trade Item 的翻译，业内俗称“贸易单元”。

参照 EPC 规范制定的国家标准“物品电子编码　基于射频识别的贸易项目代码编码规则”（报批稿）为贸易单元单品的 EPC 标签编码提供了 SGTIN 格式，并给出了贸易单元的定义：“从原材料直至最终用户可具有预先定义特征的任意一项产品或服务，对于这些产品和服务，在供应链过程中有获取预先定义信息的需求，并且可以在任意一点进行定价、订购或开具发票。”简单地说，贸易单元就是用于非 POS 系统贸易结算的商品单元。相信读完了“条码标签的贸易单元 GTIN-14 格式”后，就能够对以上定义有清晰的理解。

条码标签的 GTIN-14 是标识贸易单元类别的编码格式，而 EPC 标签的 SGTIN-96 则是标识贸易单元类别之下的单品编码格式，其根本不同在于以下方面。

（1）GTIN-14 标识贸易单元（标识对象）的类别，如同一型号的 CD 机，其 GTIN-14 是相同的，无论该型号的 CD 机产品已生产成千上万，它的性能/价格都是相同的，因此，用于贸易结算的 GTIN-14 只需要细化标识类别。

（2）SGTIN-96 标识每个产品类型的每个个体，同一型号 CD 机产品不同个体的 EPC 标签的 SGTIN- 96 代码都不相同，也就是说在需要细化到个体数据交换的系统中，所有的 CD 机个体的 EPC 标签的代码都必须保证绝对的唯一。

1．条码标签的贸易单元 GTIN-14 格式

在讨论 SGTIN-96 编码格式之前，我们需要先讨论条码标签的 GTIN-14。

GTIN 是全球贸易项目代码（Global Trade Item Number）的英文简写，俗称为“贸易单元代码”。用于条码标签的 GTIN-14 是一个 14 位纯数字型代码，是可以覆盖全球供应链管理的贸易单元的 ID 代码。参照 GS1 规范制定的国家标准 GB/T 19251—2003“贸易项目的编码与符号表示导则”的规定，GTIN-14 编码格式来自零售单元的 12 位的 UPC-A 码、8 位的 UPC-E 码（缩短码）、13 位的 EAN-13 码和 8 位的 EAN-8 码（缩短码）四种编码格式的转换。

1）零售单元

零售单元（或称消费单元），标准中称为“零售项目”。零售单元的编码在 20 世纪 80 年代就已经普及，被广泛地应用于全球供应链管理。公众熟知的商品条码，包括 13 位的 EAN-13 码和 8 位的 EAN-8 码（缩短码）以及 12 位的 UPC-A 码、8 位的 UPC-E 码（缩短码）都是零售管理的中坚。

国家标准 GB/T 12904—2008“商品条码　零售商品的编码与条码表示”定义了 EAN-13、EAN-8、UPC-A 和 UPC-E 的编码格式。

（1）EAN-13

EAN-13 称为标准版的商品条码，代码由 13 位十进制数字组成，GB/T 12904—2008 规定了 EAN-13 的四种数据结构，可参见表 4.6.4-1。

表 4.6.4-1　EAN-13 编码格式的数据结构

结构种类	厂商识别代码	商品项目代码	校验码
结构 1	$X_{13}X_{12}X_{11}X_{10}X_9X_8X_7$（7 位）	$X_6X_5X_4X_3X_2$（5 位）	X_1（1 位）
结构 2	$X_{13}X_{12}X_{11}X_{10}X_9X_8X_7X_6$（8 位）	$X_5X_4X_3X_2$（4 位）	X_1（1 位）
结构 3	$X_{13}X_{12}X_{11}X_{10}X_9X_8X_7X_6X_5$（9 位）	$X_4X_3X_2$（3 位）	X_1（1 位）
结构 4	$X_{13}X_{12}X_{11}X_{10}X_9X_8X_7X_6X_5$（10 位）	X_3X_2（2 位）	X_1（1 位）

① 厂商识别代码

厂商识别代码由 7～10 位数字组成，是由 GS1（原 EAN）的国家或地区编码机构确定实际位数与具体数值，分配给用户的全球唯一厂商（用户）代码。

我国的厂商识别代码由中国物品编码中心负责分配和管理。其中有 2～3 位数字（$X_{13}X_{12}$ 或 $X_{13}X_{12}X_{11}$）为前缀码，是 EAN 分配给各国家或地区编码机构的码段。前缀码由 GS1（原 EAN）组织统一分配和管理，我国的前缀码由 3 位数字（$X_{13}X_{12}X_{11}$）组成，我国已经启用的前缀码当中，以 690、691 为前缀码的厂商识别代码为 7 位；以 692、693、694、695、696 为前缀码的厂商识别代码 8 位；以 697 为前缀码的厂商识别代码 9 位。

② 商品项目代码

商品项目代码由 2～5 位数字组成，由厂商赋值，一般选择无含义的顺序码。

③ 校验码

校验码为 1 位数字，校验码的计算方法见附录 D。

EAN-13 格式的条码标签用 EAN-13 条码符号表示，如图 4.6.4-1 所示。

图 4.6.4-1　EAN-13 条码标签

（2）EAN-8

EAN-8 称为缩短版的商品条码，代码由 8 位数字组成，其编码格式的结构见表 4.6.4-2。

表 4.6.4-2　EAN-8 编码格式的结构

前缀码	商品项目代码	校验码
$X_8X_7X_6$（3 位）	$X_5X_4X_3X_2$（4 位）	X_1（1 位）

① 前缀码

我国缩短版的前缀码为 3 位数字，已经启用的有 690、691、692、693、694 和 695。

② 商品项目识别代码

我国缩短版的商品项目识别代码由中国物品编码中心负责分配和管理，由 4 位数字组成。

③ 校验码

校验码为 1 位数字，校验码的计算方法见附录 D。

需要提醒注意的是 EAN-8 不含厂商识别代码，用户每使用一个 EAN-8 编码，都需要经过中国物品编码中心审核，才能得到条码。

EAN-8 的条码标签用 EAN-8 条码符号表示，如图 4.6.4-2 所示。

图 4.6.4-2　EAN-8 条码标签

（3）UPC-A

UPC-A 也称为 UCC-12，UPC-A 由 12 位数字组成，其结构见表 4.6.4-3。

表 4.6.4-3　UPC-A 编码格式的结构

厂商识别代码+商品项目代码	校验码
$X_{12}X_{11}X_{10}X_9X_8X_7X_6X_5X_4X_3X_2$（12 位）	X_1（1 位）

① 厂商识别代码

厂商识别代码是美国统一代码委员会（UCC）分配给厂商的代码，由左起 6～10 位数字组成。

X_{12} 为系统字符，其应用规则见表 4.6.4-4。

表 4.6.4-4　系统字符应用规则

系统字符	应用范围	系统字符	应用范围
0、6、7	一般商品	4	零售商店内码
2	商品变量单元	5	代金券
3	药品及医疗用品	1、8、9	保留

② 商品项目代码

商品项目代码由 1～5 位数字组成，由厂商赋值，一般选择无含义的顺序码。

③ 校验码

校验码为 1 位数字，校验码的计算方法见附录 D。

UPC-A格式的条码标签用UPC-A条码符号表示，如图4.6.4-3所示。

（4）UPC-E码的结构

UPC-E码是UPC-A的缩短码。UPC-E由8位（X_8 X_7 X_6 X_5 X_4 X_3 X_2 X_1）数字组成，是将系统字符为0的UPC-A码由系统进行消“0”压缩生成。

X_8 X_7 X_6 X_5 X_4 X_3 X_2为商品项目识别代码，其中X_8为系统字符，取值为0；X_1为校验码，UPC-E的校验码与消“0”压缩前UPC-A的校验码相同。

UPC-E格式的条码标签用UPC-E条码符号表示，如图4.6.4-4所示。

图4.6.4-3　UPC-A条码标签

图4.6.4-4　UPC-E条码标签

2）GTIN-14的标识对象

GS1规范的应用始于零售业，用于零售结算的商品交易单元，称为零售单元。

全球贸易与供应链管理的应用发展，以及自动识别技术应用所带来的系统化与规模化效益的推动，使商品条码应用的需求很快突破了零售，向流通领域纵深进军。在商贸活动中，常常使用更便于操作与结算的批发、理货、配送大包装的商品交易单元——贸易单元，使用贸易单元标识还可以利用自动识别技术在供应链管理的每一个节点对其进行流通移动标记及其数据采集，为此，GS1推出了贸易单元的标识代码GTIN-14。

关于贸易单元，国家标准GB/T 19251—2003“贸易项目的编码与符号表示导则”给出了非常严谨的定义：“从原材料直至最终用户可具有预先定义特征的任意一项产品或服务，对于这些产品和服务，在供应链过程中有获取预先定义信息的需求，并且可以在任意一点进行定价、订购或开具发票。”通俗地说，贸易单元就是可以用来进行贸易结算的商品单位，当然，“服务也是商品”现在已经成为公众的概念。

但是，不是所有的贸易单元都可以作为GTIN-14的标识对象，只有那些不使用POS系统结算的批发、理货、配送大包装的商品贸易单元才可以作为GTIN-14的标识对象。使用POS系统直接与消费者进行结算的贸易单元（如一箱饮用水）就定义为“零售项目”或“消费项目”，俗称“零售单元”或“消费单元”。

3）GTIN-14的来源与转换还原

GTIN-14不是初始的人工赋码，而是由零售单元转换而来的代码。零售单元编码——EAN-13、EAN-8、UPC-A、UPC-E是初始的人工赋码。GTIN-14必须由其对应的零售单元编码根据表4.6.4-5的格式转换而来，GTIN-14因此而包含了其对应的零售单元的信息，所以，按表4.6.4-5逆向操作，就可以将GTIN-14还原为对应的零售单元代码。

表 4.6.4-5　GTIN-14 的转换与还原

标识对象	代码类型	编码方式	可转换为	可还原为	应　用
零售单元	UPC-A	初始代码	GTIN-14	—	零售管理 制造管理 零售结算
	UPC-E	由 UPC-A 消“0”压缩得来	GTIN-14	UPC-A	
	EAN-13 EAN-8	初始代码	GTIN-14	—	
贸易单元	GTIN-14	由 UPC-A、UPC-E、EAN-13、EAN-8 转换而来（见表 4.6.4-7）	EPC	UPC-A、UPC-E EAN-13、EAN-8	贸易管理 贸易结算 仓储配送
单品	SGTIN	由 GTIN-14 转换而来（见表 4.6.4-9）	—	GTIN-14	单品管理

注：SGTIN（Serialized Global Trade Item Number）为 EPC 标准的系列化全球贸易单元（单品）代码。

从表 4.6.4-5 我们不难看出 GTIN-14 的下述作用：

（1）GTIN-14 包含了零售单元，将 GS1 标准应用推向了供应链管理；

（2）GTIN-14 又可以通过转换成为 EPC 的 SGTIN 单品标识代码，将 GS1 标准的应用外延到物联网。

GTIN-14 的内涵与外延有着非常重要的应用价值，GTIN-14 是 GS1 承上启下、继往开来的发展中继与转换平台。借助 GTIN-14 的标识，GS1 推出了适用于 RFID 与物联网的 EPC 标准，以满足 RFID 单品管理与泛物品管理的标识需求。

4）GTIN-14 与零售单元

GTIN-14 是在零售单元应用的基础上发展而来，GTIN-14 与零售单元有着密切的关系，其包含的零售单元信息如图 4.6.4-5 所示。

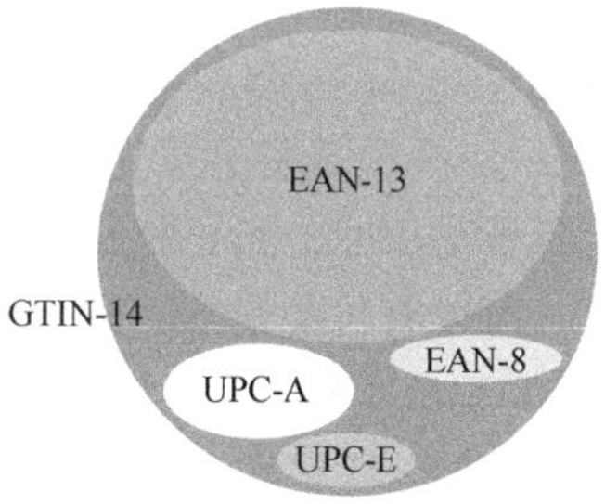

（1）GTIN-14 包含零售单元信息

贸易单元可以由一个（大体积耐用商品，如冰箱）或多个零售单元构成，因此 GTIN-14 包含了其内装零售单元的信息。

EAN-13
GTIN-14
EAN-8
UPC-A
UPC-E

图 4.6.4-5　GTIN-14 包含的零售单元信息

（2）GTIN-14 不能标识零售单元

GTIN-14 的诞生是用于批发、配送和仓储的大包装——SKU（理货单元）标识的特定需求。一个 SKU 一般装有两个以上的零售单元，如 30 瓶装的一箱洗头水、50 双装的一箱袜子、60 盒装的一箱注射用水等，这些都不是用于零售的包装，这样的大包装没有顾客购买，也不能通过零售 POS 系统结算，这些用 GTIN-14 标识的贸易单元实际上都不用于零售。

（3）下列情况选用零售单元代码标识而不选用 GTIN-14

当一个基本零售单元同时也是一个基本贸易单元时——体积大或者贵重的耐用消费品，如一辆自行车、一台电视、一台冰箱等，不选用 GTIN-14 标识。

为了适应 POS 的结算，当一个组合零售单元同时也是一个贸易单元时——体积较小或价格低廉的快速消耗品，如一箱多瓶的饮料、一箱多盒装的牛奶，一般使用零售单元代码，而不使用 GTIN-14。

5）GTIN-14 的数据结构

GTIN-14 的数据结构见表 4.6.4-6。

表 4.6.4-6 GTIN-14 的数据结构

<table>
<tr><td rowspan="4">数据结构
编码规则</td><td colspan="4">GTIN-14（14 位十进制数字代码）</td></tr>
<tr><td rowspan="2">包装指示码</td><td colspan="2">由零售单元代码转换而来</td><td rowspan="2">校 验 码</td></tr>
<tr><td>厂商识别代码</td><td>商品项目代码</td></tr>
<tr><td>1 位</td><td>6～11 位</td><td>12–厂商识别代码位数</td><td>1 位</td></tr>
<tr><td>基本定量贸易单元</td><td>0</td><td rowspan="3">由 GS1（EAN・UCC）的成员单位确定实际位数与具体数值、分配给用户的全球唯一的厂商识别代码，我国的用户由中国物品编码中心分配</td><td rowspan="3">由用户自行分配的商品唯一的代码，一般采用无含义的顺序编码</td><td rowspan="3">由系统按一定标准计算生成用于识读校验的特殊代码</td></tr>
<tr><td>组合定量贸易单元</td><td>1～8</td></tr>
<tr><td>变量贸易单元</td><td>9</td></tr>
</table>

从表 4.6.4-6 我们不难看出，GTIN-14 的数据结构由包装指示码、厂商识别代码、商品项目代码和校验码组成，GTIN-14 的编码规则释义下面进行详细介绍。

（1）包装指示码

区别内含不同数量同种商品的不同包装的指示代码，长度为 1 位。包装指示码有以下类型：

① 基本定量贸易单元（包装指示码=“0”）：最小的不可再分割的零售单元包装，如 1 瓶 600 mL 的矿泉水，包装指示码取值为 0。基本贸易单元在 GS1 系统中仅适用于物流单元内装基本贸易单元的标识，此外，还用于零售单元与物流/消费贸易单元的 GTIN-14 向 EPC 的 SGTIN-96 格式的转换。

② 组合定量贸易单元（包装指示码=“1～8”）：由不同数量的基本定量贸易单元组成的定量贸易单元，如 6 瓶 600 mL 的矿泉水、12 瓶 600 mL 的矿泉水、20 瓶 600 mL 的矿泉水等，可以有包装指示码取值为 1～8 的不超过 8 种类型的组合定量贸易单元包装。

③ 变量贸易单元（包装指示码=“9”）：以重量计价结算的物品内含不定数量的贸易单元包装，如一匹猪肉、一筐水果、一筐蔬菜等，其包装指示码取值为 9。由于变量贸易单元需要依据其后面附带的附加信息——数量应用标识 AIs（31 nn，32 nn，35 nn，36 nn）与单价应用标识 AI（8005）才能进行贸易结算，而目前 SGTIN-96 的标准格式中尚未规定附加信息的标识，所以，目前变量贸易单元尚不能转换成 EPC 标准的 SGTIN-96 格式的编码。

（2）厂商识别代码

① 厂商识别代码是一个全球唯一的用户识别代码。

② 由国际物品编码协会（GS1）的国家或地区的成员机构确定其长度和具体数值，并分配给用户。

③ 我国用户厂商识别代码由中国物品编码中心分配。

（3）商品项目代码

① 由用户自行分配的商品唯一的代码。

② 长度为 12 位减去厂商识别代码位数。

③ 一般采用无含义的流水顺序编码。

（4）校验码

① 用于条码扫描识读校验的一位特殊代码。

② 由系统按一定标准计算生成。

③ EPC 编码中无校验码。

6）GTIN-14 的转换规则

GTIN-14 的转换规则见表 4.6.4-7。

表 4.6.4-7　GTIN-14 的转换规则

数据结构 / 转换	包装指示符（N_1）	由零售单元代码转换而来（12 位）		校验位
		补“0”	不含校验位的基本贸易单元代码	
转换规则	基本定量贸易单元取值为 0	00000	$n_1\ n_2\ n_3\ n_4\ n_5\ n_6\ n_7$ →	$+N_{14}$
		0	EAN-8 取 7 位	
	组合定量贸易单元取值为 1～8	0	$n_1\ n_2\ n_3\ n_4\ n_5\ n_6\ n_7\ n_8\ n_9\ n_{10}\ n_{11}$ →	
			UPC-A 取 11 位	
	变量贸易单元取值为 9		$n_1\ n_2\ n_3\ n_4\ n_5\ n_6\ n_7\ n_8\ n_9\ n_{10}\ n_{11}\ n_{12}$ →	
		—	EAN-13 取 12 位	
目标代码 GTIN-14	$N_1 + N_2\ N_3\ N_4\ N_5\ N_6\ N_7\ N_8\ N_9\ N_{10}\ N_{11}\ N_{12}\ N_{13} + N_{14}$ 构成 GTIN-14 的前 13 位数字代码 ＋ 校验码			

在表 4.6.4-7 中，n 表示组成转换前零售单元 EAN-8、UPC-A 和 EAN-13 的不含校检位的每一个数字代码；N 表示组成转换后 GTIN-14 的每一个数字代码。

根据表 4.6.4-7 中的转换规则，GTIN-14 的转换来源有以下 3 个途径。

（1）由 EAN-13 转换而来

[1位包装指示符] + [EAN-13的前12位代码] 用13位重新计算校验位= → [GTIN-14]

（2）由 EAN-8 转换而来

[1位包装指示符] + [“00000”] + [EAN-8的前7位代码] 用13位重新计算校验位= → [GTIN-14]

（3）由 UPC-A 转换而来

[1位包装指示符] + [“0”] + [UPC-A的前11位] 用13位重新计算校验位= → [GTIN-14]

缩短码 UPC-E 是由特定的 UPC-A 经消“0”压缩得来，也就是说，所有的 UPC-E 的 8 位代码都可以还原成 UPC-A，因此，UPC-E 的转换实际上已经包含在 UPC-A 转换之中。只要现将 UPC-E 首先还原成 UPC-A，再按上述程序就可以完成由 UPC-E 到 GTIN-14 的转换。

7）GTIN-14 的条码符号

必须将 GTIN-14 变成条码符号印制到标签上，才能实现条码的光电自动识别。GS1 规范规定 GTIN-14 可以使用 ITF-14 和 EAN-128 两种条码符号表示，其选择方法见表 4.6.4-8。

表 4.6.4-8　GTIN-14 条码符号的选择方法

条 码 符 号	应用标识符	GTIN-14	附 加 信 息
ITF-14	不选	必选	不选
EAN-128	必选	必选	可选

ITF-14 条码符号是较早采用的用于定量贸易单元的条码符号，其特点是使用简便，对印刷精度要求不高，因而易于普及。ITF-14 不能选择应用标识符，因而也不能携带附加信息，ITF-14 条码符号如图 4.6.4-6 所示。

图 4.6.4-6　ITF-14 条码符号

EAN-128 由 Code 128 发展而来。EAN-128 继承了 Code 128 所有功能，涵盖了 128 个 ASCII 码，但又以双字符起始符的变换区别于 Code 128，成为 GS1 专用于携带“应用标识符”的条码符号。EAN-128 因其符号密度高，能够携带更多的信息，而广泛地应用于供应链的管理中。值得称道的是 EAN-128 还可以串联使用，因而可以选择“附加信息”，丰富了其信息标识内容，扩充了其信息标识容量，极大地方便了 GS1 在供应链管理中的应用。

必须注意的是，GTIN-14 选用 EAN-128 条码符号表示时，必须同时选用应用标识符，置于 GTIN-14 的前端。GTIN-14 格式的贸易单元条码标签如图 4.6.4-7 所示，GTIN-14 格式的变量贸易单元条码标签如图 4.6.4-8 所示。

图 4.6.4-7　GTIN-14 格式的贸易单元条码标签　图 4.6.4-8　GTIN-14 格式的变量贸易单元条码标签

GTIN-14 之后根据用户的需求可以选择或不选择附加信息，在图 4.6.4-8 中的（3101）000427 就是 GTIN-14 所标识的变量贸易单元所携带的“重量”附加信息。

8）GTIN-14 与 EPC

EPC（Electronic Product Code）编码是 GS1 专门为 RFID 应用推出的物品及商品单品的电子代码标准。EPC 编码的信息载体是 RFID 标签，俗称为电子标签。GTIN-14 只标识到产品/商品的类型——每一类贸易单元，而 EPC 则可以具体标识到每一个贸易单元的每一个个体单品，也就是说同一类产品/商品的每个单品都有不同的 EPC 码。

EPC 的全球贸易单元代码（SGTIN）不是一个初始代码，它是由 GTIN-14 与一个表示该产品的序列号或生产顺序号转换而来的，该序列号对应的应用标识符为 AI（21），其转换操作见表 4.6.4-9。

表 4.6.4-9　GTIN-14 编码向单品 EPC 编码的转换

<table>
<tr><td rowspan="3">结构 / 项目</td><td colspan="4">GTIN-14（14 位）</td><td rowspan="3">序列号 AI（21）</td></tr>
<tr><td rowspan="2">包装指示符（1 位）</td><td colspan="2">由零售单元转换而来的代码（12 位代码）</td><td rowspan="2">校验位（1 位）</td></tr>
<tr><td>厂商识别代码</td><td>商品项目代码</td></tr>
<tr><td>转换</td><td>↘（至包装指示符）</td><td>↙（至厂商识别代码）</td><td>↓</td><td>—</td><td>↓</td></tr>
<tr><td>SGTIN</td><td>厂商识别代码</td><td>包装指示符</td><td>商品项目代码</td><td>取消校验位</td><td>单品序列号</td></tr>
</table>

从表 4.6.4-9 中我们不难看出，在 GTIN-14 中，与商品项目具有相同属性的包装指示符位于 GTIN-14 的首位，被厂商识别代码将其与商品项目代码隔开；而在转换后的 SGTIN 中，包装指示符代码则被置于厂商识别代码之后与商品项目代码相接，包装指示符与商品项目两个相同属性的代码由此合二为一。这一改进不仅在逻辑上趋于合理，而且大大方便了数据的处理。

9）GTIN-14 与应用标识符

为了适应供应链管理的需求，GS1 推出了更加丰富的信息内容和扩充标识容量的应用标识符。其中置于 GTIN-14 前端应用标识符——AI（01）和 AI（02）为 GTIN-14 专用，主要作用是区分 GTIN-14 不同类型的标识对象，其搭配关系见表 4.6.4-10。

表 4.6.4-10　GTIN-14 与应用标识符 AI（01）和 AI（02）的搭配关系

<table>
<tr><td rowspan="3">标识对象</td><td colspan="5">搭 配 关 系</td><td colspan="3">应 用 环 境</td></tr>
<tr><td rowspan="2">应用标识符</td><td rowspan="2">GTIN-14</td><td colspan="2">附加信息</td><td rowspan="2">条码符号</td><td rowspan="2">信息性质</td><td rowspan="2">标签设计</td><td rowspan="2">标签粘贴</td></tr>
<tr><td>计量信息</td><td>其他信息</td></tr>
<tr><td>基本定量贸易单元</td><td>（01）</td><td>必选，包装指示符取值为 0</td><td>不选</td><td>不选</td><td>—</td><td>—</td><td>—</td><td>用于零售单元向 SGIN 的转换</td></tr>
<tr><td>组合定量贸易单元</td><td>（01）</td><td>必选，包装指示符取值为 1～8</td><td>不选</td><td rowspan="3">可选</td><td>EAN-128</td><td>主体信息</td><td>以 GTIN-14 为核心</td><td>定量贸易单元外包装</td></tr>
<tr><td>变量贸易单元</td><td>（01）</td><td>必选，包装指示符取值为 9</td><td>必选</td><td>EAN-128</td><td>主体信息</td><td>以 GTIN-14 为核心</td><td>变量贸易单元外包装</td></tr>
<tr><td>物流单元内装定量贸易单元</td><td>（02）</td><td>必选，包装指示符取值为 0～8</td><td>必选</td><td>EAN-128</td><td>物流单元从属信息</td><td>以物流单元为核心</td><td>物流单元外包装</td></tr>
</table>

根据表 4.6.4-10 的搭配关系，我们可以轻松地得到以下三种形式的标识。

（1）以定量贸易单元为核心的系列信息标识

在 AI（01）之后加上第一位取值为 1～8 的 GTIN-14，并可以根据需要选择除计量信息以外的附加信息，便得到一个以应用标识符（01）开始的系列信息字串，将这一字串用

EAN-128 表示出来，就得到一个以定量贸易单元为核心的系列信息条码标签，其编码过程如下：

(01) + 第一位取值为 1～8 的GTIN-14 + 附加信息（可选） 用EAN-128表示 = 以定量贸易项日为核心的标签

以定量贸易单元为核心的 GTIN-14 的 EAN-128 条码符号如图 4.6.4-9 所示。

图 4.6.4-9 以定量贸易单元为核心的 GTIN-14 的 EAN-128 条码符号

（2）以变量贸易单元为核心的系列信息标识

在 AI（01）之后加上第一位取值为“9”的 GTIN-14，且必选计量附加信息，此外还可以根据需要选择其他附加信息，便得到一个以应用标识符（01）开始的系列信息字串，将这一字串用 EAN-128 表示出来，就得到一个以变量贸易单元为核心的系列信息条码标签，其编码过程如下：

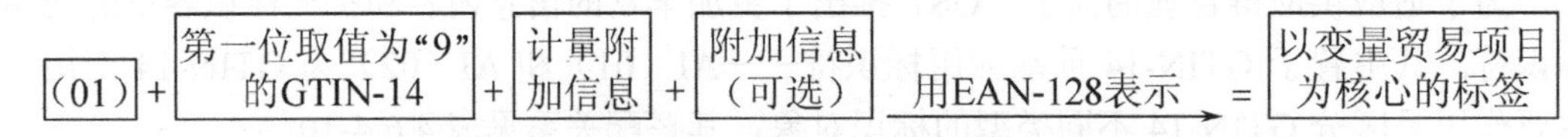

以变量贸易单元为核心的 GTIN-14 的 EAN-128 条码符号如图 4.6.4-10 所示。

图 4.6.4-10 以变量贸易单元为核心的 GTIN-14 的 EAN-128 条码符号

（3）以物流单元为核心的内装贸易单元系列信息标识

在 AI（02）之后加上 GTIN-14，且必选计量附加信息，此外还可以根据需要选择其他附加信息，便得到一个以应用标识符（02）开始的系列信息字串，将这一字串用 EAN-128 表示出来，就得到一个以物流单元为核心的内装贸易单元的系列信息条码标签，其编码过程如下：

(02) + 第一位取值为 1～8 的GTIN-14 + 计量附加信息 + 附加信息（可选） 用EAN-128表示 = 以物流单元为核心的标签

以物流单元为核心的包含内装贸易单元及其附加信息的 GTIN-14 条码符号的物流标签如图 4.6.4-11 所示。

10）GTIN-14 的附加信息

常用的 GTIN-14 附加信息，主要标识一些产品制造属性信息，用于有效地控制与追溯产品制造过程与供应链管理。表 4.6.4-11 给出了常用的定量贸易单元的 GTIN-14 附加信息及其应用标识符的使用方法。

图 4.6.4-11　包含内装贸易单元及其附加信息的 GTIN-14 条码符号的物流标签

表 4.6.4-11　GTIN-14 常用的附加信息及其应用标识符的使用方法

应用标识符	标识对象	编码类型	格式示范	与 GTIN-14 串接的目标代码示范
AI（10）	生产批号	最大 20 位可变长度数字字符代码	（10）ABC123456	（01）16912345678916（10）ABC123456
AI（11）	生产日期	年月日，6 位数字代码	（11）100916	（01）16912345678916（11）100916
AI（13）	包装日期	年月日，6 位数字代码	（13）100916	（01）16912345678916（13）100916
AI（15）	保质期	年月日，6 位数字代码	（15）110916	（01）16912345678916（15）110916
AI（17）	有效期	年月日，6 位数字代码	（17）110916	（01）16912345678916（17）110916
AI（20）	产品变体	2 位固定长度的数字代码	（20）04	（01）16912345678916（20）04
AI（21）	产品序列号	20 位可变长度的数字字符代码	（21）DFE6789	（01）16912345678916（21）DFE6789
AI（37）	内装数量	最大 8 位可变长度的数字代码	（37）04	（01）16912345678916（37）04
AI（250）	零部件序列号	最大 30 位可变长度的数字字符代码	（250）345HIK	（01）16912345678916（250）345HIK
AI（251）	源实体参考代码	最大 30 位可变长度的数字字符代码	（251）987MKJ	（01）16912345678916（251）987MKJ
AI（8008）	生产日期与时间	年月日时分秒 12 位数字代码	（8008）100916083040	（01）16912345678916（8008）100916083040
AI（8003）	全球可回收资产	最大 16 位可变长度的数字字符代码	（8003）AB0001	（01）0690108500001（8003）AB0001

从表 4.6.4-11 我们不难看出：

（1）一种附加信息都有一个对应的应用标识符，供自动识别数据处理使用；

（2）附加信息及其应用标识符都不能单独使用，只能作为主信息 GTIN-14 的附属信息，必须与 GTIN-14 串联使用；

（3）一个 GTIN-14 可以选择多个附加信息串联使用。

11）GTIN-14 的应用举例

GTIN-14 的应用主要是定量贸易单元、变量贸易单元、物流单元的内装贸易单元和单品 EPC 电子物品代码。

（1）定量贸易单元标识的应用

将 GTIN-14 与 ITF-14 条码应用于定量贸易单元标识（见图 4.6.4-12）的先锋当数某饮料。自 20 世纪 80 年代开始，大包装的箱体上印着醒目的 ITF-14 条码，此饮料在长三角与珠三角地区比比皆是，然而，当供应链管理需要在商品外包装上标明表 4.6.4-11 那样的商品属性附加信息时，ITF-14 条码就明显不如 EAN-128 条码了。

图 4.6.4-12　定量贸易单元的 ITF-14 条码符号

使用 EAN-128 条码符号表示附带附加信息的定量贸易单元 GTIN-14 编码，必须选择应用标识符，如图 4.6.4-9 所示。

（2）变量贸易单元标识的应用

在欧美等发达国家，由于 UCC 和 EAN 的奠基以及供应链管理应用环境已经成熟，GTIN-14 在变量贸易单元的应用标识比较常见。例如，供应商每天都需要向不同规模的超市配送不同数量的新鲜意大利红肠，其配送包装上就使用了图 4.6.4-10 的条码标签。

下面对图 4.6.4-10 中各部分标识符进行介绍。

（01）为贸易单元的应用标识符，指示其后的代码为贸易单元 ID，（01）之后的 97612345000049 为意大利红肠的 GTIN-14 代码，此代码的第一位为 9，指示该贸易单元为变量贸易单元；

（3101）为变量贸易单元计量单位的应用标识符，指示其后的代码是以千克为单位的实际净重，其中包含 1 位小数点，000427 指示意大利红肠的数量具体为 42.7 千克。

（8005）为变量贸易单元单价的应用标识符，指示其后的代码是以公斤为单位的价格。000660 指示意大利红肠的单价。其数据结构由贸易双方商定。如在此约定为欧元，并包含 2 位小数，则 000660 就表示单价为 6.6 欧元/千克。

综上所述，这个配送单元就是一个 42.7 千克、6.6 欧元/千克的意大利红肠变量贸易单元。货物配送到达超市收货处，扫描这一条码即可当即采集到以上数据，将这些数据处理集成，供应商与零售商就可以方便地进行实时结算，当然也可以即时记账，定期结算。

（3）物流单元的内装贸易单元系列信息标识的应用

当一个物流单元内装有相同的贸易单元时，在物流标签上标识出其内装贸易单元 ID 及其数量等，对物流业务管理，如收货与验货等都极为有利。物流单元内装的贸易单元一般为定量贸易单元。

根据用户的需求，由表 4.6.4-10 和表 4.6.4-11 可以得到一个内装相同贸易单元的系列信息代码字串，将其与核心信息物流单元代码一起标识，并用 EAN-128 条码符号表示出来，就得到一个完整的标签。

下面对图 4.6.4-11 中的物流标签进行介绍。

①（00）006141411234567890——SSCC-18 格式的物流单元代码，指此物流单元的 ID（核心信息）；

②（02）00614141000419——指此物流单元内装定量贸易单元的 ID 代码为“00614141000419”；

③（15）000214——指内装贸易单元的保质期为 2000 年 02 月 14 日；

④（10）4512XA——指内装贸易单元的生产批号为 4512XA；

⑤（37）20——指此物流单元内装 20 个代码为“006141411234567890”的贸易单元。

2. EPC/RFID 标签的贸易单元 SGTIN-96 格式

SGTIN-96 是一种长度为 96 位二进制的全球贸易单元的 EPC 编码。

依据表 4.5.2-1 得知，SGTIN-96 标头的固定二进制取值为 0011 0000，当 RFID 读写器读到标头等于 8 位二进制 0011 0000 的标签时，即可判断这是一个 SGTIN-96 格式的 EPC 标签。

1）SGTIN-96 的数据结构

SGTIN-96 的数据结构细分见表 4.6.4-12。

表 4.6.4-12　SGTIN-96 的数据结构

项目	系统字段	标识对象字段				
	系统指示	SGTIN-96 的功能指示		SGTIN-96 的 ID 指示		
	标头	滤值	分区	GTIN（不含校验位）		序列号
				厂商识别代码	商品项目代码	
二进制位数	8	3	3	20～40	24～4 位	可变长度：二进制≤38 位
十进制位数				6～12	7～1	
取值	0011 0000（二进制值）	（见表 4.6.4-13）	（见表 4.6.4-14）	000 000～999 999 999 999（十进制）	9 999 999～0（十进制）	1～274 877 906 943 的数值

（1）标头

当选定 SGTIN-96 格式的时候，其系统指示——标头的取值就已经定格为 0011 0000。

表 4.6.4-12 中给出的 SGTIN-96 功能指示细分为滤值、分区两个字段。下面对其含义与应用进行介绍。

（2）滤值

滤值由 3 位二进制组成，具有定义标识对象类型的功能。对于 SGTIN-96 而言，其滤值的取值与标识对象类型的对应关系见表 4.6.4-13。

表 4.6.4-13　SGTIN-96 的滤值

滤值的取值	标识对象类型	滤值的取值	标识对象类型
000	其他	100	保留
001	零售单元	101	保留
010	贸易单元	110	保留
011	单一物流/零售单元	111	保留

滤值是用来快速过滤出标识对象类型的功能指示符，滤值不是标识对象 ID 的组成部分，因而不需要向应用系统传输。

在一个 RFID 读写器的数据采集范围内可能有多种各式各样的标签，使用滤值可以准确地判断标识对象的类型，例如：

标头=00 110 000，且滤值=001——零售单元的单品：

如果读写器读到标签的标头为 00 110 000，同时滤值为 001，即可以判断这个标签的标识对象为一个零售单元的单品，即一个商品零售单元的个体。

标头=00 110 000，且滤值=010——贸易单元的单品：

如果读写器读到标签的标头为 00 110 000，同时滤值为 010，即可以判断这个标签的标识对象是一个贸易单元的单品，即一个 SKU——仓储配销单元的个体。

标头=00 110 000，且滤值=011——单一物流/零售单元：

如果读写器读到标签的标头为 00 110 000，同时滤值为 011，即可判断这个标签的标识对象是一个单一物流/零售单元，即一个以零售包装为运输理货与贸易结算的贸易单元个体。

（3）分区

分区由 3 位二进制组成，具有定义标识对象 ID 中厂商识别代码和商品项目代码长度对应关系的功能。SGTIN-96 的分区见表 4.6.4-14。

表 4.6.4-14　SGTIN-96 的分区

分 区 取 值		厂商识别代码位数		商品项目代码位数	
二进制	十进制	二进制	十进制	二进制	十进制
000	0	40	12	4	1
001	1	37	11	7	2
010	2	34	10	10	3
011	3	30	9	14	4
100	4	27	8	17	5
101	5	24	7	20	6
110	6	20	6	24	7

之所以设置 SGTIN-96 的分区，是因为 SGTIN-96 是由不含校验位的 GTIN-14 代码转换而来。不含校验位的 GTIN-14 是一个 13 位十进制的数字代码，包含厂商识别代码和商品项目代码两部分，其中厂商识别代码位数可能在 6～12 位之间变化，此时对应的商品项目代码长度应该在“13–厂商识别代码位数”之间。因此，通过功能指示“分区”字段的设置，可以有效地表达厂商识别代码长度与商品项目代码长度的对应关系，根据“分区”的取值，即可得到厂商识别代码与商品项目代码对应的位数。

2）SGTIN-96 的 ID 代码赋值

表 4.6.4-12 中的 SGTIN-96 的 ID 指示实际上就是其标识对象——贸易单元的 ID 代码。

SGTIN-96 的 ID 指示由不含校验位的 GTIN-14 和序列号组成，不含校验位的 GTIN-14 由厂商识别代码和商品项目代码组成。SGTIN-96 的商品项目代码由 GTIN-14 的包装指示符和商品项目代码组成。

（1）厂商识别代码

同 GTIN-14 格式的厂商识别代码。

（2）商品项目代码

SGTIN-96 的商品项目代码是将 GTIN-14 的第 1 位“包装指示符”后移到厂商识别代码之后，与 GTIN-14 的商品项目代码组成新的 SGTIN-96 的商品项目代码，详见图 4.6.4-13。

（3）序列号

SGTIN-96 的序列号是可变长度的数值型代码，支持以 EAN/UCC-128 条码为载体的应用标识符 AI（21），是一个取值范围在 1～274 877 906 943 之间的数值。也就是说，只要在规定的数值区间，SGTIN-96 的序列号则不必像条码符号那样，为满足字段的确定长度而在数字前面补 0，这样就大大地降低了代码空间的冗余。

但是，如果选用了 SGTIN-96 的序列号代码，其取值只能为非零开头的数字。因为 EPC 规范规定在不使用 SGTIN-96 序列号的情况下，序列号必须取值为 0，而绝不能是空白，这样系统在识读的时候，将默认其 38 位二进制值为 0。

SGTIN-96 的 ID 代码各部分的赋值由以 GTIN-14 格式为基础的应用标识 AI（01）及 AI（21）字串转换，如图 4.6.4-13 所示。

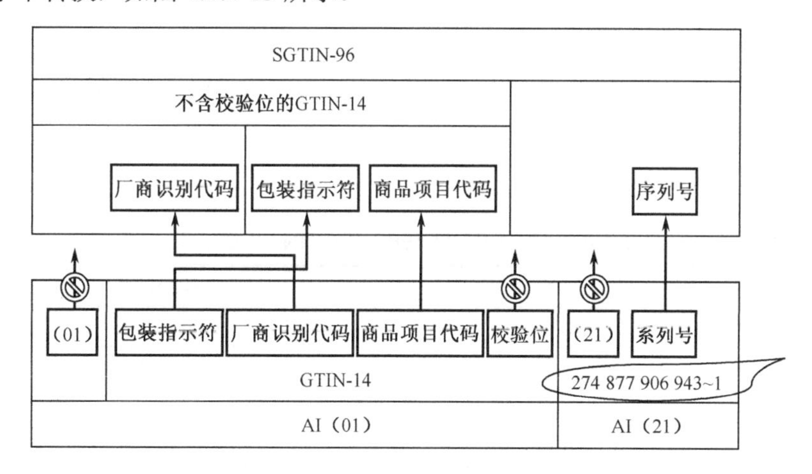

图 4.6.4-13　GTIN-14 之 AI（01）及 AI（21）向 SGTIN-96 的转换

（4）GTIN-14 及应用标识 AI（01）的转换要点

① 将 GTIN-14 的“厂商识别代码”前移成为 SGTIN-96 的“厂商识别代码”；

② 将 GTIN-14 的“包装指示码”后移至“厂商识别代码”之后，与“商品项目代码”相连组成 SGTIN-96 的“商品项目代码”；

③ 舍去应用标识符（01）；

④ 舍去 GTIN-14 的校验位。

（5）系列号及应用标识 AI（21）的转换要点

应用标识符 AI（21）是标识产品系列号的附属信息代码，必须与 GTIN-14 的 AI（01）串联使用，AI（21）所指示的系列号为 20 位可变长度的数字字符型代码。但是 EPC 规范定义的 SGTIN-96 的序列号为 38 位二进制数值，即其最大十进制取值为 274 877 906 943，因此，只有符合下列条件的条码标签应用标识符 AI（21），才可以转换为 SGTIN-96 格式。

① 系列号是数值型代码；

② 系列号取值为 1～274 877 906 943。

转换前后的代码示例见表 4.6.4-15。

表 4.6.4-15　系列号及应用标识 AI（21）的转换

	应用标识符	包装指示符	厂商识别代码	商品项目代码	校验码	应用标识符	系列号
GTIN	2 位	1 位	7 位	5 位	1 位	2 位	12 位数字型
	（01）	1	6901085	00001	2	（21）	000123456789
	（01）1 6901085 00001 2 （21）000123456789						
SGTIN-96	6901085　100001 000123456789						

由示例可见，转换后的 SGTIN-96 舍去应用标识 AI（21），仅保留其后的系列号即可。

尚未使用应用标识符 AI（21）的用户则更为简单，在保证序列号数值大于 0 而小于或等于 274 877 906 943 的情况下，直接将商品的数值型生产流水号作为 SGTIN-96 的序列号即可。

3. EPC 标签的贸易单元 SGTIN-198 格式

SGTIN-198 是一个 198 位二进制长度的贸易单元 EPC 标签代码，与 SGTIN-96 相比，具有编码空间大，字符集覆盖广的特点。当遇到需要更大编码容量，而且序列号编码并非纯数值型的情况时，建议使用 SGTIN-198 格式。

SGTIN-198 与 SGTIN-96 的区别见表 4.6.4-16。

表 4.6.4-16　SGTIN-198 与 SGTIN-96 的区别

	SGTIN-96	SGTIN-198
标头二进制取值	0011 0000	0011 0110
二进制长度	96 位	198 位
字符集	纯数字型 0～9	数字字符型

SGTIN-198 编码采用了 GS1-128 标准的图形字符集，可以一览无余地标识计算机能够标识的所有信息，极大地扩展了 EPC 标识的空间。字符集详见附录 E“唯一图形字符分配”。

由表 4.5.2-1“EPC/RFID 的标头取值与释义”得知，SGTIN-198 的标头为二进制“0011 0110”，当 RFID 读写器读到标头等于 8 位二进制“0011 0110”的标签时，即可以判断这是一个 SGTIN-198 格式的 EPC 标签。

1）SGTIN-198 数据结构

全球贸易单元单品标识的 SGTIN-198 的数据结构（见表 4.6.4-17）细分层次与 SGTIN-96 相同，不同的是其序列号由 SGTIN-96 的 38 位二进制的数值代码扩展到了 140 位二进制，最多为 20 位十进制数字字符型代码。

表 4.6.4-17　SGTIN-198 的数据结构

	系统字段	标识对象字段				
	系统指示	SGTIN-198 的功能指示		SGTIN-198ID 的指示		
	标头（二进制值）	滤值	分区	GTIN（不含校验位）		序列号
				厂商识别代码	商品项目代码	
二进制位数	8	3	3	20～40	24～4	可变长度：≤140
十进制位数				6～12	7～1	
取值	0011 0110	（见表 4.6.4-13）	（见表 4.6.4-14）	000 000～999 999 999 999（十进制范围）	9 999 999～0（十进制范围）	≤20 位十进制数字字符型，取值范围见附录 E

（1）标头

SGTIN-198 标头为固定取值为 0011 0110。

（2）滤值

SGTIN-198 的滤值与 SGTIN-96 完全相同，见表 4.6.4-13。

（3）分区

SGTIN-198 的分区与 SGTIN-96 完全相同，见表 4.6.4-14。

2）SGTIN-198 的 ID 代码赋值

表 4.6.4-17 中的 SGTIN-198 的 ID 指示实际上就是其标识对象——贸易单元的 ID 代码。SGTIN-198 的 ID 代码由厂商识别代码、商品项目代码和序列号组成。

（1）厂商识别代码

SGTIN-198 厂商识别代码与 SGTIN-96 厂商识别代码相同。

（2）商品项目代码

SGTIN-198 的商品项目代码与 SGTIN-96 商品项目代码相同。

（3）序列号

SGTIN-198 的序列号是数字字符型字段，序列号最多允许 20 个数字字符，支持以 EAN/UCC-128 条码为载体的应用标识符 AI（21）的全体范围，详见附录 E。

SGTIN-198 的 ID 代码各部分赋值，由以 GTIN-14 格式为基础的应用标识 AI（01）及 AI（21）字串转换而来，转换方法如图 4.6.4-14 所示。

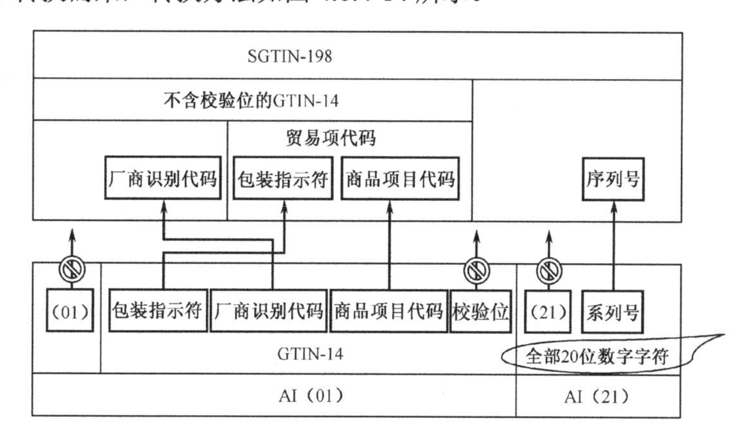

图 4.6.4-14　GTIN-14 之 AI（01）及 AI（21）向 SGTIN-198 的转换

SGTIN-198 定义的 20 位数字字符型序列号代码，与 GTIN-14 的 AI（21）所定义的最大长度 20 位数字字符型系列号相吻合。使用 SGTIN-198，用户不仅可以有较长长度的序列号，还可以有最大范围的数字字符型取值，在此范围内用户可以按自己的需求选择使用。

4．SGTIN 编码举例

对于贸易单元的标识，使用一个 GTIN-14 格式的条码标签只能标识到贸易单元的类型，使用一个 SGTIN-96 格式的 EPC/RFID 标签则可以标识到贸易单元的单品。

SGTIN-96 标识的全球贸易单元又可以细分为零售贸易单元单品、配销贸易单元单品和单一物流/零售贸易单元三种。

1）零售单元 SGTIN-96 的编码应用

例 1

已知：某品牌某规格型号 CD 机的零售单元代码为 6901085 66666 9，其中厂商识别代码为 7 位——6901085。

求解：零售单元单品的 SGTIN-96 格式编码。

（1）编码要点

通过对表 4.6.4-7“GTIN-14 的转换规则”、表 4.6.4-12“SGTIN-96 的数据结构”、表 4.6.4-13“SGTIN-96 的滤值”、表 4.6.4-14“SGTIN-96 的分区”和图 4.6.4-13“GTIN-14 之 AI（01）及 AI（21）向 SGTIN-96 的转换”的针对性查找，编制对应于确定规格型号 CD 机的零售单元单品 SGTIN-96 编码。

（2）编码步骤

① 根据已知条件 6901085 66666 9 查表 4.6.4-7“GTIN-14 的转换规则”，得出该产品的基本贸易单元（内装一个零售单元）编码： GTIN-14 的前 13 位=0 6901085 66666，各部分取值方法见表 4.6.4-18。

表 4.6.4-18　某 CD 机基本贸易单元的 GTIN-14 各部分取值

数据结构 \ 标识对象	GTIN-14（14 位十进制数字代码）				
	包装指示码（1 位）		由零售单元代码转换而来（12 位）		校验码
	内装数量	取值	厂商识别代码	商品项目代码	
			7 位（6901085）	5 位（66666）	1 位
基本贸易单元	1 只	0	6901085	66666	前 13 位重新计算

② 以 SGTIN-96 查表 4.6.4-12“SGTIN-96 的数据结构”得到：标头=00110000。

③ 以零售单元单品查表 4.6.4-13“SGTIN-96 的滤值”得到：滤值=001。

④ 以厂商识别代码为 7 位查表 4.6.4-14“SGTIN-96 的分区”得到：分区=101。

⑤ 以 GTIN-14 的前 13 位=“0 6901085 66666”对照图 4.6.4-13“GTIN-14 之 AI（01）及 AI（21）向 SGTIN-96 的转换”得到：商品项目代码=0 66666；序列号=1，因为是可变长度，取数值 1 可以使长度最短。

⑥ 各部分取值见表 4.6.4-19。

表 4.6.4-19　零售单元单品 SGTIN-96 编码举例

数据结构 / 标识对象	SGTIN-96 的功能指示			SGTIN-96 的 ID 指示			SGTIN-96 目标代码
	标头	滤值	分区	厂商识别代码	贸易项代码	序列号	
零售单元单品 1	0011 0000	001	101	6901085	0 66666	1	6901085 066666 1
零售单元单品 2	0011 0000	001	101	6901085	0 66666	2	6901085 066666 2

⑦ 目标代码：

指示一确定规格型号零售单元 CD 机单个商品的 EPC 标签 SGTIN-96 编码。

零售单元 SGTIN-96 编码单品 1：6901085 066666 1。

零售单元 SGTIN-96 编码单品 2：6901085 066666 2。

以此类推。

2）配销贸易单元 SGTIN-96 的编码应用

例 2

已知：某品牌的某规格型号 CD 机的零售单元代码为 6901085 66666 9，其中厂商识别代码为 7 位——6901085。

求解：贸易单元单品 SGTIN-96 格式编码。

（1）编码要点

通过对表 4.6.4-7“GTIN-14 的转换规则”、表 4.6.4-12“SGTIN-96 的数据结构”、表 4.6.4-13“SGTIN-96 的滤值”、表 4.6.4-14“SGTIN-96 的分区”和图 4.6.4-13“GTIN-14 之 AI（01）及 AI（21）向 SGTIN-96 的转换”的针对性查找，编制对应于确定规格型号 CD 机的贸易单元单品 SGTIN-96 编码。

（2）编码步骤

根据已知条件 6901085 66666 9 查表 4.6.4-7“GTIN-14 的转换规则”，得出该产品的 4 种贸易单元编码 GTIN-14 的前 13 位。

① A 组合贸易单元：1 6901085 66666；

② B 组合贸易单元：2 6901085 66666；

③ C 组合贸易单元：3 6901085 66666；

④ D 组合贸易单元：4 6901085 66666。

各部分取值方法见表 4.6.4-20。

表 4.6.4-20　某 CD 机 4 种贸易单元 GTIN-14 各部分取值

数据结构 / 标识对象	GTIN-14（14 位十进制数字代码）				
	包装指示码（1 位）		由零售单元代码转换而来（12 位）		校验码
	内装数量	取值	厂商识别代码	商品项目代码	
			7 位（6901085）	5 位（66666）	1 位
A 组合贸易单元	6 只	1	6901085	66666	前 13 位重新计算
B 组合贸易单元	12 只	2	6901085	66666	前 13 位重新计算
C 组合贸易单元	24 只	3	6901085	66666	前 13 位重新计算
D 组合贸易单元	60 只	4	6901085	66666	前 13 位重新计算

以 SGTIN-96 查表 4.6.4-12“SGTIN-96 的数据结构”得到：标头=00110000。

以贸易单元单品查表 4.6.4-13“SGTIN-96 的滤值”得到：滤值=010。

以厂商识别代码为 7 位查表 4.6.4-14“SGTIN-96 的分区”得到：分区=101。

以 A 组合贸易单元：1 6901085 66666、B 组合贸易单元：2 6901085 66666、C 组合贸易单元：3 6901085 66666、D 组合贸易单元：4 6901085 66666 分别对照图 4.6.4-13“GTIN-14 之 AI（01）及 AI（21）向 SGTIN-96 的转换”得到同一产品的 4 种不同组合的贸易单元的 SGTIN-96 编码，各部分取值见表 4.6.4-21。

表 4.6.4-21　同一产品的 4 种不同组合的贸易单元 SGTIN-96 编码

序号	数据结构 / 标识对象	SGTIN-96 的功能指示			SGTIN-96 的 ID 指示			SGTIN-96 目标代码
		标头	滤值	分区	厂商识别代码	商品项目代码	序列号	
1	A 组合贸易单元单品	0011 0000	010	101	6901085	1 66666	1	6901085 166666 1 6901085 166666 2 ……
2	B 组合贸易单元单品	0011 0000	010	101	6901085	2 66666	1	6901085 266666 1 6901085 266666 2 ……
3	C 组合贸易单元单品	0011 0000	010	101	6901085	3 66666	1	6901085 366666 1 6901085 366666 2 ……
4	D 组合贸易单元单品	0011 0000	010	101	6901085	4 66666	1	6901085 266666 1 6901085 466666 2 ……

3）*单一物流/零售单元 SGTIN-96 的编码应用*

例 3

已知：某品牌某规格的电视机的零售单元代码为 6901085 99999 6，其中厂商识别代码为 7 位——6901085。

求解：单一物流/零售单元 SGTIN-96 格式编码。

（1）编码要点

通过对表 4.6.4-7“GTIN-14 的转换规则”、表 4.6.4-12“SGTIN-96 的数据结构”、表 4.6.4-13“SGTIN-96 的滤值”、表 4.6.4-14“SGTIN-96 的分区”和图 4.6.4-13“GTIN-14 之 AI（01）及 AI（21）向 SGTIN-96 的转换”的针对性查找，编制对应于确定规格型号的电视机零售单元代码为 6901085 99999 6 的单一物流/零售单元 SGTIN-96 编码。

（2）编码步骤

根据已知条件 6901085 99999 6 查表 4.6.4-7“GTIN-14 的转换规则”，得出该产品的基本贸易单元（内装一个零售单元）编码 GTIN-14 的前 13 位，各部分取值方法见表 4.6.4-22。

表 4.6.4-22　某 CD 机基本贸易单元的 GTIN-14 各部分取值

数据结构 标识对象	GTIN-14（14 位十进制数字代码）				
	包装指示码（1 位）		由零售单元代码转换而来（12 位）		校验码
	内装数量	取值	厂商识别代码	商品项目代码	
			7 位（6901085）	5 位（99999）	1 位
基本贸易单元	1 只	0	6901085	99999	前 13 位重新计算

GTIN-14 的前 13 位=0 6901085 99999，那么：以 SGTIN-96 查表 4.6.4-12“SGTIN-96 数据结构”得到：标头=00110000。

以单一物流/零售单元查表 4.6.4-13“SGTIN-96 的滤值”得到：滤值=011，区别于零售单元单品的滤值 001。

以厂商识别代码为 7 位查表 4.6.4-14“SGTIN-96 的分区”得到：分区=101。

以 GTIN-14 的前 13 位=0 6901085 99999 对照图 4.6.4-13“GTIN-14 之 AI（01）及 AI（21）向 SGTIN-96 的转换”得到：商品项目代码=0 99999；序列号=“1”，因为是可变长度，取数值“1”可以使长度最短。

各部分取值见表 4.6.4-23。

表 4.6.4-23　单一物流/零售单元 SGTIN-96 编码举例

数据结构 标识对象	SGTIN-96 的功能指示			SGTIN-96 的 ID 指示			SGTIN-96 目标代码
	标头	滤值	分区	厂商识别代码	商品项目代码	序列号	
单个基础贸易单元	0011 0000	001	101	6901085	0 99999	1	6901085 0999999 1 6901085 0999999 2

目标代码：

指示确定规格型号的电视机单一物流/零售单元 SGTIN-96 编码。

单一物流/零售单元单品 1：6901085 099999 1。

单一物流/零售单元单品 2：6901085 099999 2。

以此类推。

4）SGTIN-198 编码举例

例 4

已知：某品牌的某规格型号 CD 机的零售单元代码为 6901085 66666 9，其中厂商识别代码为 7 位——6901085。

求解：零售单元单品的 SGTIN-198 格式编码。

（1）编码要点

通过对表 4.6.4-7“GTIN-14 的转换规则”、表 4.6.4-17“SGTIN-198 的数据结构”、表 4.6.4-13“SGTIN-96 的滤值”、表 4.6.4-14“SGTIN-96 的分区”和图 4.6.4-14“GTIN-14 之 AI（01）及 AI（21）向 SGTIN-198 的转换”的针对性查找，编制对应于确定规格型号 CD 机的零售单元单品 SGTIN-198 编码。

（2）编码步骤

根据已知条件 6901085 66666 9 查表 4.6.4-7“GTIN-14 的转换规则”，得出该产品的基本贸易单元（内装一个零售单元）编码：GTIN-14 的前 13 位=0 690108566666，各部分取值方法见表 4.6.4-24。

表 4.6.4-24 某 CD 机基本贸易单元的 GTIN-14 各部分取值

数据结构／标识对象	GTIN-14（14 位十进制数字代码）				
	包装指示码（1 位）		由零售单元代码转换而来（12 位）		校验码
	内装数量	取值	厂商识别代码	商品项目代码	
			7 位（6901085）	5 位（66666）	1 位
基本贸易单元	1 只	0	6901085	66666	前 13 位重新计算

以 SGTIN-198 查表 4.6.4-17“SGTIN-198 的数据结构”得到：标头=0011 0110。

以零售单元单品查表 4.6.4-13“SGTIN-96 的滤值”得到：滤值=001。

以厂商识别代码为 7 位查表 4.6.4-14“SGTIN-96 的分区”得到：分区=101。

以 GTIN-14 的前 13 位=0 6901085 66666 对照图 4.6.4-14“GTIN-14 之 AI（01）及 AI（21）向 SGTIN-198 的转换”得到：商品项目代码=0 66666；SGTIN-198 的序列号取值可以是可变长度的数字字符型，例如，序列号取值为 ABCD-6-1。

各部分取值见表 4.6.4-25。

表 4.6.4-25 零售单元单品 SGTIN-198 编码举例

数据结构／标识对象	SGTIN-198 的功能指示			SGTIN-198 的 ID 指示			SGTIN-198 目标代码
	标头	滤值	分区	厂商识别代码	商品项目代码	序列号	
零售单元单品 1	0011 0110	001	101	6901085	0 66666	ABCD-6-1	6901085 066666 ABCD-6-1
零售单元单品 2	0011 0110	001	101	6901085	0 66666	ABCD-6-2	6901085 066666 ABCD-6-2

目标代码：

指示确定规格型号零售单元 CD 机单个商品的 EPC 标签 SGTIN-198 编码。

零售单元 SGTIN-198 编码单品 1：6901085 066666 ABCD-6-1。

零售单元 SGTIN-198 编码单品 2：6901085 066666 ABCD-6-2。

以此类推。

4.6.5 物流单元标识

参照 EPC 规范制定的国家标准“物品电子编码 基于射频识别的物流单元编码规则”（报批稿）给出了物流单元为“在供应链过程中为运输、仓储、配送等建立的包装单元”的定义，并为物流单元的 EPC 标识提供了 SSCC-96 编码格式。

SSCC-96 源于条码标签 SSCC-18 编码格式的转换，因此在讨论 SSCC-96 编码格式之前，我们需要先讨论条码标签的 SSCC-18 编码格式。

1．条码标签的 SSCC-18 编码格式

用于条码标签的 SSCC-18 是一个标识物流单元的 18 位纯数字型 ID 代码，可覆盖全球供应链管理的单个物流单元。参照 GS1 规范制定的国家标准 GBT 18127—2009“商品条码 物流单元编码与条码表示”定义了 SSCC-18 的数据结构，见表 4.6.5-1。

表 4.6.5-1　SSCC-18 的数据结构

结构种类	扩展位	厂商识别代码	系列号	校验码
结构一	N_1	$N_2\ N_3\ N_4\ N_5\ N_6\ N_7\ N_8$	$N_9\ N_{10}\ N_{11}\ N_{12}\ N_{13}\ N_{14}\ N_{15}\ N_{16}\ N_{17}$	N_{18}
结构二	N_1	$N_2\ N_3\ N_4\ N_5\ N_6\ N_7\ N_8\ N_9$	$N_{10}\ N_{11} N_{12}\ N_{13}\ N_{14}\ N_{15}\ N_{16}\ N_{17}$	N_{18}
结构三	N_1	$N_2\ N_3\ N_4\ N_5\ N_6\ N_7\ N_8\ N_9\ N_{10}$	$N_{11} N_{12}\ N_{13}\ N_{14}\ N_{15}\ N_{16}\ N_{17}$	N_{18}
结构四	N_1	$N_2\ N_3\ N_4\ N_5\ N_6\ N_7\ N_8\ N_9\ N_{10}\ N_{11}$	$N_{12}\ N_{13}\ N_{14}\ N_{15}\ N_{16}\ N_{17}$	N_{18}
长度	1位	8～11位	9～6位	1位

SSCC-18 的数据结构各部分释义如下。

1）扩展位

扩展位长度为十进制1位，是用于扩展 SSCC-18 长度的代码。

2）厂商识别代码

厂商识别代码为7～10位，由用户向中国物品编码中心注册获得。

3）系列号

（1）由用户自行分配的物流单元唯一的代码；
（2）长度为“16位-厂商识别代码位数”；
（3）一般采用无含义的流水顺序号。

4）校验码

（1）用于条码扫描识读校验的一位特殊代码；
（2）由系统按一定标准计算生成（详见附录D“商品条码校验码计算方法”）。

2. EPC/RFID 标签的 SSCC-96 编码格式

SSCC-96 是一个长度为96位二进制的全球物流单元 EPC 编码。

依据表 4.5.2-1“EPC/RFID 的标头取值与释义”得知，SSCC-96 标头为8位二进制固定取值“0011 0001”，当 RFID 读写器读到标头等于8位二进制“0011 0001”的标签时，即可判断这是一个 SSCC-96 格式的 EPC 标签。

SSCC-96 格式适用于泛指的所有单个物流（货运）单元的标识。

1）SSCC-96 的数据结构

SSCC-96 的数据结构见表 4.6.5-2。

表 4.6.5-2　SSCC-96 的数据结构

	系统字段	标识对象字段				
	系统指示	SSCC-96 的功能指示		SSCC-96 的 ID 指示		
	标头	滤值	分区	厂商识别代码	序列号	未分配
二进制位数	8	3	3	20～40	38～18	24
十进制位数				6～12	11～5	
取值	0011 0001（二进制）	010（二进制）（见表 4.6.5-3）	（见表 4.6.5-4）	000 000～999 999 999 999（十进制）	99 999 999 999～00 000（十进制）	未使用

表 4.6.5-2 中给出的 SSCC-96 功能指示包括滤值、分区两个字段。下面对其含义与应用进行介绍。

（1）滤值

滤值是定义标识对象类型的功能指示。SSCC-96 的滤值由 3 位二进制组成，其取值见表 4.6.5-3。

根据表 4.6.5-3 的指示，对用于物流/货运单元的 SSCC-96 而言，其滤值为固定取值 010。也就是说，当 RFID 读写器读到标头等于 8 位二进制——0011 0001，同时滤值等于 3 位二进制——010 的标签时，即可以判断这是一个长度为 96 位二进制、标识对象类型为物流/货运单元的 SSCC-96 格式 RFID 标签。

表 4.6.5-3　SSCC-96 的滤值

标识对象类型	滤值（二进制值）	标识对象类型	滤值（二进制值）
其他	000	预留	100
预留	001	预留	101
物流/货运单元	010	预留	110
预留	011	预留	111

（2）分区

由 3 位二进制组成，具有定义物流单元 ID 中厂商识别代码和序列号代码对应长度的功能，SSCC-96 的分区见表 4.6.5-4。

表 4.6.5-4　SSCC-96 的分区

分　区		厂商识别代码			序　列　号		
二进制值	十进制值	二进制（位数）	十进制（位数）	十进制表示范围	二进制（位数）	十进制（位数）	十进制表示范围
000	0	40	12	000 000 000 000～999 999 999 999	18	5	00 000～99 999
001	1	37	11	00 000 000 000～99 999 999 999	21	6	000 000～999 999
010	2	34	10	0 000 000 000～9 999 999 999	24	7	0 000 000～9 999 999
011	3	30	9	000 000 000～999 999 999	28	8	00 000 000～99 999 999
100	4	27	8	00 000 000～99 999 999	31	9	000 000 000～999 999 999
101	5	24	7	0 000 000～9 999 999	34	10	0 000 000 000～9 999 999 999
110	6	20	6	000 000～999 999	38	11	00 000 000 000～99 999 999 999
111	7	禁用					
注：6 位、11 位和 12 位的厂商识别代码在国内尚未分配							

2）SSCC-96 的 ID 代码赋值

表 4.6.5-2 中的 SSCC-96 的 ID 指示实际上就是其标识对象——物流单元的 ID 代码。

SSCC-96 的 ID 指示包含厂商识别代码和序列号两部分，均由 SSCC-18 转换而来，其具体转换格式如图 4.6.5-1 所示。

转换要点如下：

（1）将 SSCC-18 的“厂商识别代码”前移成为 SSCC-96 的“厂商识别代码”。

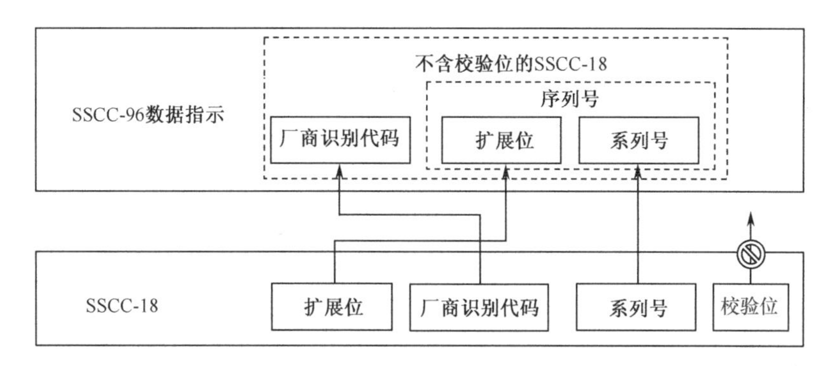

图 4.6.5-1　SSCC-18 向 SSCC-96 的转换格式

（2）将 SSCC-18 的第一位“扩展位”移至其“厂商识别代码”之后，与“系列号”相连组成 SSCC-96 的“序列号”。

（3）舍去 SSCC-18 的校验位。

通过以上转换，就得到了由“厂商识别代码”+“序列号”组成的 17 位十进制的 SSCC-96 物流单元 ID 标识代码。

从未使用过 SSCC-18，或者已经使用过但不需要保留以前数据 SSCC-18 的用户，就不必使用 SSCC-18 的转换，可以直接编制 SSCC-96 的物流单元的 EPC 代码。

3. 物流单元编码举例

对于物流单元的标识，在条码系统中可以使用一个 SSCC-18 格式的条码标签，在 RFID 系统中则可以使用兼顾条码识别与射频识别的 SSCC-96 格式的 EPC 智能标签。

1）SSCC-18 格式举例

例 5

已知：厂商识别代码为 6901085。

求解：该厂商识别代码的物流单元 SSCC-18 编码。

根据表 4.6.5-1 按以下步骤编码：

（1）取 1 位扩展位=0；

（2）厂商识别代码为 7 位——6901085；

（3）系列号位数=18（总长度）−扩展位数−厂商识别代码位数−校验位数，则系列号取 9 位，按流水号编码，取 000000001；

（4）按附录 D“商品条码校验码计算方法”得出其校验位为 6。

综合上述步骤，得到表 4.6.5-5 中的目标代码。

表 4.6.5-5　SSCC-18 编码举例

数据结构	SSCC-18（18 位十进制数字代码）				目标代码
	扩展位	厂商识别代码	系列号	校验码	
	1 位	7 位	9 位	1 位	
物流单元 1	0	6901085	000000001	6	0 6901085 000000001 6
物流单元 2			000000002	3	0 6901085 000000002 3
……			……		……

2）SSCC-96 格式举例

例 6

已知：例 5 中的 SSCC-18 目标编码：06901085000000001 6，06901085000000002 3。

求解：对应的物流单元 SSCC-96 格式编码。

（1）编码要点

通过对表 4.6.5-2“SSCC-96 的数据结构”、表 4.6.5-3“SSCC-96 的滤值”、表 4.6.5-4“SSCC-96 的分区”和图 4.6.5-1“SSCC-18 向 SSCC-96 的转换格式”的针对性查找，编制出对应上述已知条件的物流单元 SSCC-96 格式编码。

（2）编码步骤

① 以 SSCC-96 查表 4.6.5-2“SSCC-96 的数据结构”得到：标头=0011 0001；

② 以物流单元查表 4.6.5-3“SSCC-96 的滤值”得到：滤值=010；

③ 以厂商识别代码 7 位查表 4.6.5-4“SSCC-96 的分区”得到：分区=“101”，序列代码位数为 10 位。

④ 以 06901085000000001 6、06901085000000002 3 对照图 4.6.5-1“SSCC-18 向 SSCC-96 的转换格式”，得到表 4.6.5-6 中的目标代码。

表 4.6.5-6　SSCC-96 编码举例

数据结构	标　　头	功 能 指 示		ID 指示		目 标 代 码
		滤值	分区	厂商识别代码	序　列　号	
物流单元 1	0011 0001	010	101	6901085	0000000001	6901085 0000000001
物流单元 2	0011 0001	010	101	6901085	0000000002	6901085 0000000002

4.6.6　参与方位置码标识

参照 EPC 规范制定的国家标准“物品电子编码　基于射频识别的参与方位置码编码规则”（报批稿），给出了关于参与方位置码“参与供应链等活动的法律实体、功能实体和物理实体进行唯一标识的代码”的定义，并为参与方位置码的 RFID 标签提供了全球参与方位置码 SGLN-96 编码格式。

SGLN-96 编码来自条码标签全球位置代码（Global Location Number，GLN）编码的转换，因此在讨论 SGLN-96 编码格式之前，我们需要先讨论条码标签的 GLN 格式。

1．条码标签的参与方位置码 GLN 格式

参照GS1规范制定的国家标准GB/T 16828—2007“商品条码　参与方位置与条码表示”给予 GLN 如下定义：“对参与供应链等活动的法律实体、功能实体和物理实体进行唯一标识的代码。”

1）GLN 的标识对象

GLN 的标识对象有法律实体、功能实体和物理实体三种。

（1）法律实体

法律实体是指合法存在的机构，如供应商、客户、银行、承运商等。

（2）功能实体

功能实体是指法律实体内的某个具体业务功能的部门，如某公司的财务部。

（3）物理实体

物理实体是指具体的物理位置，如建筑物的某个房间、仓库或仓库的某个门、交货地等。

2）GLN-13 的结构

GLN-13 由 13 位数字字符组成，来自 EAN-13 的数据结构。

（1）GLN-13 的数据结构

GLN-13 的数据结构见表 4.6.6-1。

表 4.6.6-1　位置码 GLN 的数据结构

结构种类	厂商识别代码	位置参考代码	校验码
结构一	$X_{13}X_{12}X_{11}X_{10}X_9X_8X_7$（7 位）	$X_6X_5X_4X_3X_2$（5 位）	X_1（1 位）
结构二	$X_{13}X_{12}X_{11}X_{10}X_9X_8X_7X_6$（8 位）	$X_5X_4X_3X_2$（4 位）	X_1（1 位）
结构三	$X_{13}X_{12}X_{11}X_{10}X_9X_8X_7X_6X_5$（9 位）	$X_4X_3X_2$（3 位）	X_1（1 位）

其中：

① 厂商识别代码同零售单元 EAN-13 的厂商识别代码。

② 位置参考代码或由厂商识别代码的注册用户自行分配，或由中国物品编码中心分配给直接申请位置码的单位。

③ 校验码的计算方法见附录 D“商品条码校验码计算方法”。

已经注册获得了厂商识别代码的用户，可以根据以上的步骤编制出自己需要的 GLN-13 码，没有获得厂商识别代码的用户可以单独向中国物品编码中心申请一个 GLN-13 码。

（2）GLN-13 的符号表示

当用条码符号标识参与方位置码 GLN-13 时，应与参与方位置的应用标识符一起使用，表 4.6.6-2 给出了 GLN-13 与不同的应用标识符搭配所指示的不同含义。

表 4.6.6-2　参与方位置的应用标识符

应用标识符	表示形式	含义	应用标识符	表示形式	含义
410	410+GLN-13	交货地	413	413+GLN-13	货物最终目的地
411	411+GLN-13	受票方	414	414+GLN-13	物理位置
412	412+GLN-13	供货方	415	415+GLN-13	开票方

GLN-13 交货地位置的条码符号表示如图 4.6.6-1 所示。

图 4.6.6-1　交货地位置的条码符号

3）GLN-13 的扩展码

GLN-13 中最常用的是应用标识符 AI（414）的物理位置码，GLN-13 为物理位置码增设了扩展码，用来扩展编码空间。GLN-13 的扩展码以 AI（254）为应用标识符，见表 4.6.6-3。

表 4.6.6-3　参与方位置扩展码

应用标识符	GLN 扩展码
254	20 位可变长度的数字字符型代码

物理位置码的扩展码——AI（254）可以携带 20 位可变长度的数字字符型代码，但必须与物理位置码的应用标识 AI（414）一起使用。物理位置码 AI（414）与扩展码 AI（254）串联使用的条码符号如图 4.6.6-2 所示。

图 4.6.6-2　GLN-13 之 AI（414）与 AI（254）的串联使用的条码符号

2. EPC/RFID 标签的参与方位置码 SGLN-96 格式

SGLN-96 是一个长度为 96 位二进制的全球参与方位置码的 EPC 编码。

从表 4.5.2-1“EPC/RFID 的标头取值与释义”得知，SGLN-96 标头为 8 位二进制固定取值为 0011 0010，当 RFID 读写器读到标头等于 8 位二进制——0011 0010 的标签时，即可判断这是一个 SGLN-96 格式的 EPC/RFID 标签。

1）SGLN-96 格式的数据结构

SGLN-96 同样由功能指示与 ID 指示两大部分构成，其数据结构的细分层次见表 4.6.6-4。

表 4.6.6-4　SGLN-96 的数据结构

数据结构	系统字段	标识对象字段				
	系统指示	SGLN-96 的功能指示		SGLN-96 的 ID 指示		
	标头	滤值	分区	厂商识别代码	位置参考代码	扩展代码
二进制位数	8	3	3	40～20	21～1	41
十进制位数				6～12	6～0	
取值	0011 0010（二进制值）	（见表 4.6.6-5）	（见表 4.6.6-6）	000 000～999 999 999 999	999 999～	1～2 199 023 255 551 的数值

表 4.6.6-4 中给出的 SGLN-96 的功能指示包括滤值、分区两个字段。下面对其含义与应用进行介绍。

（1）滤值

滤值是定义标识对象类型的功能指示。SGLN-96 的滤值由 3 位二进制组成，其取值见表 4.6.6-5。

表 4.6.6-5　SGLN-96 的滤值

标识对象类型	滤值（二进制值）	标识对象类型	滤值（二进制值）
其他	000	预留	100
物理位置	001	预留	101
预留	010	预留	110
预留	011	预留	111

根据表 4.6.6-4 的指示，物理实体、功能实体和法律实体的滤值取值如下：

物理实体：滤值=001。

当 RFID 读写器读到标头等于 8 位二进制——0011 0010、同时滤值等于 3 位二进制——001 的标签时，即可以判断这是一个长度为 96 位二进制、标识对象类型为参与方物理实体位置的 SGLN-96 格式 EPC 标签。

法律实体与功能实体具有相同的滤值=000。

当 RFID 读写器读到标头等于 8 位二进制——0011 0010，同时滤值等于 3 位二进制——000 的标签时，即可以判断这是一个长度为 96 位二进制、标识对象类型为参与方法律实体或者功能实体位置的 SGLN-96 格式 EPC 标签。

SGLN-96 参与方法律实体与功能实体位置滤值的取值存在以下问题：

EPC 规范给出了参与方位置码为“参与供应链等活动的法律实体、功能实体和物理实体进行唯一标识的代码”的定义，但其滤值并没有给出法律实体、功能实体的具体取值，而仅给出了物理实体的取值。根据 EPC 规范 1.9 版的解释，法律实体、功能实体可以使用“标识对象类型”为“其他”的取值为 000 的滤值，但是这种定义方法，将使读写器在读到 SGLN-96 且滤值为 000 时，无法区分是法律实体 SGLN-96，还是功能实体 SGLN-96，因此，不能给系统以清晰的数据指示。

（2）分区

分区由 3 位二进制组成，具有定义参与方位置 ID 代码中厂商识别代码和位置参考代码对应长度的功能，见表 4.6.6-6。

表 4.6.6-6　SGLN-96 的分区

分　区		厂商识别代码			位置参考代码		
二进制值	十进制值	二进制位数	十进制位数	十进制表示范围	二进制位数	十进制位数	十进制范围
000	0	40	12	000 000 000 000～999 999 999 999	1	0	无
001	1	37	11	00 000 000 000～99 999 999 999	4	1	0～9
010	2	34	10	0 000 000 000～9 999 999 999	7	2	00～99
011	3	30	9	000 000 000～999 999 999	11	3	000～999
100	4	27	8	00 000 000～99 999 999	14	4	0000～9 999
101	5	24	7	0 000 000～9 999 999	17	5	00 000～99 999
110	6	20	6	000 000～999 999	21	6	000 000～999 999
111	7	禁用					
注：6 位、11 位和 12 位的厂商识别代码在国内尚未分配							

2）SGLN-96 格式的 ID 代码赋值

SGLN-96 的 ID 指示实际上就是其标识对象——参与方位置的 ID 代码。

SGLN-96 的 ID 指示包含厂商识别代码、位置参考代码和扩展代码三部分。

（1）厂商识别代码

同 GLN-13 格式的厂商识别代码。

（2）位置参考代码

SGLN-96 的位置参考代码与对应的商品条码参与方位置码 GLN-13 的位置参考代码相同，是一个可以在 0～6 位十进制之间取值的纯数字型代码，取值范围在 0～999 999。依据用户注册的厂商识别代码位数，即可在表 4.6.6-5“SGLN-96 的分区”中确定位置参考代码的具体位数和对应的 SGLN-96 分区值。

（3）扩展代码

SGLN-96 的扩展代码是一个 41 位二进制的可变长度的数值型代码，来自 GB/T 16986 中应用标识符 AI(254)的转换。其最大值为 $2^{41}-1$，是一个取值范围在 1～2 199 023 255 551 的数值。也就是说，只要是在此规定的数值区间，SGLN-96 的扩展码则不必像条码符号固定长度的代码字段那样，为满足字段规定的固定长度而在数字前面补“0”，这样就大大地降低了代码空间的冗余。

但是，只要选用 SGLN-96 的扩展码，则其只能为非零开头的数字。因为 EPC 规范规定在不使用 SGLN-96 的扩展码情况下，扩展码必须取值为“0”，而绝不能是空白，这样系统在识读的时候，将默认其 41 位二进制值全部为 0。

扩展代码由厂商识别代码的注册用户分配，如果贸易伙伴间通信需要使用扩展代码，则应该彼此达成协议。

SGLN-96 的厂商识别代码、位置参考代码、扩展代码由 GLN-13 之 AI（414）、AI（254）转换而来，其具体转换格式如图 4.6.6-3 所示。

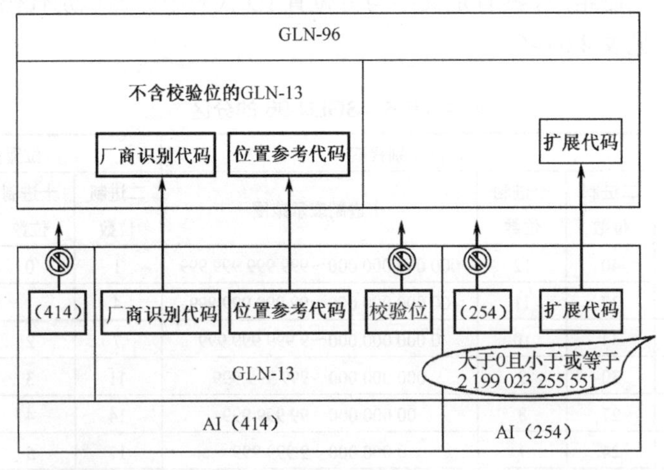

图 4.6.6-3　GLN-13 之 AI（414）、AI（254）向 SGLN-96 的转换

（4）GLN-13 向 SGLN-96 转换的要点

① 将 GLN-13 格式的厂商识别代码作为 SGLN-96 的厂商识别代码；

② 将 GLN-13 格式的位置参考代码作为 SGLN-96 的位置参考代码；

③ 舍去 GLN-13 的 AI（414）和校验位；

④ 增加扩展代码。如果需要增加扩展代码，则按表 4.6.6-4“SGLN-96 的数据结构”的规定取值，并舍去 AI（254），如果不需要，也不能空白，应该人工取值为二进制 0，系统处理时将默认其所有的 41 位二进制扩展代码全部取值为 0。

3. EPC/RFID 标签的位置码 SGLN-195 格式

SGLN-195 是一个长度为 195 位二进制的全球参与方位置码的 EPC 编码。

与 SGLN-96 相比，SGLN-195 具有编码空间大、字符集覆盖广的特点。当遇到需要更大编码容量，而且序列号编码并非纯数字型参与方位置码的情况，建议使用 SGLN-195 标识。

SGLN-195 与 SGLN-96 的区别见表 4.6.6-7。

表 4.6.6-7　SGLN-195 与 SGLN-96 的区别

类　型	SGLN-96	SGLN-195
标头二进制取值	0011 0010	0011 1001
二进制长度	96 位	198 位
字符集	纯数字型 0～9	数字字符型，见本书附录 E

SGLN-195 采用了 GS1-128 标准的图形字符集，可以一览无余地标识计算机能够标识的所有信息，极大地扩展了 EPC 标识的空间。字符集可参考本书附录 E。

由表 4.5.2-1“EPC/RFID 的标头取值与释义”得知，SGLN-195 标头为 8 位二进制固定取值为 0011 1001，当 RFID 读写器读到标头等于 8 位二进制——0011 1001 的标签时，即可判断这是一个 SGLN-195 格式的 EPC 标签。

1）SGLN-195 的数据结构

SGLN-195 同样由功能指示和 ID 指示两大部分构成，其数据结构的细分层次见表 4.6.6-8。

表 4.6.6-8　SGLN-195 的数据结构

数据结构	系统字段	标识对象字段				
	系统指示	SGLN-195 的功能指示		SGLN-195 的 ID 指示		
	标头	滤值	分区	厂商识别代码	位置参考代码	扩展代码
二进制位数	8	3	3	20～40	21～1	140
十进制位数				6～12	6～0	20
取值	0011 1001	（见表 4.6.6-5）	（见表 4.6.6-6）	000 000～ 999 999 999 999	999 999～	见本书附录 E

表 4.6.6-3 中给出的 SGLN-195 的功能指示包括滤值、分区两个字段。下面对其含义与应用进行介绍。

（1）滤值

SGLN-195 的滤值与 SGLN-96 的滤值相同，见表 4.6.6-5 中的取值。

（2）分区

SGLN-195 的分区与 SGLN-96 的分区相同，见表 4.6.6-6 中的取值。

2）SGLN-195 的 ID 代码赋值

SGLN-195 的 ID 指示实际上就是其标识对象——参与方位置的 ID 代码。

SGLN-195 的 ID 指示包含厂商识别代码、位置参考代码和扩展代码三部分。

（1）厂商识别代码

SGLN-195 的厂商识别代码与 GLN-13 完全相同。

（2）位置参考代码

SGLN-195 的位置参考代码与 SGLN-96 完全相同。

（3）扩展代码

SGLN-195 的扩展代码是一个可变长度的 140 位二进制的序列号，其取值按照表 4.6.6-8“SGLN-195 的数据结构”的规定，其扩展代码可以为最大 20 位图形字符。

扩展代码由厂商识别代码的注册用户分配，SGLN-195 也支撑 GB/T 16986 中应用标识符 AI（254）的全体范围。如果贸易伙伴间通信需要使用扩展代码，则应该彼此达成协议。

SGLN-195 厂商识别代码、位置参考代码、扩展代码由 GLN-13 之 AI（414）、AI（254）转换而来，其具体转换格式如图 4.6.6-4 所示。

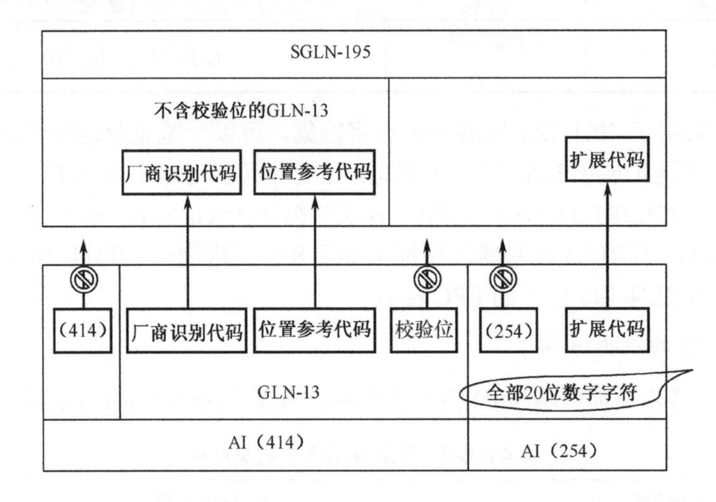

图 4.6.6-4　GLN-13 之 AI（414）、AI（254）向 SGLN-195 的转换

（4）GLN-13 向 SGLN-195 转换的要点

GLN-13 向 SGLN-195 转换的要点如下：

① 将 GLN-13 格式的厂商识别代码作为 SGLN-195 的厂商识别代码；

② 将 GLN-13 格式的位置参考代码作为 SGLN-195 的位置参考代码；

③ 舍去 GLN-13 的 AI（414）、校验位和 AI（254）；

④ 增加扩展代码。

4．参与方位置码编码举例

对于位置码的标识，在条码识别系统中可以使用 GLN-13 格式的条码标签，在 RFID 系统中可以使用兼顾条码 GLN-13 和 SSCC-96 格式的 EPC/RFID 智能标签。

1）条码标签的位置码 GLN 格式举例

例 7

已知：厂商识别代码为 6901085。

求解：GLN-13 格式的全球物理位置码，如某用户的两个配送中心。

（1）编码要点

通过对表 4.6.6-1“位置码 GLN 的数据结构”的针对性查找，编制出对应于确定厂商识别代码为 6901085 的 GLN-13 代码。

（2）编码步骤

① 根据已知条件 6901085，得知 GLN-13 的厂商识别代码为 7 位，根据表 4.6.6-1 位置码 GLN 的数据结构，则其位置参考代码为 5 位。

② 按序号编码得到表 4.6.6-9 中的取值。

表 4.6.6-9　GLN-13 编码举例

标识对象	厂商识别代码	位置参考代码	校验码
配送中心 1	6901085	10000	2
配送中心 2	6901085	20000	9

③ 校验码

校验码的计算方法见附录 D“商品条码校验码计算方法”。

④ 目标代码

Ⅰ 配送中心 1 的 GLN-13——6901085 10000 2。

Ⅱ 配送中心 2 的 GLN-13——6901085 20000 9。

⑤ 如果用户希望细化到配送中心的仓库门，如配送中心 1 的 A、B 门，则使用应用标识符 AI（414）与 AI（254）串联的物理位置码扩展码，其目标代码见表 4.6.6-10，条码符号如图 4.6.6-5 所示。

表 4.6.6-10　目标代码

标识对象	标识符 AI（414）	标识符 AI（254）	目标代码
配送中心 1A 门	（414）6901085 100002	（254）A	（414）6901085 100002（254）A
配送中心 1B 门	（414）6901085 100002	（254）B	（414）6901085 100002（254）B

图 4.6.6-5　某配送中心 1-A 的物理位置码

2）EPC/RFID 标签的位置码 SGLN-96 格式举例

例 8

已知：配送中心 1 的 GLN-13：6901085 10000 2，配送中心 2 的 GLN-13：6901085 20000 9。

求解：对应以上条件的 SGLN-96 格式位置码。

（1）编码要点

通过表 4.6.6-4“SGLN-96 的数据结构”、表 4.6.6-5“SGLN-96 的滤值”、表 4.6.6-6“SGLN-96 的分区”的针对性查找，编制符合已知条件的 SGLN-96 代码。

（2）编码步骤

① 以 SGLN-96 查表 4.6.6-4“SGLN-96 的数据结构”得到：标头=0011 0010。

② 以 A 门、B 门物理实体位置查表 4.6.6-5“SGLN-96 的滤值”得到：滤值=001。

③ 以厂商识别代码 7 位，查表 4.6.6-6“SGLN-96 的分区”得到：分区=101。

④ 该案例不使用扩展代码，因此扩展代码必须取值为 0，得到表 4.6.6-11 中的目标代码。

表 4.6.6-11　SGLN-96 编码举例

标识对象	SGLN-195 的功能指示			SGLN-195 的 ID 指示			目 标 代 码
	标头	滤值	分区	厂商识别代码	位置参考代码	扩展代码	
配送中心 1	0011 0010	001	101	6901085	10000	0	6901085 10000 0
配送中心 2	0011 0010	001	101	6901085	20000	0	6901085 20000 0

3）EPC/RFID 标签的位置码 SGLN-195 格式举例

例 9

已知：配送中心 1-A 门的条码位置码标识为（414）6901085100002（254）A，配送中心 1-B 门的条码位置码标识为（414）6901085100002（254）B。

求解：对应以上条件的 SGLN-195 格式位置码。

（1）编码要点

通过表 4.6.6-8“SGLN-195 的数据结构”、表 4.6.6-5“SGLN-96 的滤值”、表 4.6.6-6“SGLN-96 的分区”和图 4.6.6-4“GLN-13 之 AI（414）、AI（254）向 SGLN-195 的转换”的针对性查找，编制出符合已知条件的 SGLN-195 代码。

（2）编码步骤

① 以 SGLN-195 查表 4.6.6-8“SGLN-195 的数据结构”得到：标头=0011 1001。

② 以 A 门、B 门物理实体位置查表 4.6.6-5“SGLN-96 的滤值”得到：滤值=001。

③ 以厂商识别代码 7 位，查表 4.6.6-6“SGLN-96 的分区”得到：分区=101。

④ 以（414）6901085100002（254）A、（414）6901085100002（254）B 对照图 4.6.6-4“GLN-13 之 AI（414）、AI（254）向 SGLN-195 的转换”得到表 4.6.6-12 中的目标代码。

表 4.6.6-12　SGLN-195 编码举例

标识对象	SGLN-195 功能指示			SGLN-195 的 ID 指示			目 标 代 码
	标头	滤值	分区	厂商识别代码	位置参考代码	扩展代码	
A 门	0011 1001	001	101	6901085	10000	A	6901085 10000 A
B 门	0011 1001	001	101	6901085	10000	B	6901085 10000 B

4.6.7　可回收资产标识

参照 EPC 规范制定的国家标准“物品电子编码　基于射频识别的资产代码编码规则”（报批稿）给出了关于可回收资产“具有一定价值，可重复使用的包装、容器或运输设备等（如啤酒桶、高压气瓶、塑料托盘或板条箱等）”的定义，并为可回收资产提供了 EPC/RFID 标签的全球可回收资产标识（Global Returnable Asset Identifier，GRAI）的编码格式。

EPC/RFID 标签的 GRAI 来自条码标签 GRAI 编码格式的转换，因此在讨论 EPC/RFID 标签的 GRAI 编码格式之前，我们需要先讨论条码标签的 GRAI。

1．条码标签的可回收资产 GRAI-14 格式

参照 GS1 规范制定的国家标准 GB/T 23833—2009“商品条码　资产编码与条码表示”给出了全球可回收资产的 GRAI-14 编码格式和 AI（8003）应用标识符，其数据结构见表 4.6.7-1。

表 4.6.7-1　GRAI-14 和 AI（8003）的数据结构

数据结构	AI（8003）				
	GRAI-14				系列号（可选项）
	填充位	厂商识别代码	资产类型代码	校验码	
结构 1	0	$N_1 N_2 N_3 N_4 N_5 N_6 N_7$	$N_8 N_9 N_{10} N_{11} N_{12}$	N_{13}	≤16 最多 16 位的可变长度数字字符代码
结构 2	0	$N_1 N_2 N_3 N_4 N_5 N_6 N_7 N_8$	$N_9 N_{10} N_{11} N_{12}$	N_{13}	
结构 3	0	$N_1 N_2 N_3 N_4 N_5 N_6 N_7 N_8 N_9$	$N_{10} N_{11} N_{12}$	N_{13}	
结构 4	0	$N_1 N_2 N_3 N_4 N_5 N_6 N_7 N_8 N_9 N_{10}$	$N_{11} N_{12}$	N_{13}	

表 4.6.7-1 各部分释义如下：

（1）填充位

补 0，将 13 位的代码变成 14 位，以满足 GRAI-14 的 14 为纯数字型代码的格式。

（2）厂商识别代码

同 GTIN-14 格式的厂商识别代码。

（3）资产类型代码

由注册了厂商识别代码的资产所有者负责编制，并确保唯一性。

（4）校验码

根据 GRAI-14 的前 13 位数字按规定计算得出，计算方法见附录 D“商品条码校验码计算方法”。

（5）系列号

系列号为可选项，如果选用，那么可参见表 4.6.7-1 中的提示，同时使用应用标识符 AI（8003）。系列号为数字字符型，长度小于 16 位。

（6）GRAI-14

GRAI-14 是一个 14 位的纯数字型代码，包括填充位、厂商识别代码、资产类型代码和校验码四部分。使用应用标识符 AI（8003）+GRAI-14+系列号串联的字串代码，可以标识到每一类型可回收资产的每一个个体，如表 4.6.7-2 所示。

表 4.6.7-2　全球可回收资产标识的字串代码

应用标识符	填　充　位	厂商识别代码	资产类型代码	校　验　码	系　列　号
4 位	1 位	7 位	5 位	1 位	最多 16 位
（8003）	0	6901085	00100	2	AB0001
目标代码	（8003）06901085001002 AB0001				

（7）应用标识符 AI（8003）

GB/T 23833—2009 规定，GRAI-14 和系列号必须与应用标识符 AI（8003）一起使用，可回收资产的条码 GRAI 格式才能用 GS1-128 条码符号表示。

2. EPC/RFID 标签的可回收资产 GRAI-96 格式

GRAI-96 是一个长度为 96 位二进制的全球可回收资产的 EPC 编码。

由表 4.5.2-1“EPC/RFID 的标头取值与释义”得知，GRAI-96 的标头为 8 位二进制固定取值为 0011 0011，当 RFID 读写器读到标头等于 8 位二进制——0011 0011 的标签时，即可判断这是 GRAI-96 格式的 EPC 标签。

1）GRAI-96 的数据结构

GRAI-96 的数据结构的细分层次见表 4.6.7-3。

表 4.6.7-3　GRAI-96 的数据结构

	系统指示	GRAI-96 的功能指示		GRAI-96 的 ID 指示		
	标头	滤值	分区	厂商识别代码	资产类型	序列号
二进制位数	8	3	3	20～40	24～4	38
十进制位数				6～12	6～0	
取值	0011 0011	（见表 4.6.7-4）	（见表 4.6.7-5）	000 000～999 999 999 999（十进制）	999 999～（十进制）	1～274 877 906 943 的数值

表 4.6.7-3 给出的 GRAI-96 的功能指示包括滤值、分区两个字段。其含义与应用如下：

（1）滤值

滤值是定义标识对象类型的功能指示。GRAI-96 的滤值由 3 位二进制组成，其取值见表 4.6.7-4。

表 4.6.7-4　GRAI-96 的滤值

标识对象类型	滤值（二进制值）	标识对象类型	滤值（二进制值）
可回收资产	000	预留	100
预留	001	预留	101
预留	010	预留	110
预留	011	预留	111

根据表 4.6.7-4 的指示，可回收资产滤值取值为 000。

当 RFID 读写器读到标头等于 8 位二进制——0011 0011，同时滤值等于 3 位二进制——000 的标签时，即可以判断这是一个长度为 96 位二进制、标识对象类型为可回收资产的 GRAI-96 格式 EPC 标签。

（2）分区

分区由 3 位二进制组成，具有定义可回收资产 ID 中厂商识别代码和资产类型代码对应长度的功能，见表 4.6.7-5。

表 4.6.7-5　GRAI-96 的分区

分区		厂商识别代码			资产类型代码		
二进制值	十进制值	二进制位数	十进制位数	十进制范围	二进制位数	十进制位数	十进制范围
000	0	40	12	000 000 000 000～999 999 999 999	4	0	无
001	1	37	11	00 000 000 000～99 999 999 999	7	1	0～9
010	2	34	10	0 000 000 000～9 999 999 999	10	2	00～99
011	3	30	9	000 000 000～999 999 999	14	3	000～999
100	4	27	8	00 000 000～99 999 999	17	4	0 000～9 999
101	5	24	7	0 000 000～9 999 999	20	5	00 000～99 999
110	6	20	6	000 000～999 999	24	6	000 000～999 999
111	7	禁用					
注：6 位、11 位和 12 位的厂商识别代码在国内尚未分配							

2）GRAI-96 的 ID 代码赋值

GRAI-96 的 ID 指示实际上就是其标识对象——可回收资产的 ID 代码。

GRAI-96 的 ID 指示包含厂商识别代码、资产类型代码和序列号三部分。

（1）厂商识别代码

同 GTIN-14 格式的厂商识别代码。

（2）资产类型代码

GRAI-96 的资产类型代码由 0～6 位数字组成，由注册了厂商识别代码的资产所有者分配或者由 GRAI-14 转换而来。

（3）序列号

GRAI-96 的序列号是一个 38 位二进制的可变长度的数值型代码，支撑 GB/T 16986 中应用标识符 AI（8003）的转换，是一个取值范围在 1～274 877 906 943 的数值。也就是说，只要是在规定的数值区间，GRAI-96 的序列号则不必像条码符号那样，为满足字段规定的固定长度而在数字前面补 0，这样就大大地降低了代码空间的冗余。

但是，只要选用 GRAI-96 的序列号，则其只能为非零开头的数字。因为 EPC 规范规定在不使用 GRAI-96 的序列号情况下，数值型序列号必须取值为“0”，而绝不能是空白，这样系统在识读的时候，将默认其 38 位二进制值全部为“0”。

GRAI-96 的 ID 代码各部分的赋值由以 GRAI-14 格式为基础的应用标识 AI（8003）字串转换而来，具体转换格式如图 4.6.7-1 所示。

（4）转换的要点

① GRAI-14 格式的厂商识别代码作为 GRAI-96 的厂商识别代码；

② 将 GRAI-14 格式的资产类型代码作为 GRAI-96 的资产类型代码；

③ 舍去 GRAI-14 的应用标识、填充位和校验位；

④ 增加序列号，则按表 4.6.7-3“GRAI-96 的数据结构”规定取值。

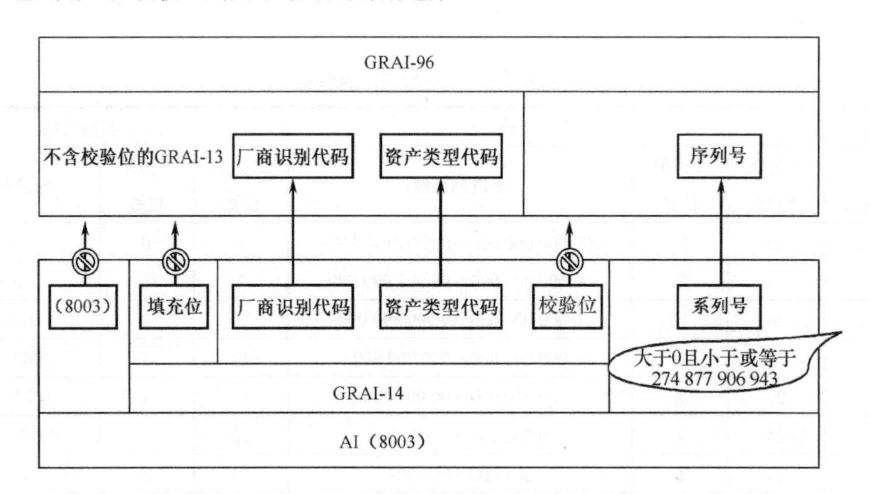

图 4.6.7-1 GRAI-14 之 AI（8003）向 GRAI-96 的转换

3. EPC/RFID 标签的可回收资产 GRAI-170 格式

GRAI-170 是一个 170 位二进制长度的可回收资产 EPC 编码，与 GRAI-96 相比，具有编码空间大、字符集覆盖广的特点。当遇到需要更大的编码容量，而且序列号编码并非纯数字型的回收资产标识时，建议采用 GRAI-170 格式。

GRAI-170 与 GRAI-96 的区别见表 4.6.7-6。

表 4.6.7-6 GRAI-170 与 GRAI-96 的区别

	GRAI-96	GRAI-170
标头二进制取值	0011 0011	0011 0111
二进制长度	96	170 位
字符集	纯数字型 0～9	数字字符型 见附录 E

GRAI-170 采用了 GS1-128 标准的图形字符字符集，可以完整地标识计算机能够标识的所有信息，极大地扩展了 EPC 标识的空间。字符集详见附录 E。

由表 4.5.2-1“EPC/RFID 的标头取值与释义”得知，GRAI-170 标头为二进制 8 位固定取值为 0011 0111。当 RFID 读写器读到标头等于 8 位二进制——0011 0111 的标签时，即可判断这是一个 GRAI-170 格式的 EPC 标签。

1）GRAI-170 的数据结构

GRAI-170 的数据结构的细分层次见表 4.6.7-7。

表 4.6.7-7 GRAI-170 的数据结构

	系统指示	GRAI-170 的功能指示		GRAI-170 的 ID 指示		
	标头	滤值	分区	厂商识别代码	资产类型代码	序列号
二进制位数	8	3	3	20～40	21～4	112
十进制位数				6～12	6～0	16
取值	0011 0111	（见表 4.6.7-4）	（见表 4.6.7-5）	000 000～999 999 999 999 （十进制）	9 999 999～ （十进制）	见本书附录 E

表 4.6.7-7 给出的 GRAI-170 的功能指示包括滤值、分区两个字段。其含义与应用如下：

（1）滤值

GRAI-170 的滤值与 GRAI-96 的滤值相同，其取值见表 4.6.7-4。

（2）分区

GRAI-170 的分区与 GRAI-96 的分区相同，见表 4.6.7-5。

2）GRAI-170 的 ID 代码赋值

GRAI-170 的 ID 指示就是其标识对象——可回收资产的 ID 代码。

GRAI-170 的 ID 指示包含厂商识别代码、资产类型代码和序列号三部分。

（1）厂商识别代码

GRAI-170 的厂商识别代码与 GRAI-14 相同。

（2）资产类型代码

GRAI-170 的资产类型代码与 GRAI-14 相同。

（3）序列号

GRAI-170 的序列号为 16 位数字字符型字段，支持以 UCC/EAN-128 条码为载体的应用标识符 AI（8003）的全部范围，详见本书附录 E。

GRAI-170 的 ID 代码各部分的赋值由以 GRAI-14 格式为基础的应用标识 AI（8003）字串转换而来，其转换方法如图 4.6.7-2 所示。

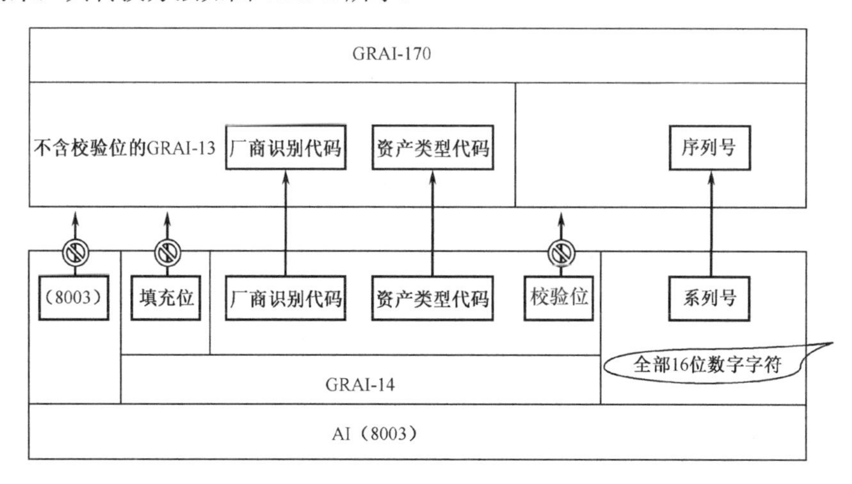

图 4.6.7-2　GRAI-14 之 AI（8003）向 GRAI-170 的转换

（4）转换的要点

① 将 GRAI-14 格式的厂商识别代码作为 GRAI-170 的厂商识别代码；

② 将 GRAI-14 格式的资产类型代码作为 GRAI-170 的资产类型代码；

③ 舍去 GRAI-14 的应用标识符、填充位和校验位；

④ 增加序列号，按表 4.6.7-7“GRAI-170 的数据结构”的规定取值。

4．可回收资产 GRAI 编码举例

可回收资产标识一般用于可重复使用的包装、容器或运输设备。

1）条码标签的可回收资产 GRAI-14 编码举例

例 10

已知：厂商识别代码为 6901085。

求解：可流转托盘条码标签编码。

（1）编码要点

全球可流转托盘可以使用 AI（8003）+GRAI-14 格式的条码标签。

通过对表 4.6.7-1“GRAI-14 和 AI（8003）数据结构”的针对性查找，编制出对应于确定厂商识别代码为 6901085 的 GRAI-14 代码。

（2）编码步骤

① 根据已知条件“6901085”，得知 GRAI-14 的厂商识别代码为 7 位，则其位置参考代码为 5 位，按顺序号编码；

② 依据本书附录 D 计算得出：校验码=2；

③ 取其系列号分别为：AB0001, AB0002, ……

④ 目标代码可参见表 4.6.7-8。

表 4.6.7-8 GRAI-14 编码举例

应用标识符	GRAI-14				系列号	目标代码
	填充位	厂商识别代码	资产类型代码	校验码		
AI（8003）	0	6901085	00100	2	AB0001	（8003）0 6901085 00100 2 AB0001
AI（8003）	0	6901085	00100	2	AB0002 ……	（8003）0 6901085 00100 2 AB0002 ……

使用 GRAI-14 应用标识符 A I（8003）的格式标识的可流转托盘的条码标签用 EAN-128 表示，如图 4.6.7-3 所示。

图 4.6.7-3 AI（8003）条码标签

2）EPC/RFID 标签的可回收资产 GRAI-96 格式举例

例 11

已知：AI（8003）“（8003）0690108500100 2 0000000001”。

求解：可流转托盘的 GRAI-96 的 EPC 标签编码。

（1）编码要点

通过对表 4.6.7-3“GRAI-96 的数据结构”、表 4.6.7-4“GRAI-96 的滤值”、表 4.6.7-5“GRAI-96 的分区”和图 4.6.7-1“GRAI-14 之 AI（8003）向 GRAI-96 的转换”的针对性查找，编制出对应已知条件的 GRAI-96 代码。

（2）编码步骤

① 以 GRAI-96 查表 4.6.7-3“GRAI-96 的数据结构”得到：标头=0011 0011。

② 以全球可回收资产查表 4.6.7-4“GRAI-96 的滤值”得到：滤值=000。

③ 以 6901085，确定厂商识别代码为 7 位，确定资产类型为 5 位，查表 4.6.7-5“GRAI-96 的分区”得到：分区=101（二进制值）。

④ 以 GRAI-14“（8003）0690108500100 2 0000000001”对照图 4.6.7-1“GRAI-14 之 AI（8003）向 GRAI-96 的转换”得到表 4.6.7-9 中的目标代码。

表 4.6.7-9　GRAI-96 编码举例

标识对象	GRAI-96 的功能指示			GRAI-96 的 ID 指示			目标代码
	标头	滤值	分区	厂商识别代码	资产类型	序列号	
托盘 1	0011 0011	000	101	6901085	00100	1	6901085 00100 1
托盘 2	0011 0011	000	101	6901085	00100	2	6901085 00100 2

从以上结果可以看出，具有 10 位数值型序列号 0000000001 的可回收资产条码标签，在 GRAI-96 的编码中仅用一位数“1”即可表示。这是因为 RFID 系统的智能化数据处理，远远优于条码系统，序列号为数值型的“0”处理完全可以由系统承担，降低人工编码繁复性，大大减轻了人工的劳动强度和降低了出错率。

3）EPC/RFID 标签的可回收资产 GRAI-170 格式举例

例 12

已知：GRAI-14 目标代码为（8003）0690108500100 2 AB0001。

求解：可流转托盘的 EPC/RFID 标签编码。

（1）编码要点

针对已知条件系列号为非数字字符型代码，本案例选用 GRAI-170 编码方案。

通过对表 4.6.7-7“GRAI-170 的数据结构”、表 4.6.7-4“GRAI-96 的滤值”、表 4.6.7-5“GRAI-96 的分区”和图 4.6.7-2“GRAI-14 之 AI（8003）向 GRAI-170 的转换”的针对性查找，编制出对应已知条件的 GRAI-170 代码。

（2）编码步骤

GRAI-170 的标头、滤值和分区的取值方法与 GRAI-96 完全相同，分别如下：

① 标头=0011 0111；

② 滤值=000；

③ 分区=101（二进制值）。

以（8003）06901085 00100 2 AB0001 对照图 4.6.7-2“GRAI-14 之 AI（8003）向 GRAI-170 的转换”，去掉应用标识符（8003），去掉填充位 0，去掉校验位 2，得到表 4.6.7-10 中的目标代码。

表 4.6.7-10　GRAI-170 编码举例

标识对象	GRAI-170 的功能指示			GRAI-170 的 ID 指示			目标代码
	标头	滤值	分区	厂商识别代码	位置参考代码	序列号	
托盘 1	0011 0111	000	101	6901085	00100	AB0001	6901085 00100 AB0001
托盘 2	0011 0111	000	101	6901085	00100	AB0002	6901085 00100 AB0002

目标代码：
托盘 1 ID 为 6901085 00100 AB0001。
托盘 2 ID 为 6901085 00100 AB0002。
以此类推。

4.6.8 单个资产标识

参照 EPC 规范制定的国家标准“物品电子编码 基于射频识别的资产代码编码规则”（报批稿），给出了单个资产“具有特定属性的物理实体”的定义，并为单个资产提供了 EPC/RFID 标签的全球个人资产标识符（Global Individual Asset Identifier，GIAI）的编码格式。

GIAI 标识可用于参与方在全球范围内的单个资产跟踪管理，但不用于贸易单元或物流单元的标识。

GIAI 来自条码标签单个资产标识格式的转换，因此，在讨论 EPC/RFID 标签的 GIAI 之前，我们需要先讨论条码标签的 GIAI。

1．条码标签的单个资产 GIAI 格式

参照 GS1 规范制定的国家标准 GB/T 23833—2009“商品条码 资产编码与条码表示”给出了商品条码的单个资产标识 GIAI 编码格式。

GIAI 是一个由厂商识别代码和单个资产参考代码组成的可变长度的数字字符型代码，其数据结构见表 4.6.8-1。

表 4.6.8-1 条码 GIAI 的数据结构

结　构	厂商识别代码	单个资产参考代码
结构 1	$N_1N_2N_3N_4N_5N_6N_7$	可变长度≤30 位（X_1～X_{30}）
结构 2	$N_1N_2N_3N_4N_5N_6N_7N_8$	
结构 3	$N_1N_2N_3N_4N_5N_6N_7N_8N_9$	
结构 4	$N_1N_2N_3N_4N_5N_6N_7N_8N_9N_{10}$	

表 4.6.8-1 各部分释义如下：
（1）厂商识别代码
同 GTIN-14 格式的厂商识别代码。
（2）单个资产参考代码
单个资产参考代码是一个可变长度代码，由最多 30 位的数字字符型组成。单个资产参考代码由注册了厂商识别代码的资产所有者负责编制，并确保唯一性。单个资产参考代码字符集见本书附录 E“唯一图形字符分配”。
（3）单个资产的应用标识符 AI（8004）
商品条码的单个资产标识 GIAI 格式代码必须与应用标识符 AI（8004）一起使用，才能使用 GS1-128 条码符号表示，如图 4.6.8-1 所示。

图 4.6.8-1 GIAI 单个资产的条码符号表示

2．EPC/RFID 标签的单个资产 GIAI-96 格式

GIAI-96 是一个长度为 96 位二进制的全球单个资产的 EPC 编码。

由表 4.5.2-1“EPC/RFID 的标头取值与释义”得知，GIAI-96 的标头为 8 位二进制固定取值“0011 0100”，当 RFID 读写器读到标头等于 8 位二进制“0011 0100”的标签时，即可判断这是一个 GIAI-96 格式的 EPC 标签。

1）GIAI-96 的数据结构

GIAI-96 的数据结构的细分层次见表 4.6.8-2。

表 4.6.8-2　GIAI-96 的数据结构

	系统指示	GIAI-96 的功能指示		GIAI-96 的 ID 指示	
	标头	滤值	分区	厂商识别代码	单个资产参考代码
二进制位数	8	3	3	20～40	62～42
十进制位数				6～12	≤19
取值	0011 0100（二进制值）	（见表 4.6.8-3）	（见表 4.6.8-4）	000 000 ～999 999 999 999（十进制）	1～4 611 686 018 427 387 904 的数值

表 4.6.8-2 中给出的 GIAI-96 的功能指示包括滤值、分区两个字段。其含义与应用如下：

（1）滤值

滤值是定义标识对象类型的功能指示。GIAI-96 的滤值由 3 位二进制组成，其取值见表 4.6.8-3。

表 4.6.8-3　GIAI-96 的滤值

标识对象类型	滤值（二进制值）	标识对象类型	滤值（二进制值）
单个资产	000	预留	100
预留	001	预留	101
预留	010	预留	110
预留	011	预留	111

根据表 4.6.8-3 的指示，单个资产滤值取值为 000。

当 RFID 读写器读到标头等于 8 位二进制——0011 0100、同时滤值等于 3 位二进制——000 的标签时，即可以判断这是一个长度为 96 位二进制、标识对象类型为单个资产的 GIAI-96 格式 EPC 标签。

（2）分区

分区由 3 位二进制组成，具有定义单个资产 ID 代码中厂商识别代码和单个资产参考代码对应长度的功能。GIAI-96 的厂商识别代码长度为 6～12 位，确定的分区取值对应着确定的厂商识别代码和资产参考代码的十进制位数。分区所指示的厂商识别代码和单个资产参考代码二者长度的对应关系见表 4.6.8-4。

表 4.6.8-4　GIAI-96 的分区

分区		厂商识别代码			单个资产参考代码		
二进制值	十进制值	二进制位数	十进制位数	十进制取值范围	二进制位数	十进制位数	十进制取值范围
000	0	40	12	000 000 000 000～999 999 999 999	42	13	0 000 000 000 000～4 398 046 511 103
001	1	37	11	00 000 000 000～99 999 999 999	45	14	00 000 000 000 000～35 184 372 088 831
010	2	34	10	0 000 000 000～9 999 999 999	48	15	000 000 000 000 000～281 474 976 710 655
011	3	30	9	000 000 000～999 999 999	52	16	0 000 000 000 000 000～4 503 599 627 370 495
100	4	27	8	00 000 000～99 999 999	55	17	00 000 000 000 000 000～36 028 797 018 963 967
101	5	24	7	0 000 000～9 999 999	58	18	000 000 000 000 000 000～288 230 376 151 711 743
110	6	20	6	000 000～999 999	62	19	0 000 000 000 000 000 000～4 611 686 018 427 387 904
注：6 位、11 位和 12 位的厂商识别代码在国内尚未分配							

2）GIAI-96 的 ID 赋值

表 4.6.8-2 中“GIAI-96 的 ID 指示”实际上就是其标识对象——单个资产的 ID 代码。GIAI-96 的 ID 指示包含厂商识别代码、单个资产参考代码两部分。

（1）厂商识别代码

同 GTIN-14 格式的厂商识别代码。

（2）单个资产参考代码

单个资产参考代码是序列号，每一个单个资产都有一个唯一的资产参考代码，由厂商识别代码的注册用户分配。

GIAI-96 由条码 GIAI 的 AI（8004）转换而来，其具体转换格式如图 4.6.8-2 所示。

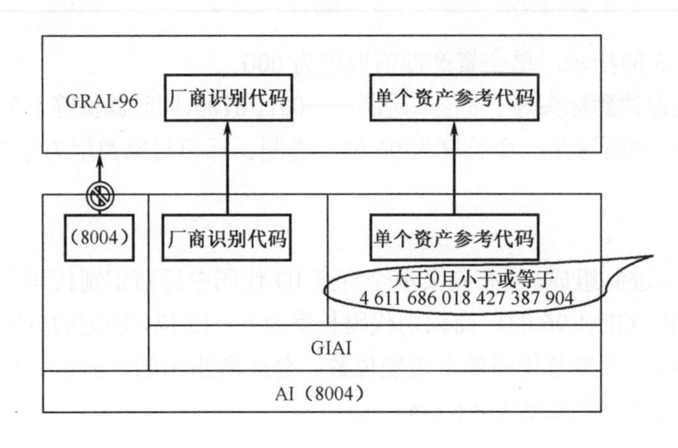

图 4.6.8-2　GIAI 的 AI（8004）向 GIAI-96 的转换

（3）转换的要点

① 将条码 GIAI 的“厂商识别代码”作为 GIAI-96 的“厂商识别代码”。

② 将条码 GIAI 的“单个资产参考代码”作为 GIAI -96 的“单个资产参考代码”。

③ 舍去 GIAI 的应用标识（8004）。

3. EPC/RFID 标签的单个资产 GIAI-202 格式

GIAI-202 是一个长度为 202 位二进制的全球单个资产的 EPC 编码。

由表 4.5.2-1“EPC/RFID 的标头取值与释义”得知，GIAI-202 的标头为 8 位二进制固定取值为 0011 1000，当 RFID 读写器读到标头等于 8 位二进制——0011 1000 的标签时，即可判断这是 GIAI-96 格式的 EPC/RFID 标签。

1）GIAI-202 的数据结构

GIAI-202 的数据结构的细分层次见表 4.6.8-5。

表 4.6.8-5　GIAI-202 的数据结构

	系统指示	GIAI-202 的功能指示		GIAI-202 的 ID 指示	
	标头	滤值	分区	厂商识别代码	单个资产参考代码
二进制位数	8	3	3	20～40	168～148
十进制位数				6～12	≤24
取值	0011 1000	（见表 4.6.8-3）	（见表 4.6.8-6）	000 000 ～999 999 999 999（十进制）	见附录 E

（1）滤值

GIAI-202 的滤值和 GIAI-96 的滤值相同，见表 4.6.8-3。

（2）分区

GIAI-202 的分区由 3 位二进制组成，具有定义单个资产 ID 代码中厂商识别代码和单个资产参考代码对应长度的功能。GIAI-202 厂商识别代码长度为 6～12 位，而分区取值则决定了厂商识别代码与单个资产参考代码的十进制位数的对应关系，见表 4.6.8-6。

表 4.6.8-6　GIAI-202 的分区

分　区		厂商识别代码			单个资产参考代码	
二进制值	十进制值	二进制位数	十进制位数	十进制取值范围	二进制位数	十进制位数
000	0	40	12	000 000 000 000～999 999 999 999	≤148	≤18
001	1	37	11	00 000 000 000～99 999 999 999	≤151	≤19
010	2	34	10	0 000 000 000～9 999 999 999	≤154	≤20
011	3	30	9	000 000 000～999 999 999	≤158	≤21
100	4	27	8	00 000 000～99 999 999	≤161	≤22
101	5	24	7	0 000 000～9 999 999	≤164	≤23
110	6	20	6	000 000～999 999	≤168	≤24
注：6 位、11 位和 12 位的厂商识别代码在国内尚未分配						

2）GIAI-202 的 ID 赋值

表 4.6.8-5 中“GIAI-202 的 ID 指示”实际上就是其标识对象——单个资产的 ID 代码。GIAI-202 的 ID 指示包含厂商识别代码、单个资产参考代码两部分。

（1）厂商识别代码

同 GTIN-14 格式的厂商识别代码。

（2）单个资产参考代码

GIAI-202 的单个资产参考代码是最大 24 位十进制可变长度数字字符型的代码，见本书附录 E“唯一图形字符分配”。GIAI-202 支持 GB/T 16986 中应用标识符 AI（8004）的全体范围。

GIAI-202 由 GIAI-AI（8004）的厂商识别代码、单个资产参考代码转换而来，其具体转换格式如图 4.6.8-3 所示。

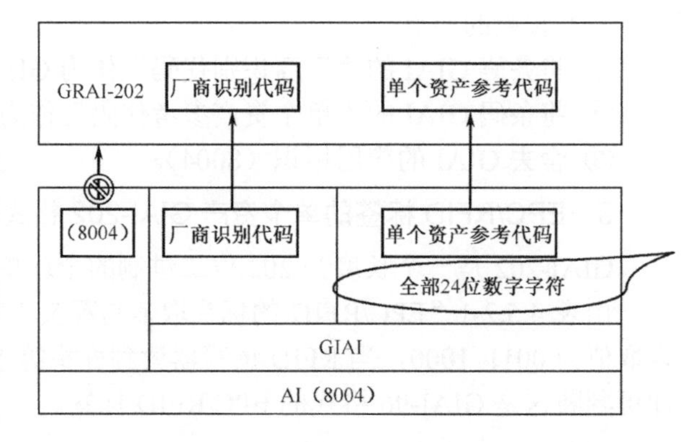

图 4.6.8-3　AI（8004）向 GIAI-202 的转换

（3）转换的要点

① 将 GIAI-AI（8004）的厂商识别代码作为 GIAI-202 的厂商识别代码；

② 将 GIAI-AI（8004）的单个资产参考代码作为 GIAI-202 的单个资产参考代码；

③ 舍去 GIA-AI（8004）的应用标识（8004）。

4．编码举例

各类贵重资产，如电脑、专用设备、珠宝首饰等，可能需要在一定范围内移动借用，盛装危险品的容器，如医疗用品的专用器具等可能需要在较大范围内移动流转，因此需要专门管理。全球单个资产的标识为此提供了适用的编码方案。

1）条码标签的单个资产 GIAI 格式举例

例 13

已知：厂商识别代码为 6901085。

求解：编制两部笔记本电脑的 GS1 条码标签的 GIAI 编码。

（1）编码要点

笔记本电脑作为固定资产可以在一个单位内部借用流转，针对已知条件，根据表 4.6.8-1“条码 GIAI 的数据结构”，编制出对应于确定厂商识别代码 6901085 的 GIAI-AI（8004）编码方案。

（2）编码步骤

依据表 4.6.8-1“条码 GIAI 的数据结构”的规定，条码 GIAI 数据结构由厂商识别代码和单个资产参考代码组成。

根据已知条件 6901085，厂商识别代码为 7 位和用户自己的需求，取“单个资产参考代码”7 位，见表 4.6.8-7。

表 4.6.8-7　条码 GIAI 格式举例

结　构	AI（8004）	
	GIAI	
	厂商识别代码	单个资产参考代码
	$N_1N_2N_3N_4N_5N_6N_7$	可变长度≤30 位（$X_1 \sim X_{30}$）
本例取值	6901085	取 7 位
笔记本电脑 1	6901085	STDN001
笔记本电脑 2	6901085	STDN002

目标代码：

① 笔记本电脑 1 目标代码为 6901085 STDN001；

② 笔记本电脑 2 目标代码为 6901085 STDN002。

GIAI-AI（8004）格式的单个资产标识条码标签如图 4.6.8-4 所示。

(8004) 6901085 STDN001

图 4.6.8-4　AI（8004）标识的单个资产条码标签

2）EPC/RFID 标签的单个资产 GIAI-202 格式举例

例 14

已知：笔记本电脑 1 的 GIAI-AI（8004）格式代码为（8004）6901085 STDN001。

求解：适合已知条件的 EPC 编码。

（1）编码要点

针对已知条件，笔记本电脑 1 的格式代码（8004）6901085 STDN001 中的单个资产包含字符代码，可以使用 GIAI-202 标识。

通过对表 4.6.8-5“GIAI-202 的数据结构”、表 4.6.8-3“GIAI-96 的滤值”、表 4.6.8-6“GIAI-202 的分区”和图 4.6.8-3“AI（8004）向 GIAI-202 的转换”的针对性查找，编制出符合已知条件的 GIAI-202 格式的代码。

（2）编码步骤

① 以 GIAI-202 查表 4.6.8-5“GIAI-202 的数据结构”得到：标头=0011 1000。

② 以全球可回收资产查表 4.6.8-3“GIAI-96 的滤值”得到：滤值=000。

③ 以 6901085 STDN001 确定厂商识别代码为 7 位，确定单个资产参考代码为 7 位，查表 4.6.8-6“GRAI-202 的分区”得到：分区=101（二进制值）。

④ 以（8004）6901085 STDN001 对照图 4.6.8-3“AI（8004）向 GIAI-202 的转换”得到表 4.6.8-9 中的目标代码。

表 4.6.8-9　GIAI-202 编码举例

标识对象	GIAI-202 的功能指示			GIAI -202 的 ID 指示		目标代码
	标头	滤值	分区	厂商识别代码	单个资产参考代码	
手提电脑	0011 1000	000	101	6901085	STDN001	6901085 STDN001

4.7　非开放式编码方案

本节期望满足用户的以下需求：

- 理解采用开放性与非开放性相结合的编码方案的必要性；
- 掌握非开放式编码方案的标识对象、编码格式、数据结构、代码赋值方法；
- 制定出适合自己的个性化编码方案。

非开放式编码方案适用于在一个局域网系统内运行的 RFID 项目，这些项目一般都是非供应链管理项目。

非开放式编码方案仅在同一局域网内部统一定义标识对象、编码格式、数据结构和代码赋值，其代码在该局域网具有唯一性，因而 RFID 数据只能在该局域网内的子系统间进行数据交换和信息共享。通常，不需要对外进行数据交换的系统如企业资源计划、生产管理、过程控制、身份管理、票证管理、图书管理、海关管理、车辆管理、收费管理、门禁管理等都可以采用非开放式编码方案。

但是，如果在已经拥有或者正在考虑与本局域网以外的系统进行数据交换和信息共享的规划，建议采用开放性与非开放性相结合的编码方案：

（1）对供应链上流通的标识对象，直接采用开放式编码方案的数据格式；

（2）对内部流转的标识对象，在数据结构上也与开放式编码方案的数据格式保持一致。

4.7.1 标识对象

本节综合参照本书 4.3.2 节标准依据，参考相关非开放式应用系统的实践经验进行了适当的优化，为用户提供了适用于非开放式编码方案的众多标识对象，比如：人员，如图 4.7.1-1 所示；物料，如图 4.7.1-2 所示；在制品，如图 4.7.1-3 所示；零售单元、贸易单元、物流/零售单元，如图 4.6.1-1 所示；物流单元/物流单元化器具，如图 4.7.1-4 所示；设备/工具、位置；等等。非开放式编码方案的标识对象见表 4.7.1-1。

表 4.7.1-1　非开放式编码方案的标识对象

标识对象		释义	举例
人员		参与生产、工作、活动的相关人员	生产管理者、操作人员、服务对象、票证卡持有人等
物料		制造产成品的原材料、零部件	相对产成品而言的原材料、零部件
在制品		正在加工、尚未完成的产品	生产线上正在制造的产品
产品/商品	零售单元	直接用于消费的最小结算单元	如一箱多瓶装的啤酒、一箱多筒装的牛奶等
	贸易单元	仅用于贸易结算和分销配送的定量组合包装	如 30 瓶装的一箱洗头水、50 双装的一箱袜子、60 盒装的一箱注射用水等
	物流/零售单元	同时为货运、配送、零售包装的大型产成品	如电视机、冰箱等
物流单元/物流单元化器具		泛指的物流单元，也可以是可循环利用的容器等	如物流单元化器具托盘、周转箱、车笼等
设备/工具		泛指非开放系统内的各种资产	设备、仪器、装备等以及工装夹具、模具、手持工具、运输工具等
位置		与生产、工作、活动相关的空间位置	如车间、工位、库位、门位等

图 4.7.1-1　人员标识（各种管理）

图 4.7.1-2　物料标识（生产管理与过程控制）

图 4.7.1-3　在制品标识
（生产管理与过程控制）

图 4.7.1-4　物流单元/物流单元化器具
（生产管理与过程控制）

4.7.2　编码格式

如果已经拥有了一个中国物品编码中心颁发的 GS1 厂商识别代码，那么，在表 4.7.1-1“非开放式编码方案的标识对象”中的大多数都可以使用开放式编码格式标识，见表 4.7.2-1。

表 4.7.2-1　可以使用开放式编码格式标识的非开放式系统的标识对象

<table>
<tr><th colspan="2">标识对象</th><th>编码格式</th><th>标识方法参考章节</th></tr>
<tr><td rowspan="5">成品</td><td>零售单元</td><td rowspan="5">SGTIN-96
SGTIN-198</td><td>4.6.4　EPC/RFID 标签的贸易单元 SGTIN-96 格式</td></tr>
<tr><td>贸易/配销单元</td><td>4.6.4　EPC 标签的贸易单元 SGTIN-198 格式</td></tr>
<tr><td rowspan="3">物流/零售单元</td><td>4.6.4　零售单元单品 SGTIN-96 的编码应用</td></tr>
<tr><td>4.6.4　配销贸易单元单品 SGTIN-96 的编码应用</td></tr>
<tr><td>4.6.4　单一物流/零售单品 SGTIN-96 的编码应用</td></tr>
<tr><td colspan="2" rowspan="6">物流单元/
物流单元化器具</td><td rowspan="2">SSCC-96</td><td>4.6.5　EPC/RFID 标签的 SSCC-96 格式</td></tr>
<tr><td>4.6.5　物流单元编码举例</td></tr>
<tr><td rowspan="4">GRAI-96
GRAI-170</td><td>4.6.7　EPC/RFID 标签的可回收资产 GRAI-96 格式</td></tr>
<tr><td>4.6.7　EPC/RFID 标签的可回收资产 GRAI-170 格式</td></tr>
<tr><td>4.6.7　EPC/RFID 标签的可回收资产 GRAI-96 格式举例</td></tr>
<tr><td>4.6.7　EPC/RFID 标签的可回收资产 GRAI-170 格式举例</td></tr>
<tr><td colspan="2" rowspan="4">资产（设备/工具）</td><td rowspan="4">GIAI-96
GIAI-202</td><td>4.6.8　EPC/RFID 标签的单个资产 GIAI-96 格式</td></tr>
<tr><td>4.6.8　EPC/RFID 标签的单个资产 GIAI-202 格式</td></tr>
<tr><td>4.6.8　RFID 标签的单个资产 GIAI-96 格式举例</td></tr>
<tr><td>4.6.8　RFID 标签的单个资产 GIAI-202 格式举例</td></tr>
<tr><td colspan="2" rowspan="4">位置</td><td rowspan="4">SGLN-96
SGLN-195</td><td>4.6.6　EPC/RFID 标签的参与方位置码 SGLN-96 格式</td></tr>
<tr><td>4.6.6　EPC/RFID 标签的参与方位置码 SGLN-195 格式</td></tr>
<tr><td>4.6.6　EPC/RFID 标签的参与方位置码 SGLN-96 格式举例</td></tr>
<tr><td>4.6.6　EPC/RFID 标签的参与方位置码 SGLN-195 格式举例</td></tr>
</table>

如果还没拥有 GS1 厂商识别代码，可以全部使用非开放式编码方案的编码格式。创建非开放式编码方案有多种形式，只要在非开放式系统内部统一编码方案即可。

在 EPC 规范定义的 8 位二进制标头中，有许多是未编码或预留将来使用的，倘若使用了这些尚未启用的编码格式，在开放的 EPC 系统中是不能够被识别的，但是在非开放式

RFID 系统中只要用户进行了完整的自定义，也是能够运用自如的。

本节我们选用了 EPC 系统中标头为 0000 0000 的 96 位数据格式的例子，来讨论非开放式编码方案，以“非开放”的汉语拼音字头加连接符“-”和位数 96，组成“FKF-96”的符号表示，非开放式编码方案 FKF-96 格式见表 4.7.2-2。

表 4.7.2-2　非开放式编码方案 FKF-96 格式

<table>
<tr><th colspan="2" rowspan="2">标识对象</th><th colspan="2">编码格式</th><th rowspan="2">命名来源（汉语拼音或英文字头）</th></tr>
<tr><th>格式符号</th><th>二进制长度</th></tr>
<tr><td colspan="2">人员</td><td>FKFRY-96</td><td>96</td><td>非开放—人员</td></tr>
<tr><td colspan="2">在制品</td><td>FKFZZ-96</td><td>96</td><td>非开放—在制</td></tr>
<tr><td colspan="2">物料</td><td>FKFWL-96</td><td>96</td><td>非开放—物料</td></tr>
<tr><td rowspan="2">成品</td><td>零售单元单品</td><td>FKFLS-96</td><td>96</td><td>非开放—零售</td></tr>
<tr><td>贸易单元单品</td><td>FKFMY-96</td><td>96</td><td>非开放—贸易</td></tr>
<tr><td colspan="2">物流单元/物流单元化器具</td><td>FKFL-96</td><td>96</td><td>非开放—Logistics（物流）</td></tr>
<tr><td colspan="2">设备/工具</td><td>FKFSG-96</td><td>96</td><td>非开放—设备/工具</td></tr>
<tr><td colspan="2">位置</td><td>FKFWZ-96</td><td>96</td><td>非开放—位置</td></tr>
</table>

4.7.3　数据结构

考虑到企业发展的前瞻性和系统扩展的合理性，在上节中，我们建议有条件的用户可以尽可能地将开放式编码的数据用于非开放式 RFID 系统，并在表 4.7.2-1 中列出了编码格式的具体内容。

在同一个系统中，保持所有标识对象的数据结构一致是基本的也是非常重要的设计原则，与开放式编码格式在数据结构上保持一致，可以使用户在需要开放数据交换的时候，不必重构系统数据结构，将大大地降低系统升级的复杂性，节省时间和成本。据此，对表 4.7.2-2 中列出的非开放式 FKF-96 格式，我们定义与开放式编码格式相同的数据结构，见表 4.7.3-1。

表 4.7.3-1　非开放式 FKF-96 格式的数据结构

<table>
<tr><th>第一层</th><td>系统字段</td><td colspan="6">标识对象字段（数字字段）</td></tr>
<tr><th>第二层</th><td>系统指示</td><td colspan="2">功能指示</td><td colspan="3">ID 指示</td><td>其他</td></tr>
<tr><th>第三层</th><td>标头</td><td>滤值</td><td>分区</td><td>管理者代码</td><td>分类/参考项代码</td><td>序列号</td><td>附加信息</td></tr>
<tr><th>选择</th><td>必选</td><td>必选</td><td>必选</td><td>必选</td><td>必选</td><td>必选</td><td>可选</td></tr>
</table>

此数据结构可以细分为三层。

（1）第一层分为系统字段和标识对象字段两部分。

（2）第二层分为系统指示、功能指示、ID 指示和其他，各部分释义见本书 4.5 节。

（3）第三层分为标头、滤值、分区、管理者代码、分类/参考项代码、序列号和附加信息，各部分释义将在后续章节中讨论。

1. FKF-96 的数据结构

非开放式 FKF-96 编码格式的数据结构细分及定义见表 4.7.3-2。

表 4.7.3-2　FKF-96 的数据结构细分及定义

	编码格式	系统字段	标识对象字段					
		系统指示	类型指示		ID 指示			附加信息（可选）
		标头（必选）	滤值（必选）	分区（必选）	管理者（必选）	分类/参考（必选）	序列号（必选）	
位数		8 位二进制	3 位二进制	3 位二进制	20～40 位二进制（建议）	24～4 位二进制（建议）	38 位附加信息位数	自定义
人员	FKFRY-96	0000 0000	000					
在制品	FKFZZ-96	0000 0000	001					
物料	FKFWL-96	0000 0000	010					
成品 零售单元单品	FKFLS-96	0000 0000	011					
成品 贸易单元单品	FKFMY-96	0000 0000	100	（见表 4.7.3-4）	在 ID 指示符限定的范围内自定义位数和取值			
物流单元/物流单元化器具	FKFL-96	0000 0000	101					
设备/工具	FKFSG-96	0000 0000	110					
位置	FKFWZ-96	0000 0000	111					

表 4.7.3-1 释义如下。

1）标头

标头=0000 0000，所有标识对象的标头取值均为 8 位二进制“0000 0000”，标识以下内容：

（1）自定义非开放式编码方案的 FKF-96 编码格式；

（2）标签长度为 96 位二进制数值型代码。

2）滤值

非开放式编码方案的滤值见表 4.7.3-3。

表 4.7.3-3　非开放式编码方案的滤值

类型指示符		滤值取值		
		二进制	十进制	十六进制
人员		000	1	01
在制品		001	2	02
物料		010	3	03
成品	零售单元	011	4	04
	贸易单元	100	5	05

（续）

类型指示符	滤值取值		
	二进制	十进制	十六进制
物流单元/物流单元化器具	101	6	06
设备/工具	110	7	07
位置	111	8	08

FKF-96 滤值长度为 3 位二进制，分别对应人员、在制品、物料、零售单元、贸易单元、物流单元/物流单元化器具、设备/工具、位置 8 种类型的标识对象。确定的标识对象类型对应确定的滤值取值。

3）分区

为了保证非开放式编码方案与开放式编码格式的数据结构相互兼容，FKF-96 的分区设计与开放式编码方案 SGTIN-96 格式的分区完全相同，FKF-96 的分区见表 4.7.3-4。

表 4.7.3-4　FKF-96 的分区

分区取值		管理者代码位数		分类/参考代码位数	
二进制	十进制	二进制	十进制	二进制	十进制
000	0	40	12	4	1
001	1	37	11	7	2
010	2	34	10	10	3
011	3	30	9	14	4
100	4	27	8	17	5
101	5	24	7	20	6
110	6	20	6	24	7

2. FKF-96 的 ID 赋值

必须对表 4.7.1-1 中 8 个标识对象进行 ID 指示符的细分，给出细分字段的标识参考内容，才能确定其 ID 代码的赋值，表 4.7.3-5 给出了这样的建议方案。

1）ID 指示的编码遵循规则

（1）确保 ID 代码的唯一性

对于一个确定的标识对象个体只能有一个唯一的 ID 代码。

表 4.7.3-1 中，不同的标识对象可以有相同的细分字段管理者、分类/参考代码，但序列号是绝对不相同的，因而保证了细分字段管理者、分类和序列号串联后的 ID 指示是唯一的。

（2）采用无含义编码

表 4.7.3-5 给出了管理者代码、分类/参考代码和序列号 3 个字段的标识参考内容，为了避免编码数据的冗余，为将来的系统扩充发展留有充分编码空间，如果没有特殊的需要，建议细分的字段都采用无含义编码。

表 4.7.3-5　非开放式编码方案的 ID 指示细分与标识参考

细节 字段		ID 指示符（二进制 80 位）			附加信息（可选）
		管理者（必选）	分类参考（必选）	序列号（必选）	
标识参考		二进制 20～40 位	二进制 24～4 位	共用二进制 38 位	
标识对象		十进制取值 0000～999 999 999 999	十进制取值 0～999 999 9		
人员		人员所属部门	岗位	顺序号	自定义
在制品		在制品所属部门	产品规格型号或订单	顺序号	
物料		在制品所属或来源部门	产品规格型号或进货单	顺序号	
成品	零售贸易项目	成品所属部门或客户	产品规格型号或订单	顺序号	
	组织贸易项目	成品所属部门或客户	产品规格型号或订单	顺序号	
物流单元		物流单元所属部门或客户	发货单	顺序号	
工具		工具所属部门	规格型号	顺序号	
设备		设备所属部门	规格型号	顺序号	
位置		位置所属部门	类型	顺序号	

2）管理者代码

为了兼顾用户的现状与发展，保证系统良好的扩展性，表 4.7.3-5 定义了管理者代码与 EPC 厂商识别代码相同的数据结构与代码赋值方法。

3）分类/参考代码

在表 4.7.3-5 中，分类/参考代码因标识对象不同，标识参考的内容也不同，用户可以根据自己的需求，参照该表的建议给出更详细的细分定义。

4）序列号

序列号建议采用数值 0～9 为取值的顺序号。

3. 附加信息

附加信息是指示标识对象自身属性信息的字段。附加信息是可选项，可根据用户需要选用或不选用。属性信息可以是日期、批号、状态（如在制品的装配、加工、检验、返修、设备的使用、空闲、维修等）等用户认为有必要标识的信息，由用户自行定义。

一般标识对象的附加静态信息在标签初始化时写入，而动态信息则可以在标签生命周期内的任何一点写入，RFID 系统根据用户的需求读取附加信息，并进行相关数据处理。

增设附加信息字段应注意如下几点。

1）与序列号字段共享 38 位二进制编码空间

表 4.7.3-5 给出了序列号与附加信息字段共享 38 位二进制编码空间建议方案，使用时，需要确定一方的长度，才能知道另一方的长度。首先必须明确是否选用附加信息，以便确定序列号字段的实际可编码长度。

2）适用于明确的监控要求

附加信息的增设，一般用于生产与过程控制中需要对流程有明确监控要求的 RFID 系统，例如，在生产过程控制中关键的工序与质量控制点的个性化信息。如果选用附加信息字段，需要根据用户业务流程与管理的具体情况，定义附加信息字段位数与取值规则。

3）附加信息内容

附加信息包括静态信息和动态信息。

静态信息是标识对象的基本属性相关信息，以标识对象“成品”为例，其静态信息可以为生产日期、物料来源等信息。

动态信息是标识对象的动态属性，例如，标识对象“在制品”的物料待装配状态、当前所处工位等生产加工状态、检验或返修等质检控制状态；又如，标识对象“设备”的空闲、运行、维修等使用状态，这些过程信息都可以根据用户的需要选择。

4）慎重选用

与条码等其他信息标识编码系统相比，EPC/RFID 的标签容量有了飞跃性的增长，进而实现了 EPC/RFID 标签附加信息的直接写入。但是 EPC/RFID 标签所能携带的信息量与信息系统管理需求的信息量相比简直微不足道，所以，在 RFID 系统中使用强大的后台应用系统查询信息仍属首选。

附加信息的写入与采集应用，需要通过增设定点读写器、实时数据读写和相应的中间件程序才能实现。这些增设可以同时采集多个种类的标识对象的标签数据，实现每个过程节点的信息控制。例如，在生产过程控制中，需要记录标识对象的加工工序和操作者的动态数据，以及成品或半成品的状态信息。实现这一需求，有两种方法。

（1）直接向标签写入附加信息

跟随产品的生产过程，在每个操作环节将相关附加信息“写入”标签。

（2）定义读写器逻辑功能

利用中间件对读写器的逻辑定义功能，事先设置每个读写器所对应的操作环节与加工工序，当标签通过读写器时，中间件会将从标签中读取的数据与读写器定义的操作相关联，就得到了标识对象（产品）的操作数据，将这些关联信息传输给后台系统，从而实现质量监控以及加工进度等的综合信息跟踪。

在以上两种方法中，前者过于依赖标签的性能，而且会使需要实时识读的数据量剧增；而后者则依靠实现可以预知的系统定义，在并没有增加实时识读的数据量的情况下，得到了标识对象的动态信息，可见，将工作交给已知的系统集成，是更简洁、更可靠、更有效率的选择。

RFID 系统的优势是“智能”，在运行过程中，其中间件承担了海量数据的处理，如果过多地写入数据，会使系统处理的数据量呈几何级数增加，影响系统可靠性和运行效率。如果不是特别需要，应尽量避免初始或操作过程中过多地写入除 ID 代码以外的数据，据此，建议用户慎重选用附加信息。

第 5 章　RFID 标签——数据写入与贴标

选择适配的标签是本章讨论的重点问题：

- 各种 RFID 标签属性分析是标签用户选择的参考依据；
- 贴标可以采用手工贴标、贴标机贴标和标签机贴标等形式；
- 用户需要从系统应用集成度的适配、标签的兼容、业务流程的适配、场地环境的适配、系统的连接和标准化认证六个方面分析权衡，选择适合自己的 RFID 专用设备。

RFID 标签，称为电子标签、射频标签、射频卡、射频卷标、答应器和数据载体等。RFID 标签以射频电子数据形式存储标识对象的代码，与读写器一起构成 RFID 系统的硬件主体。

所有的 RFID 标签都必须写入一个标识对象的 ID 代码，并通过贴标将其附着在标识对象之上，使“签物不分离”。ID 代码便跟随标识对象的移动而到达不同物理地址上的数据采集点。

5.1　RFID 标签认知

RFID 标签是“用于物体或物品标识、具有信息存储机制的、能接收读写器的电磁场调制信号并返回响应信号的数据载体”[1]。

智能标签是条码与 RFID 优势互补的集成。

RFID 标签已经攻克了水与金属难关，接下来就是将成本降低到系统效益可以接受的范围了。

5.1.1　标签结构

RFID 标签由嵌体（Inlay）加表面封装材料形成。嵌体是 RFID 标签内核，表面封装材料是打印可视化信息以及外在的标签保护、标签附着/粘贴的使用形式。

1．物理结构——芯片与天线

所谓 RFID“嵌体”，国标“射频识别　标签物理特性”（送审稿）的定义是“标签的嵌入层，由芯片、天线及所贴附的基板组成”，芯片和天线一般都固定在柔软透明的 PET 聚酯膜（基板）上。

芯片与天线是 RFID 标签的核心。芯片与天线的组合一般采用普通漏版印刷技术，在天线基板焊盘的相应位置涂制 ACA（异方性导电胶）层，再用倒装芯片贴片机将芯片放在对应的位置上，经热压固化键合而成。RFID 标签的核心结构——芯片与天线如图 5.1.1-1 所示。

1 行业标准“离散制造业生产管理用射频识别标签数据模型”（征求意见稿）。

2. 电器结构

RFID芯片是具备一定功能的IC电路，不同功能的标签有不同的功能电路，典型的RFID标签IC电路设计框图如图5.1.1-2所示。

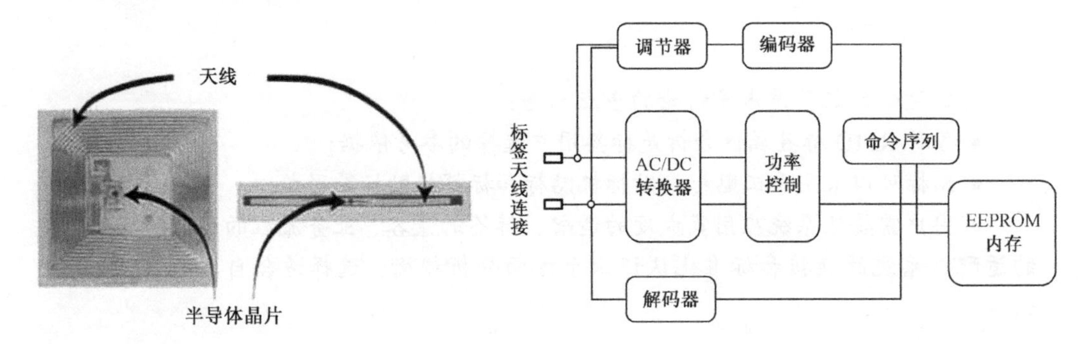

图 5.1.1-1　RFID 标签的核心结构——芯片与天线　　图 5.1.1-2　典型的 RFID 标签 IC 电路设计框图

在实际应用中，用户并不需要深究 RFID 芯片的电路设计，只要知晓标签的功能即可。

天线是 RFID 标签发射/接收射频信号的部件，是RFID标签的触角。为了追求天线的最佳耦合匹配，RFID标签天线根据使用性能需求，一般有弯折、波浪、T状等结构。各种不同形状的 RFID 标签天线如图 5.1.1-3 所示。

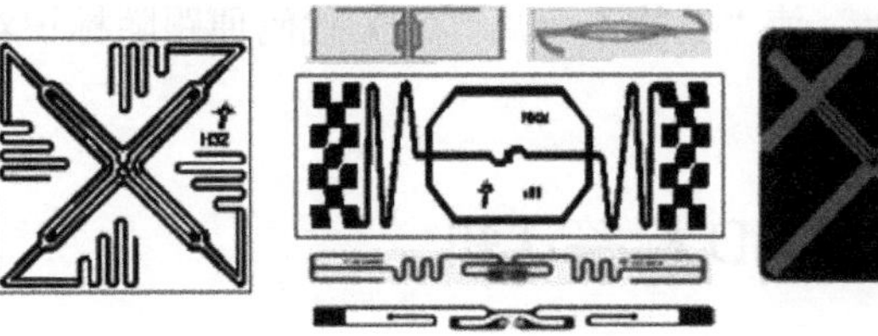

图 5.1.1-3　各种不同形状的 RFID 标签天线

5.1.2　智能标签

在保证正确识读的情况下，标签的外部形式以适应应用环境为设计原则。比如，内置式、卡式、粘贴式、悬挂式、异型式……

智能标签是 RFID 标签中最常见的一种纸质封装标签，常用于供应链管理中，纸质标签表面可以打印条码和相关文字，供条码扫描器和人工识读。常见规格有 4×1（英寸）、4×2（英寸）、4×6（英寸）。

从制造工艺来看，智能标签分为外表层和嵌体两大部分。像夹心饼干一样，嵌体被夹在上、下两个外表层之间，智能标签的实物结构如图 5.1.2-1 所示，智能标签的示意结构如图 5.1.2-2 所示。

与所有的 RFID 标签一样，智能标签的嵌体包括三个部分：基板、芯片和天线。嵌体在一次封装时形成，基板为固定和保护芯片、天线而设，芯片与天线各司其职，其工作机理并不与用户发生直接关系，所以用户可以不必详细了解，它们的工作成果都体现在智能标签的性能上，用户只要了解智能标签性能能否符合自己的需求就足够了。

智能标签的外表分为上表层和下表层。对于标签而言外表是保护层，上表层和下表层一上一下合拢用来保护嵌体。对于用户而言，外表具有重要的使用功能：上表层用来打印条码等可视信息；下表层使用不干胶材料，用来粘贴附着在被标识物体上。

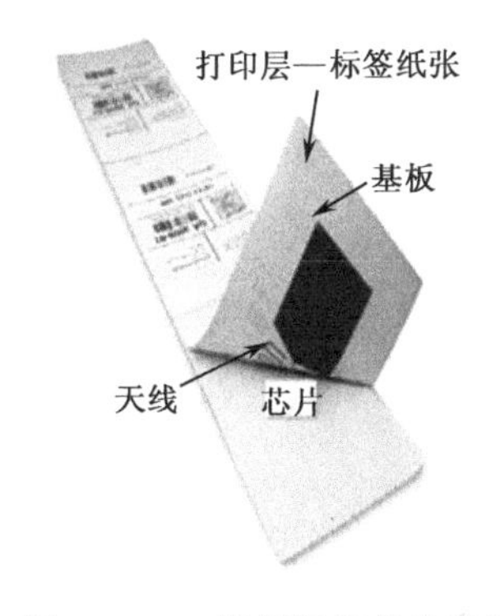

图 5.1.2-1　智能标签的实物结构

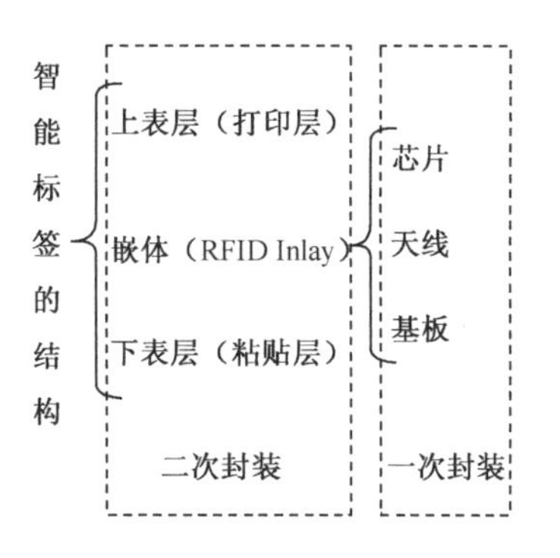

图 5.1.2-2　智能标签的示意结构

智能标签具有以下优点。

（1）能够用传统方式将条码和可视信息打印在其上表层，供条码扫描器和人工识读，提供双渠道的识读互补。

（2）能够携带比单独使用 RFID 芯片或条码更多、更丰富的信息量。

（3）可以标明是 RFID 标签，符合国际惯例中关于消费产品和工业产品上带有 RFID 芯片必须明示的规定。

（4）智能标签还可为 RFID 芯片提供防尘和防潮等防护。

（5）可以根据用户的需求即时打印，也可以提前批量打印标签等。

5.1.3　抗金属与水介质的特殊标签

本书在表 1.7.3-1“条码与 RFID 的性能比较与优势互补”中已经明确地指出：条码的标识对象（即条码附着的物体）及其包装材质，对条码的识读是没有影响的，只要保证条码是无遮盖的便可以顺利识读，这是因为条码的识读机理是光电转换；但 RFID 标签则不然，因为 RFID 是无线射频识别，当射频信号在穿透水与金属时，其能量与频率会受到水与金属介质转播特性的影响，而危及 RFID 识读的可靠性，因此用于水与金属介质的标识的 RFID 标签需要特别制作。

1．抗金属标签

金属作为导电材质能够阻碍或者反射 RFID 标签与识读器的能量。标签贴在被标识物的导电介质上面就像用回形针短路电池（如图 5.1.3-1 所示），使得被标识物表面的电压为 0，因而没有能量提供给标签工作，RFID 标签不能获得足够的能量，就不能完成识读的应答以及数据识读和传输。

一种“无天线式标签”可以有效利用被标识物体的金属属性作为标签的天线，抵消金属物体对 RFID 识读的干扰。抗金属标签的垫片能放在金属物体上，如数据中心的搁物架和服务器。在许多情况下，标签甚至能利用金属来反射增强标签的能源，从而扩大读取范围。还有些标签可以被放置在金属物品中，如油管和医疗器械等。

2．抗水标签

水及富含水的物质能够吸收无线射频，使标签天线失调而无法识读。水介质使 RFID

识读器与标签天线失调演示如图 5.1.3-2 所示。

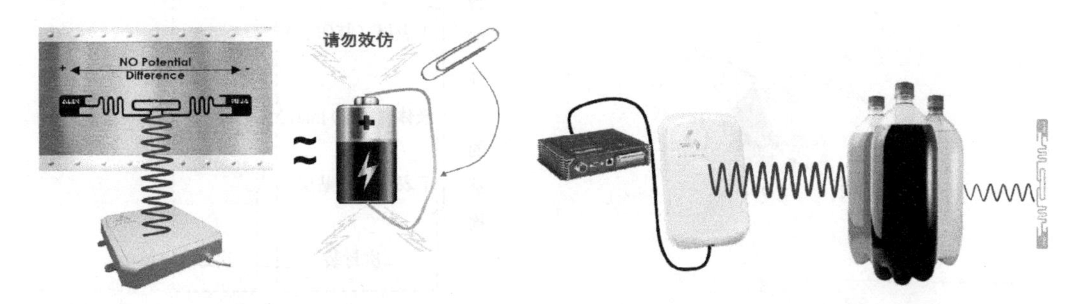

图 5.1.3-1　标签贴在导电介质上就像用回形针短路电池

图 5.1.3-2　水介质使 RFID 识读器与标签天线失调演示

然而，“变阻抗式标签”可以通过改变标签天线阻抗，调整水环境下的标签天线耦合频率，以抵消因水对能源吸收而引起的耦合失调，从而力克水环境的不良影响。

近年来 RFID 标签有了突破性的进展，攻克了水与金属难关，接下来就是将成本降低到系统效益可以接受的范围了。

5.2　标签选择

本节给出了各种标签属性分析，可以作为 RFID 标签用户选择的参考。

决定自主开发 RFID 项目的用户可以面向市场自行选择 RFID 标签；然而大多数用户需要通过专业系统开发商选择 RFID 标签，因为系统开发商具有选择 RFID 标签的专业能力，而且他们通常与适配的 RFID 标签供应商建立了较为稳定的合作伙伴关系，从技术和市场两方面保证了 RFID 标签选择的合理性。但是，系统开发商与其固定标签供应商之间往往会达成某些商业协议，他们的这些利益不一定与 RFID 用户的利益一致，完全听从系统开发商的标签选择方案存在一定的风险。据此，了解和掌握选择标签的基本方法，不仅能够满足自身应用的技术需求，还能够客观地鉴别系统开发商提供的标签选择方案的合理性，在与系统开发商的商业合作中争取主动，这是非常重要和具有实际意义的工作。

5.2.1　RFID 标签分类

标准化是选择 RFID 标签首先要注意的问题。目前市场上的 RFID 标签大都基于 ISO 标准或 EPC 标准开发，关于标准的具体应用，将在各个章节的具体环节中提示给大家。常见的 RFID 标签类别见表 5.2.1-1。

表 5.2.1-1　常见的 RFID 标签类别

序　号	分　类	命　名	序　号	分　类	命　名
1	供电形式	有源/无源/半有源	4	读写方式	只读（RO）/可读写（RW）/一次写入多次读出（WORM）
2	调制方式	主动式/半被动式/被动式			
3	工作频率	低频/高频/超高频/微波	5	通信时序	主动唤醒（RTF）/自报家门（TTF）

RFID 标签的选择就是适配，良好的性能价格比与足够识读率是标签选择的最终目标，实现此目标的选择途径主要有供电性能、调制性能、频率性能等方面。

5.2.2 供电性能

依据 RFID 标签工作所需能量的供电形式，可以分为有源、无源和半有源标签，见表 5.2.2-1。

表 5.2.2-1 按能量供给分类 RFID 标签性能

分 类	读 取 距 离	质 量 体 积	成 本	适 用
有源	几十米～上百米	质量体积较大	高	不适合在恶劣环境下工作
无源	几十厘米～数十米	质量轻、体积小	低	寿命长，对工作环境要求不高
半有源	介于二者之间	介于二者之间	中	介于二者之间

有源标签的工作能量来自自带电池，因此标签工作能量较高，识读距离比较长，可以达到几十米甚至上百米，但是寿命有限且标签体积比较大，成本比较高，目前在集装箱电子铅封中较为常见。

相反，无源标签中没有电池，利用波束供电技术将接收到的射频能量转化为直流电源为标签内电路供电，因此标签质量轻、体积小，可以制成很薄的卡，其作用距离相对有源标签较短，一般只有几十厘米到数十米，但寿命长，相对有源标签而言对工作环境要求不高。目前无源标签的性能价格比在不断地提高，应用范围越来越广阔，大部分 RFID 系统，尤其是供应链管理中大批量的使用均选用此类标签。

半有源标签则介于有源和无源两者之间，虽然带有电池，但是电池的能量只激活系统，激活后无须电池供电，进入无源标签工作模式。半有源标签解决了激活系统能量的瓶颈，使其在识读距离和识读率性能上较无源标签获得较大提升，同时也为传感器和安全通信在标签中的实现提供了可能，当环境条件发生变化时，尤其是当温度、湿度变化对物品的储存和使用产生重要影响时，标签能够得到提示，并向系统传输相关数据。当前应用较成熟的实时温度、湿度传感和温度、湿度日志功能系统，大都采用半有源超高频标签。

5.2.3 调制性能

根据标签与读头之间的数据交换的分类，RFID 标签可分为主动式、被动式和半主动式三种。按调制方式的 RFID 标签分类及性能见表 5.2.3-1。

表 5.2.3-1 按调制方式的 RFID 标签分类及性能

分 类	读 取 范 围	穿 越 障 碍	成 本	应 用
主动式	30 m	一次	高	有障碍物的应用中
被动式	几十厘米～数米，	二次	低	无障碍物的应用中
半主动式	介于二者之间	二次	中	有障碍、无障碍均可

通常，主动式 RFID 标签为有源标签，主动式标签用自身的射频能量主动地发送数据，标签与读写器只需要答应一次就能完成数据采集。主动式标签省去了像被动式标签需要首先

从读写器得到能量的过程，在有障碍物的情况下，只需一次穿越障碍，因此主动式标签主要用于有障碍物的RFID系统中，距离可达30 m以上。主动式标签应用的“大户”在军事领域。

被动式RFID标签必须利用读写器的载波来调制自己的信号，标签产生电能的装置是天线和线圈。标签进入RFID系统工作区域后，天线接收到特定电磁波，线圈产生感应电流，从而给标签供电。在有障碍物的情况下，读写器的能量必须来去二次穿越障碍。该类标签在无障碍的RFID系统，如门禁或公交卡中有良好的效果。如果为了降低成本选用被动式标签，必须保证在读写器读写范围内射频通信的畅通，也就是说，只要能够在读写范围内避免外界对射频通信的不良影响，就可以获得良好的调制性价比的RFID标签。

半主动式RFID标签虽然本身带有电池，但是标签并不通过自身能量主动发送数据给读写器，电池只负责对标签内部电路供电。标签需要被读写器的能量激活，然后才通过反向散射调制方式传送自身数据。为实现低功耗及远距离的可靠通信，半主动式电子标签采用双频通信方案：当电子标签被低频唤醒（如125 kHz）并通过了低频数据配对后，采用另一种更远更可靠的高频率（如ISM频段的2.4 GHz）通信方式上传数据。用户应该根据系统配置要求的具体情况进行选择。

5.2.4 频率性能

频率性能是RFID标签的重要特征。RFID标签的工作频率就是读写器发送射频信号的频率，一般可以分为低频、高频、超高频和微波四个频段。RFID标签的频率性能见表5.2.4-1。

表 5.2.4-1 RFID 标签的频率性能[1]

<table>
<tr><th>频段</th><th>频率范围</th><th>读取距离</th><th>应用性能</th><th>供电</th><th>标签尺寸</th><th>识别速度</th><th>环境影响</th></tr>
<tr><td>低频（LF）</td><td>30～300kHz
典型频率：
125kHz、
133kHz</td><td>≤60cm</td><td>成本较高，信息量小
对环境不敏感，几乎不会由环境变化引起性能下降。适用于动物识别、容器识别、工具识别、电子闭锁防盗</td><td>无源</td><td rowspan="5">大型
↕
小型</td><td rowspan="5">低速
↕
高速</td><td rowspan="5">迟钝
↕
敏感</td></tr>
<tr><td>高频（HF）</td><td>3～30MHz
典型频率：
13.56MHz</td><td>可达1m</td><td>成本低于低频
适合短距离识别和多标签识别</td><td>无源</td></tr>
<tr><td rowspan="2">超高频（UHF）</td><td>433MHz</td><td>50～100m</td><td>成本较低
长距离识别
较800～900 MHz穿透力更强
对温度、冲击等环境敏感，可进行实时跟踪</td><td>无源/有源</td></tr>
<tr><td>860～960MHz</td><td>近场：3.5m
远场：100m</td><td>成本最低
多标签识别距离和性能最突出</td><td>无源/有源</td></tr>
<tr><td>微波（MW）</td><td>2.45GHz
5.8GHz</td><td>近场：≤1m
远场：50m</td><td>受环境影响大
其他性能与900 MHz相当</td><td>无源/半无源/有源</td></tr>
</table>

1 资料来源：射频识别超高频标签技术国际论坛演讲稿“射频识别标签天线”，发言人为褚庆昕。

RFID 标签的工作频率也就是 RFID 系统的工作频率。工作频率不仅决定着 RFID 系统的工作原理（是电感耦合还是电磁耦合）、识别距离，还决定着系统识别的难易程度和设备的成本。

1．低频标签

低频标签与阅读器的工作机理为电感耦合，低频识别也称为近场识别（见图 6.1.1-1 变压器原理的电感耦合），即近距离识别。

低频标签工作频率范围为 30～300kHz。典型工作频率有：125kHz、133kHz。低频标签一般为无源标签，其工作能量通过电感耦合方式从阅读器的辐射近场中获得。在与阅读器传送数据时，低频标签需位于阅读器天线辐射的近场范围内。低频标签的阅读距离一般小于 60 cm。

低频标签的主要优势体现在：标签芯片一般采用普通的 CMOS 工艺，具有省电、廉价的特点；工作频率不受无线电频率管制约束；可以穿透水、有机组织、木材等。低频标签产品在技术上相对比较成熟，非常适合近距离、低速度、数据量要求较少的动物识别，农副产品、食品的追溯，容器工具识别，电子闭锁防盗等。

低频标签的劣势主要是标签存储数据量较少，只能适合低速、近距离识别应用，与高频标签相比标签天线匝数更多，成本更高一些。

低频标签有多种外观形式，应用于动物识别的低频标签外观有：项圈式、耳标式、注射式、药丸式等。

低频标签相关的国际标准有：ISO/IEC 11784/11785“动物的射频信号识别 代码结构”、GB/T 22334—2008“动物射频识别技术准则”、ISO/IEC 18000-2“信息技术 项目管理的射频识别 第 2 部分：低于 13.56 MHz 空气接口通信参数”等。

2．高频标签

高频标签的工作频率一般为 3～30MHz，典型的工作频率为 13.56MHz。从应用的角度划分，因其电感耦合方式的工作原理与低频标签完全相同，但按无线电频率的一般划分，其工作频段又在高频段，因此也称其为中高频标签。为了与 ISO 及 EPC 标准一致，本书称其为高频标签。

与低频标签相同，高频标签一般都是无源标签，其工作能量通过电感耦合方式从阅读器耦合线圈的辐射近场中获得，因此标签必须位于阅读器天线辐射的近场范围内进行数据交换，一般情况下识读距离不超过 1 m。

图 5.2.4-1　滑雪场的 RFID 门禁系统

高频标签的基本特点与低频标准相似，由于其工作频率的提高，可以有较高的数据传输速率，设计标签天线也相对简单。标签一般可以制成类似于信用卡形状尺寸的标准卡片。典型应用包括门禁卡、公交卡、电子身份证、电子闭锁防盗等，在图 5.2.4-1 中就是门禁卡的应用。

高频标签相关的国际标准有：ISO/IEC 14443“识别卡　无触点集成电路卡 邻近卡”、ISO/IEC 15693“非接触集成电路卡　近程卡”、

GB/T 22351—2008“识别卡　无触点的集成电路卡　邻近卡”、ISO/IEC 18000-3 等。

3. 超高频标签

超高频标签工作频率主要有 433 MHz 和 860～960 MHz 两个频段。超高频标签 433 MHz 频段多为无源标签，而 860～960 MHz 频段有无源和有源两类标签。

超高频标签与阅读器的工作机理为电磁耦合方式（见图 6.1.1-2 雷达原理的电磁耦合），标签在阅读器天线辐射场的远场区内时，阅读器天线辐射场为无源标签提供射频能量，而对有源标签则仅起“唤醒”作用。超高频标签与其识别系统识读距离一般都大于 1m，近场的典型距离为 3～5m，远场最大可达 100 m。阅读器天线一般均为定向天线，因此只有在阅读器天线定向波束范围内的超高频标签才可被读/写。

为了避免超高频相邻频道无线电业务的相互干扰，根据“800/900 MHz 频段射频识别（RFID）技术应用规定”（试行）（以下简称“规定”），规定了我国在该频段的工作方式为跳频扩频方式，每跳频最大驻留时间为 2 秒。

跳频的最大优点在于较强的抗干扰能力，同时也具有保密性好的优点。在美国划分给 RFID 的 UHF 频段的频率范围是 902～928MHz，共 26MHz，由于该频段是工科医（ISM）频段，因而必须采取跳频扩频的工作方式来抗干扰。我国划分给设备使用的 920～925MHz 频段与点对点立体声广播传输业务共用，因而也采取了跳频扩频的措施来减少干扰。对跳频工作模式来说，如驻留时间太短，则会因读取不完整而造成数据丢失；如驻留时间太长，则达不到抗干扰的效果。“规定”对最小驻留时间没有明确限制，因为最小驻留时间只跟读写器的读写质量有关，可以由设备制造商自行把握；而最大驻留时间太长则可能导致读写设备与其他共用频段的无线电业务相互干扰，因此“规定”限制了最大驻留时间为 2 秒。

近年来，国内外的 RFID 开发重点集中于超高频系统，超高频标签的性能价格比有了长足的进步。超高频标签主要应用于需要较长的读写距离和较高读写速度的多标签识别的场合，例如，433 MHz 频段的有源标签特别适合用于资产跟踪、矿山井下人车定位跟踪、高速公路不停车收费（如图 5.2.4-2 所示）等；而无源超高频标签比较成功的产品相对集中于 902～928 MHz 工作频段，其应用从火车监控、高速公路收费到生产管理、过程控制以及物流与供应链管理的智能标签等，应用前景十分广阔。

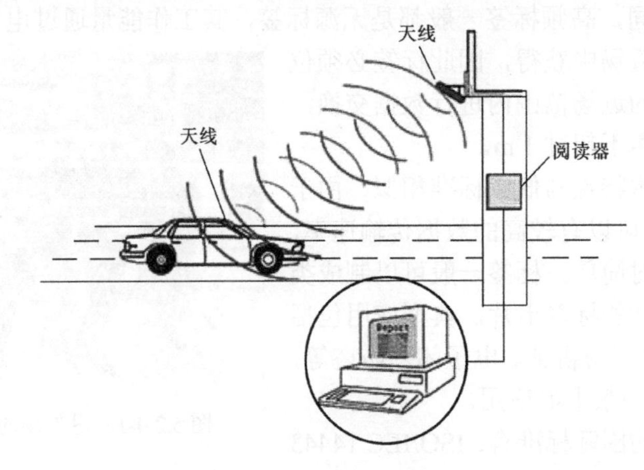

图 5.2.4-2　RFID 高速公路收费系统

超高频标签相关的国际标准有：ISO/IEC 18000-1“信息技术 项目管理的射频识别 第 1 部分：标准化参数的基准结构和定义”、ISO/IEC 18000-6“信息技术 项目管理的射频识别 第 6 部分：860 MHz～960 MHz 空气接口通信参数”、ISO/IEC 18000-7“信息技术 项目管理的射频识别 第 7 部分：433 MHz 空气接口通信参数”等。

4．微波标签

微波标签工作频率主要有 2.45 GHz、5.8 GHz 两个频段。微波频段系统工作受环境影响较大，而其他性能与 900 MHz 相当。微波标签可以是有源的、无源的，也可以是半无源的产品。半无源微波标签一般采用纽扣电池供电。

目前国内市场上见到的车载有源微波标签主要用于不停车电子收费系统，具有鉴权、加密访问、电子钱包扣款等功能。

微波标签相关的国际标准有：ISO/IEC 18000-4“信息技术 项目管理的射频识别 第 4 部分：2.45 GHz 空气接口通信参数”。

5.2.5　读写性能

根据芯片的存储器的不同，RFID 标签可以分为只读式（RO）、一次写入多次读出式（WORM）和多次可读写式（RW）三种类型。

只读式标签内一般只有只读存储器、随机存储器和缓冲存储器，而可读写式标签一般还有非活动可编程记忆存储器，这种存储器除了存储数据功能外，还具有在适当条件下答应多次写入数据的功能。

通常，多次可读写式标签成本最高，一般用于需要随机读写的系统，如收费系统等。

一次写入多次读出式标签成本较低，且使用灵活，一般生产管理、过程控制、物流及供应链管理系统大都选用该种标签。

只读式标签是在标签制造时写入相关数据并固化的，因而成本最低，数据也最安全，一般用于那些大批量生产的单品的防伪管理，比如表 5.2.8-1 中的镶嵌在商品或商品标签之中的内置式标签，如光盘、酒等。

RFID 标签通常都具有其唯一的不可改写的 UID 码。UID 码是一些关于标签制造商、产品型号及序列号等标签自身的数据，由制造商在标签出厂时写入，与标识对象无关。在应用中，根据实际需要可以对其 UID 进行识读，如图书防盗，但大多数 RFID 标签都是仅对 UID 码以外的指定标签内存单元（一次读写的最小单位）进行读写。

5.2.6　通信时序性能

通信时序指的是读头和标签的工作次序，按通信时序分类有两种标签：

（1）RTF（Reader Talk First）读写器主动唤醒标签——读写器先讲类型；

（2）TTF（Tag Talk First）自报家门——标签先讲类型。

读写器先讲的 RTF 类型识别有点类似于老师点小朋友发言，如图 5.2.6-1 所示。

其机理是：读写器首先向多个标签发出隔离的命令，只留下马上要识读的一个标签处于活动状态，与读写器保持无冲撞通信联系，通信结束后立即指令该标签处于休眠状态，接下来再指定另一个标签执行相同的命令，如此重复，最终完成多标签的正确识读。

图 5.2.6-1　读写器先讲的机理示意图

标签先讲的 TTF 方式的通信协议比较简单，而且单倍的通信距离使速度更快，因此单标签无源识别都是采用 TTF 类型。多标签同时识别的无源标签 TTF 类型的机理是：多个标签在随机时间里反复发送自己的 ID 代码，不同的标签可以在不同的时间段最终被读写器正确识读，完成多标签识读的整个过程。

5.2.7　数据容量

标签数据容量以字节数表示，市场上典型的标签数据容量有：64 比特、96 比特、128 比特……1 KB，目前已经有最大的 8 KB 的近场标签面世，但一般 1 KB 以内就足够使用了。

对于开放式 RFID 系统而言，标签数据容量的选择首先与编码格式有关。据第 4 章表 4.6.2-1“开放式编码方案的 EPC/RFID 编码格式”可知，选定了编码格式之后，数据容量也随之确定。

开放式 RFID 系统只需要写入 ID 代码。除非是在数据库支持功能很差的情况下，非开放式 RFID 系统的标签一般也不建议写入过多的附加信息。如果确定写入附加信息，则应该在系统内部相关著录规则中加以约定。

总之，应该综合考量信息标识的简洁性、系统识读的可靠性以及系统成本，标签的数据容量，在满足系统功能的前提下应该尽量降低标签数据容量要求。

有一种特别的选择是 1 比特标签，其数据容量只有 1 比特。1 比特标签只要求实现简单的“有”和“无”的判别，即读写器只要能够做出“在电磁场中有射频标签”或“在电磁场中无射频标签”两种状态的判断就能够达到监控的目的。其原理是利用标签中二极管的非线性特性，在射频磁场中产生谐波，该谐波可以被读写器检出，当检测出谐波时，就是“在电磁场中有射频标签”，反之为“在电磁场中无射频标签”，于是就实现了简单的“有”和“无”的信号发送功能。1 比特标签的工作原理示意图如图 5.2.7-1 所示。

1 比特的标签不需要 IC 芯片，所以成本很低。据此，大量的 1 比特射频标签被用于商品防盗系统（EAS）。当没有付款的商品被带离商场经过 RFID 门闸时，安装在出口的读写器就能识别出“有标签”的状况，并启动相应的报警反应；对按规定已付款的商品来说，1 比特射频标签在付款处被拿下或者除去活化，这样顾客就不会被警示了。

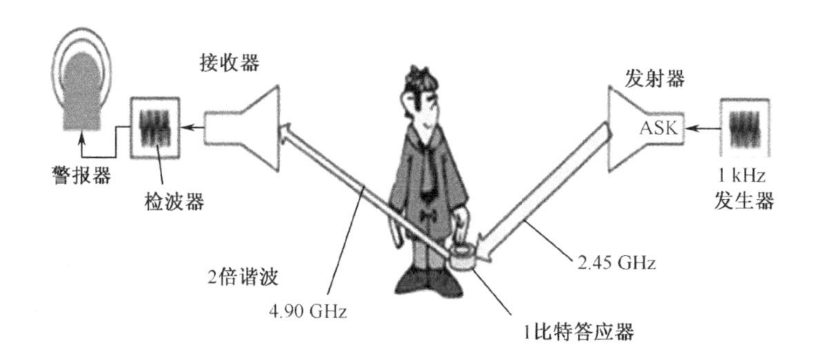

图 5.2.7-1　1 比特标签的工作原理示意图[1]

5.2.8　封装形式

采用不同的天线设计和封装可制成多种形式的 RFID 标签，不同的标识对象需要不同形式的 RFID 标签。表 5.2.8-1 给出不同的制作模式下的常见的标签封装形式与应用示例。

表 5.2.8-1　常见的 RFID 标签封装形式与应用示例

制作模式	RFID 嵌体	“签物合一”形式	应用示例
内置式	预置于标识对象中或其包装内	镶嵌在产品或商品标签中	酒类、光盘等（见图 5.2.8-1）
		镶嵌在运输工具或物流单元化器具的材质中或固定于其表面	如托盘、车笼、周转箱等（见图 5.2.8-2）
卡式	封装在专用的 PVC 卡中	镶嵌于可单独使用的信用卡状的 RFID 标签卡	工卡、门卡、公交卡等（见图 5.2.8-3）
粘贴式	封装在打印层（常见为纸质）与粘贴层之间	无可视信息，直接粘贴于标识对象或其包装上	如图书标签（见图 5.2.8-4、图 5.2.8-5）
		有可视信息，如智能标签	供应链管理的零售、配送和物流单元（见图 5.2.8-6）
悬挂式	封装在吊牌中	吊附在标识对象上	服装、珠宝、资产等（见图 5.2.8-7）
异型式	封装于塑料、树脂、陶瓷等不同的材料中	动物标签：用耳标钳打入动物的耳廓上	种畜繁育、疫情防治、肉类食品安全追踪（见图 5.2.8-8）
		车辆标签：直接粘贴于汽车挡风玻璃上部或插于标签卡座内	海关管理、高速公路收费（见图 5.2.8-9）
		金属标签：固定在机车、拖车等标识物的底盘	机车、矿山机械等重型物品（见图 5.2.8-9）
		集装箱封签 固定在集装箱及货车的门禁处	海关管理、物流管理（见图 5.2.8-10、图 5.2.8-11）
		柔性标签：固定在需要重复回收使用的纺织品上	医疗用品清洗、干洗（见图 5.2.11-1）

1. 内置式——镶嵌在商品或商品标签之中

有些商品适合在制造的时候直接将 RFID 标签的嵌体（Inlay）镶嵌入产品之中，如光盘；有些则可以将嵌体封装在商品标签里，如酒等，如图 5.2.8-1 所示。

1 资料来源：射频识别技术 3_原理（http：//wenku.baidu.com/view/185001d428ea81c758f578d3.html）。

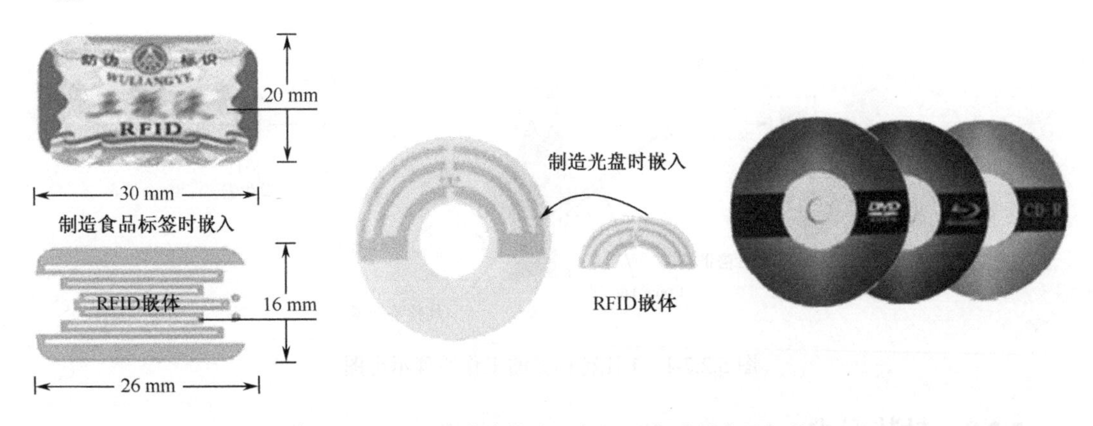

图 5.2.8-1　RFID 嵌体直接嵌入标识对象或其商品标签中

这种方法特别适合于大批量生产的商品，标签的二次封装可以由普通的商品制造商或商品标签印刷商完成，不需要单独贴标，因而不影响或者很少影响原有的生产流程，不仅大大降低了标签成本，还可以给制造商的 RFID 应用和印刷商的 RFID 业务拓展带来新的契机。

2．内置式——RFID 嵌体镶嵌或固定于运输工具或物流单元化器具中

RFID 标签的嵌体还可以固定在运输工具之中，如机车的车厢；也可以镶嵌或固定于物流单元化器具之中，如托盘、车笼等，如图 5.2.8-2 所示。这种内置的 RFID 标签，也可以在加工工具时完成，这样可以永久的使用，很方便地用于生产管理、过程控制以及供应链的仓储物流管理。内置式标签也可以用于开放式与非开放式的资产管理中。

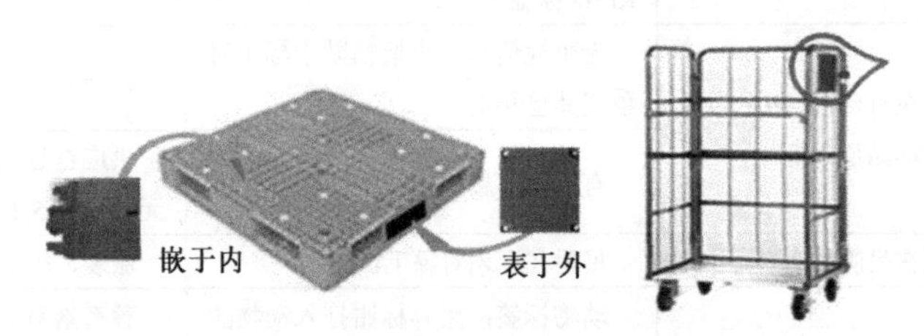

图 5.2.8-2　托盘、车笼中的 RFID 标签

3．卡式

卡式 RFID 标签是大家最熟悉的，如身份证、公交卡、工卡等，如图 5.2.8-3 所示。

图 5.2.8-3　卡式 RFID 标签

4．粘贴式——无可视信息直接粘贴标签

无可视信息直接粘贴标签是 RFID 标签中最便捷的一种，如图 5.2.8-4 所示的图书文件

标签，就是直接粘贴在书籍的封三上。

图 5.2.8-4　图书文件标签

目前，市场上已经生产出一种超窄型的图书专门的 RFID 标签，如图 5.2.8-5 所示，可以粘贴于图书书脊处，从而解决了从印刷装订时嵌入图书 RFID 标签的技术问题。

如果我国能够从图书的出版发行管理与流通渠道统筹协调各方面利益关系，推行全开放式图书 RFID 标签国家标准，在图书出版印刷时就封入 RFID 嵌体，则图书流通领域的 RFID 应用效益不可估量。

5．粘贴式——拥有条码等可视信息的智能标签

打印条码等可视化信息是智能标签的一大特点，如图 5.2.8-6 所示。我们在 5.1.2 节中已经对智能标签进行了详细的讨论，在此不再重复。

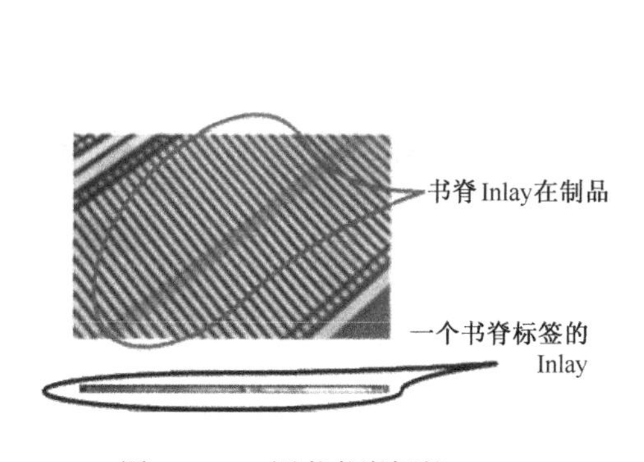

图 5.2.8-5　图书书脊标签

图 5.2.8-6　智能标签

6．悬挂式

悬挂式 RFID 标签也是最常见的一种，如服装、珠宝等不方便粘贴的物品都可以采用悬挂式 RFID 标签，如图 5.2.8-7 所示。

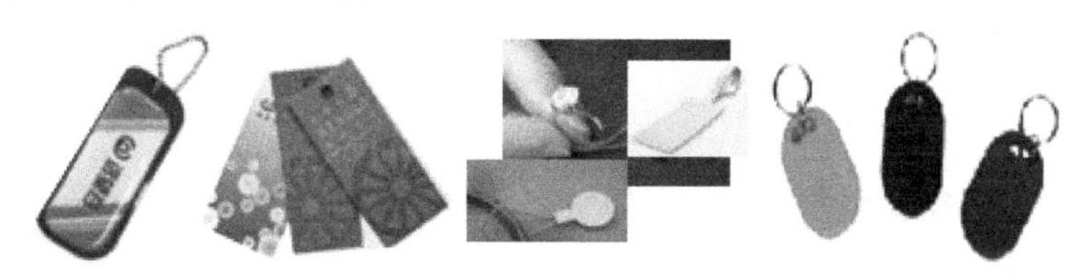

图 5.2.8-7　悬挂式 RFID 标签

7. 异型式

所谓异型式标签，就是根据不同的标识对象的需求，可以有不同的形状和附着形式。

1）动物标签

动物标签一般都以耳标的形式出现，使用耳标钳打入动物的耳廓上，主要用于种畜繁育、疫情防治、肉类食品安全追踪等，如图 5.2.8-8 所示。

2）用于车辆的金属标签

用于车辆标识的 RFID 金属标签，可以固定的挡风玻璃上，如高速公路收费系统、车辆管理系统；还可以固定在拖车或机车的底盘上，如铁路管理系统、海关报关系统等，如图 5.2.8-9 所示。

图 5.2.8-8　动物耳标

图 5.2.8-9　金属标签在车辆、拖车上的使用

3）用于集装箱封签和货车封签

用于集装箱的 RFID 封签一般与海关报关系统联用，如图 5.2.8-10 所示。用于货车封签的 RFID 标签如图 5.2.8-11 所示。

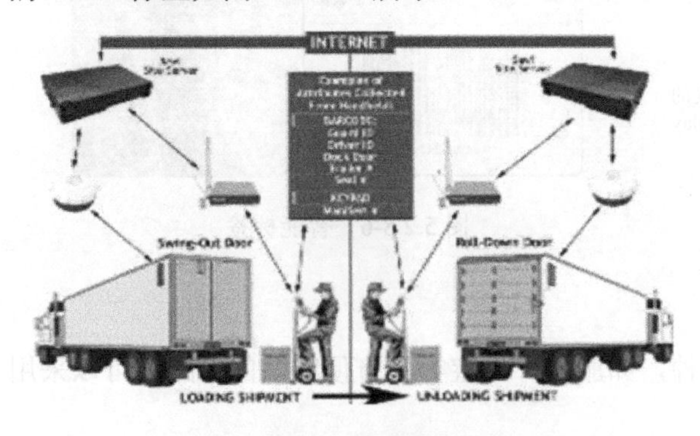

图 5.2.8-10　集装箱封签

图 5.2.8-11　货车封签

4）用于洗涤业的柔性标签

柔性标签固定在需要重复回收使用的纺织品上，如医疗用品的清洗、衣物的干洗，如图 5.2.11-1 所示的用于洗涤管理的柔性标签。

5.2.9　标签尺寸

当确定了标签形式后，贴标方式也就随之确定，据此就可以根据包装的大小和可视化信息的容量确定 RFID 标签的尺寸范围。按照需要的尺寸范围，应该首先对照市场上现有标签产品的系列化规格尺寸，找到与需求尺寸匹配的标签。当然，也可以专门定制，但考虑到成本问题，如果不是特大批量的标签，尽量避免专门定制。

如果你需要使用智能标签打印机写入数据，那么对标签尺寸的选择，还需要考虑与智能标签打印机的匹配。

5.2.10　产品成分、包装材质及其他

液体或金属因为具有导电性能，会影响射频信号耦合和反射，从而降低 RFID 标签的识读率，因此应该针对含有液体和金属成分的产品与包装的具体情况，采取具体措施。

1．液体产品

应用经验证明：在液体包装中，标签仅仅偏离最佳位置 6 mm，识读率就会受到影响，为此 RFID 成功者提供了以下几种液体产品贴标方法。

（1）在液体与标签之间制造足够大的间隙，例如在包装箱里填充材料。

（2）将标签贴在瓶装液体产品的瓶盖上，尽管瓶盖处的空间看起来好像十分有限，但请不要小视这一有效的空间，许多案例证明识读率确实得到了明显的改善。

（3）如果以上的方法不够奏效，可以请系统开发商帮助选用专用的液体对象标签。

2．金属制品

为了消除金属制品自身成分对 RFID 标签识读的影响，可以采取以下的措施。

（1）设置隔离层：有一种带有隔离介质的智能标签，可以将金属或箔片对标签的影响减小到最小。

（2）利用包装中的空气间隙：在理货/贸易单元的包装箱内设计空气间隙，减低金属或箔片的影响。

（3）采用专用标签：有些标签是专为金属制品的标识对象而设计的，如图 5.2.10-1、图 5.2.10-2 所示。

图 5.2.10-1　煤气罐专用标签

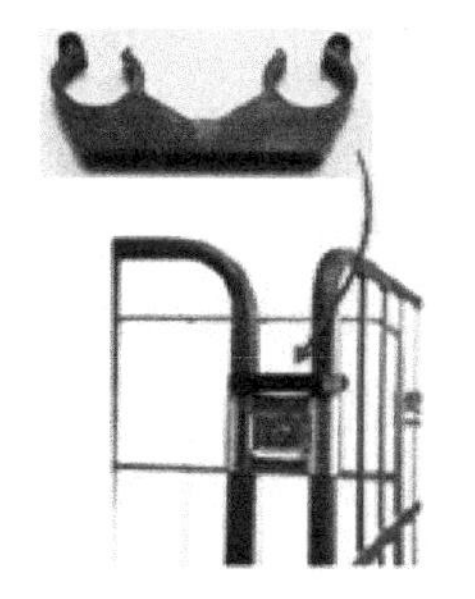

图 5.2.10-2　金属制品专用标签

3．特殊产品

特殊产品可能会有一些特殊的问题需要处理，例如药品。某些生化药品在射频作用下

可能会改变其分子结构，因此药品在 RFID 项目导入时应该充分论证，一定要明白药品的属性，方可确定使用。还有珠宝，因为体积很小，可以选用专用的珠宝小标签等。

5.2.11 业务流程与作业环境

业务流程与作业环境也是标签选择需要考虑的重要因素。有些特殊业务流程与作业环境下的标识对象对 RFID 标签有一些特别的要求，如洗衣管理系统。图 5.2.11-1 给出的是一个专门用于洗涤管理的柔性超高频 RFID 标签。

图 5.2.11-1 用于洗涤管理的柔性超高频 RFID 标签

洗涤专用标签可以弯曲，可与衣服一起洗涤，洗涤次数 200 次以上，耐压、耐碱、耐热（熨斗温度达 200℃）等，在洗涤的过程中，标签潮湿的情况下也可以随时读取数据。

5.2.12 性能价格比及供货能力

在综合考量 5.2.1～5.2.11 节中所述的各种因素，选择最适合你的产品标签的同时，还应该考虑以下因素。

1．价格

标签的价格/成本与其生产数量相关。如果你所需标签的批量足够大，选择购买市场上成熟的标签，将比专门定制标签要便宜很多。因此，应该尽量选用市场上现有规格型号的标签产品，那些特别设计的标签只能在现成解决方案都行不通的时候选用，因为这种标签会比那些常规标签贵得多。

2．产品质量

除了标签的性能，标签产品的质量也是一个重要的考核指标。对于不合格的标签产品，大部分还可以在出厂以后首次写入数据的时候再次检出，但是为了严格控制不合格产品在使用中失效的风险，建议参考“山姆会员店 EPC/RFID 贴标指南”的智能标签验收标准，将首次写入数据的失效检出率控制在 2%以内。

此外，有些封装质量不过关的标签，在用户首次写入数据时不见得能被检出，一旦投入使用，就会因其使用寿命不能达标，而在实际工作环境中失效。对于 RFID 标签的使用寿命等性能指标，目前现行的标签标准中尚无明确的规定，用户在选择标签时可参考类似标准（如电子元器件产品的使用寿命）以及系统集成商的意见。

3. 标签供应商的连续供货能力

大部分商品的 RFID 标签是消耗品，而目前标签的互操作性还有待于进一步提高，用户须从长计议，考察标签供应商的连续供货能力，确保同种型号的 RFID 标签供货能够满足用户的长期使用需求。

5.3 RFID 标签数据写入

RFID 标签数据写入就是以射频耦合方式将标识对象的 ID 存储于标签内存之中。
在保证 ID 正确标识的前提下，数据写入量越少越好。
在确定的应用集成度下，数据写入越早越好。
数据写入可以采用读写器、智能标签打印机（编码器）等形式。

5.3.1 相关概念与称谓

RFID 系统中的所有标识对象都有一个 ID 代码，以射频耦合方式将标识对象的 ID 标记于 RFID 标签之中，称为 RFID 的数据写入，或称为数据加载，最初的 RFID 标签的用户端数据写入也称为初始化，RFID 标签就是加载的操作对象。

写入就是向标签里存储数据。为了便于阅读，本节统一采用以下写入的概念和称谓。

1. 擦写

擦写就是清除标签中原来储存的数据，写入新的数据。

擦写的操作对象一定是已经写入了数据的标签，但 RFID 标签 UID 部分是与标识对象无关的标签自身数据，是不可以擦写的。

2. 单纯写入

单纯写入就是只向标签里存储数据。

单纯写入是相对擦写而言的，其操作可以是已经写入了数据的标签的再次写入，也可以是空白标签的首次写入，首次写入也称为初始化。

3. 智能标签打印机

用于 RFID 智能标签写入和打印的专用设备，有的文献也称为标签打印机/编码器，本书统称为智能标签打印机。

4. 贴标机

用于自动粘贴智能标签的专用设备，本书统称为贴标机。

5. 标签机

用于智能标签写入、打印和贴标一体化的专用设备，实际上就是智能标签打印机和贴标机的两机集成，本书统称为“标签机”。

5.3.2 写入什么数据

在 RFID 标签中需要写入的数据通常有表 5.3.1-1 中的三种情况。

表 5.3.1-1 标签的写入数据

写入数据	释义	选择	写入者	备注
UID 代码	标签身份代码	必选	标签制造商	出厂固化，不可擦写
ID 代码	标识对象身份代码	必选	用户	可以根据用户需要设置写入
附加信息	标识对象身份代码以外的数据	可选	用户	可以根据用户需要设置擦写

1. Data-on-Network 和 Data-on-Tag

数据的写入与应用有 Data-on-Network 和 Data-on-Tag 两种模式。

Data-on-Tag 就是把所有在供应链中需要传输的数据全部放在标签上，其优点是可以离线采集，但缺点是标签需要写入的数据较多，读写的时间会相应延长，而且读写器以及标签容量的成本也会相应增加。

通常，实施 RFID 系统的用户都具备相当的信息化基础，在越来越强大的数据库支持下，所有的信息都存储在容量巨大且性能优越的数据库中，而标签中只存放标识对象的 ID 代码——这就是 Data-on-Network 模式。在 Data-on-Network 模式下，只要有了 ID 代码，通过 RFID 中间件存储相关数据简直是小菜一碟；而且数据采集界面的数据流量变小，则识别速度与可靠性将会呈几何级数提高，反之亦然，这也是我们提倡仅写入 ID 的重要原因。

标签供应商总是以大容量的标签性能吸引客户，随着 RFID 技术飞速发展，RFID 标签在容量上的优势日益显现。在数据库支持不好且数据交换不足时，可以由 RFID 标签携带信息而弥补。但是，标签主要作为一个动态数据采集与实时跟踪的符号，而不应该作为大量数据的传输载体。从技术、价格、安全、稳定、高效等各方面综合考量，除非特别需要，标签不应该承载过多的信息。也就是说标签写入的数据并不是越多越好，而是应该本着简洁原则，以数据库信息的充分利用为前提，满足用户使用。

2. UID 码

UID 码是 RFID 标签的产品型号及序列号等标签自身属性数据，是标签身份代码。在标签出厂检验时，由标签制造商写入。UID 码与标识对象无关，UID 码不需要用户参与写入，但由于其代码是唯一的，用户可将其应用于系统的防伪和防盗码功能。

3. ID 代码

ID 代码是标识对象的身份代码。在 RFID 系统中，标识对象的 ID 代码是必须写入的基本数据，ID 代码按本书第 4 章中的有关编码规则编制。

4. 附加信息

附加信息就是标识对象 ID 代码以外的数据。

1）非开放式 RFID 系统

对于表 2.2.1-1“RFID 系统的应用类型”给出的所有非开放式的 RFID 系统，都可以由用户根据自身的需求决定写入附加信息，如高速公路收费系统的收费地点、公里数、收费金额等数据的实时写入；又如，制造过程中控制系统的工作人员数据、在制品工艺数据、质量检测数据、生产管理数据等。建议非开放式 RFID 系统的用户协同标签供应商、系统开发商以及业务流程管理者共同为数据写入制定内部使用的编码方案。

2）开放式 RFID 系统

对于开放式的 RFID 系统附加信息的数据写入，业内一直颇有争议。

一方面，高存储容量是 RFID 标签的优势之一，许多 RFID 标签供应商也将标签储存容量列为产品优质的重要因素，根据标签供应商产品种类的不同，可提供不同储存容量的 RFID 标签；有关文献也提到了 EPC 的 RFID 标签可以遵照现有条码标准的规定，写入与应用标识符相关的附加信息（见表 4.6.4-11，GTIN-14 常用的附加信息及其应用标识符的使用方法），这些信息可以有效地反映产品/商品生产、供应与贸易、零售等全部供应链跟踪的相关数据，甚至更有的主张加入一些物流，仓储配送运输、批发分销、诸如产品存储库存编号，当前位置，状态，售价，批号等信息，以便能使 RFID 标签在数据库支持不好、交换不足时读取数据，不参照数据库也可以直接得到标识对象相关信息，更好地运用于脱机工作的单个识读器数据采集终端——这就是所谓的 Data-on-Tag 模式。

但是另一方面，应用标识符之后的附加信息是贸易单元 ID 的附属代码，必须跟随贸易单元 ID 一起使用，而不能单独使用。附加信息在 SGTIN 中的数据格式是怎样的？应用标识符在 SGTIN-96、SGTIN-198 格式里的位置应该怎样确定？现行的条码标准的应用标识符如何向 EPC 标准转换？到目前为止笔者并没有找到相关标准的具体规定，因此无法确定附加信息在开放式 RFID 系统中的统一编码方法。

5.3.3　在哪个环节写入

在哪个环节给 RFID 标签写入数据？从有效利用 RFID 数据的角度出发，数据的写入应该是越早越好。一般来说，在贴标前写入数据的情况居多，但具体确定哪个环节，还要针对用户的业务流程及 RFID 系统应用集成度的实际情况决定。

1. 在初始化时一次性写入

如果确定采用内置式标签，那么可以委托标签制造商一次性写入标识对象的相关数据，这样可以降低标签操作成本。

2. 在业务流程多个不同的环节多次写入

在实际使用中，你也许需要在业务流程多个不同的环节多次写入。以较为复杂的制造业应用为例，当根据本书 3.6 节确定应用集成度之后，实际上已经基本确定了标签数据写入的具体环节。

（1）用集成度 1——单纯“贴—运”：委托他人写入或在发货前写入数据并贴标。

（2）用集成度 2——“贴—检—运”三结合：在出货前写入数据并贴标。

（3）应用集成度 3——WMS 贴标：在检货后写入数据并贴标。

（4）应用集成度 4——自动贴标：在产品制造下线时自动写入或离线批次写入或入库前写入。

（5）应用集成度 5——集成贴标：在生产计划下达时从物料开始全面写入。

5.3.4 怎样写入

如果选择了前文中的供应链管理 RFID 应用，则大多数都选用智能标签，一次性大批量写入数据、打印标签，然后再贴附到标识对象上。

在“签物分离”的初始状态，从供应商那里买来的空白智能标签，一般是卷成一盘一盘的成卷存放，因此也被称为卷标。在这样的空白标签上写入数据，一般都选用智能标签打印机。

如果标签已经贴在标签对象之上，如图 5.2.8-1 所示的“RFID 嵌体直接嵌入标识对象或其商品标签中”，在这种“签物不分离”状态下，标签是跟标识对象在一起，此时就只能采用读写器写入数据。这种情况一般是在应用过程中进行实时数据写入，那么读写器应该配置在相应的流程控制点或数据采集点上。

5.3.5 智能标签打印机

适用于智能标签的数据写入与条码可视化标签打印的 RFID 标签打印机被称为智能标签打印机，如图 5.3.4-1 所示。智能标签打印机是集数据的读出、写入和打印功能为一体的 RFID 标签专用设备。智能标签打印机也可以说是一台带有近场 RFID 读写器的条码打印机，其工作流程控制如图 5.3.4-2 所示。

图 5.3.4-1 智能标签打印机

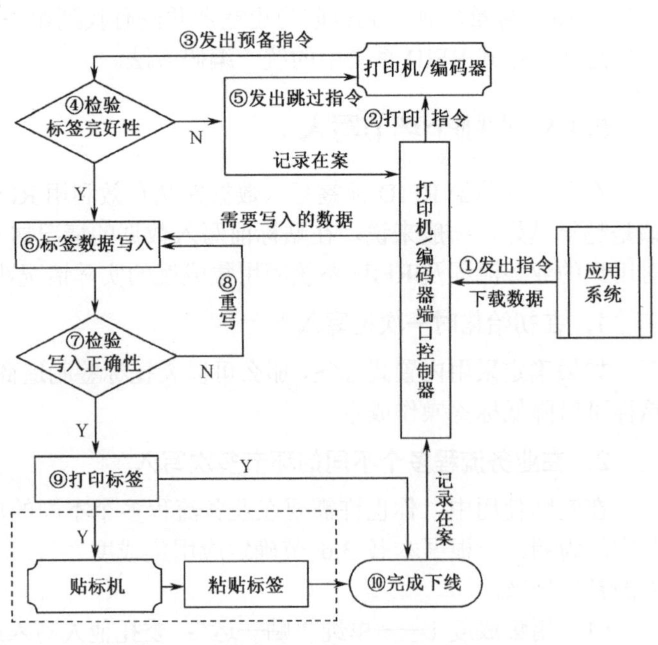

图 5.3.4-2 智能标签打印机工作流程控制

① 应用系统（ERP/WMS/MES 等）发出写入、打印等指令，同时下载所需要的相关数据给智能标签打印机的端口控制器。

② 智能标签打印机的端口控制器传导应用系统的打印指令。

③ 智能标签打印机首先发出打印预备指令，指示读写器（编码器）去读取卷标上的智

能标签。

④ 读写器（编码器）执行读命令，进行标签完好性检验。

⑤ 如果发现智能标签存在缺陷，则发出跳过指令，在标签上打印记号，并向应用系统发回信息，记录在案。

⑥ 如果未发现智能标签存在缺陷，则确认标签完好，发出写入指令，将从应用系统下载的相关数据写入当前智能标签。

⑦ 检验写入正确性。

⑧ 如果发现写入不正确，则返回重新写入数据。

⑨ 如果未发现不正确，则打印标签。

⑩ 完成整个写入、打印工作流程，下线并将该标签操作记录返回应用系统，转入下一个标签的操作循环。

5.4　贴标

贴标就是将 RFID 标签与标识对象紧密相连，使“签物不分离”。
贴标可以采用手工贴标、贴标机贴标和标签机贴标等形式。

5.4.1　贴标方式

根据标签形式的不同贴标有许多方式：对于内置式 RFID 标签，可以镶嵌在产品或商品标签中，或者镶嵌于运输工具及其物流单元化器具的材质中，或者固定于其表面；对于信用卡状 RFID 标签可以由人工手持单独使用；对于粘贴式 RFID 标签可直接粘贴于标识对象及其包装上；对于悬挂式 RFID 标签，可以吊附在标识对象上；对于异型式 RFID 标签则要根据不同的形状采用不同的贴附方法，如动物 RFID 标签用耳标钳打入动物的耳廓上；车辆 RFID 标签直接粘贴于汽车挡风玻璃上部表面；等等。

根据自动化程度分类，有人工贴标和贴标机自动贴标两种方式。人工贴标简单灵活，适用于多品种小批量的贴标；贴标机贴标是发达国家普遍采用的自动化贴标手段，贴标机适用于自动化程度较高的生产流程和过程控制，或者一次性写入并大批量贴标的操作。

贴标机可以与智能标签打印机集成在一起，称为标签机。标签机可以一次性完成数据写入、标签打印和标签粘贴三个工序的工作，适用于应用集成度较高的 RFID 系统。

标签贴在什么位置？包装需不需要预处理？这些是看似简单而又直接影响系统识读率的重要因素，需要通过模拟实验和现场测试进行贴标分析，才能得到最佳的方案。我们将在第 6 章的 6.4 节“RFID 系统识读率要素——系统配置的综合考量”中分析讨论。

5.4.2　贴标机

在集成度较高的 RFID 系统，如 5.3.3 节所述的 WMS 贴标、自动贴标、整体集成的应用模式中，可以使用贴标机，如图 5.4.2-1 所示。

图 5.4.2-2 给出了贴标机的工作流程，在许多情况下，贴标机需要与智能标签打印机配合工作。

① 应用系统（ERP/WMS/MES 等）发出贴标指令，同时下载需要的相关数据给智能标签打印机的端口控制器。

图 5.4.2-1　贴标机

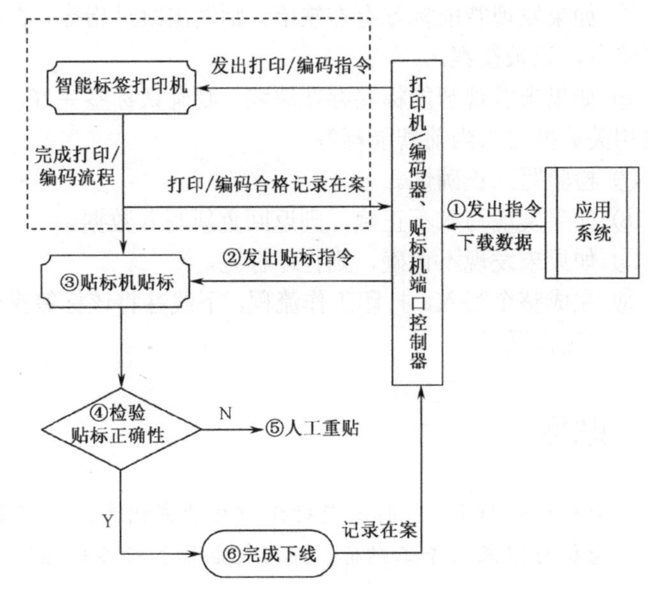

图 5.4.2-2　贴标机的工作流程控制

② 经智能标签打印机写入、打印好的标签进入贴标程序，端口控制器传导应用系统的贴标指令。

③ 贴标机执行贴标命令。

④ 贴标机中的读写器进行标签正确性检验。

⑤ 如果贴标不正确则需要下线人工重贴，或者人工重新上线，再行自动贴标。

⑥ 如果贴标正确，则完成贴标工作流程，将该标签贴标操作记录返回系统，转入下一个操作循环。

5.4.3　标签机——打印机与贴标机的集成

在实际应用中，智能标签打印机与贴标机需要配合工作，为此，有些 RFID 专用设备商推出了智能标签打印机与贴标机的二合一产品，称为标签机，美国 Printronix Inc.（普印力公司）的 SLPA7000 标签机就是其中之一，如图 5.4.3-1 所示。

图 5.4.3-1　SLPA7000 标签机

图 5.4.3-2 是沃尔玛某快餐食品供应商采用 SLPA7000 标签机对其贸易单元和物流单元标签贴标的应用流程。

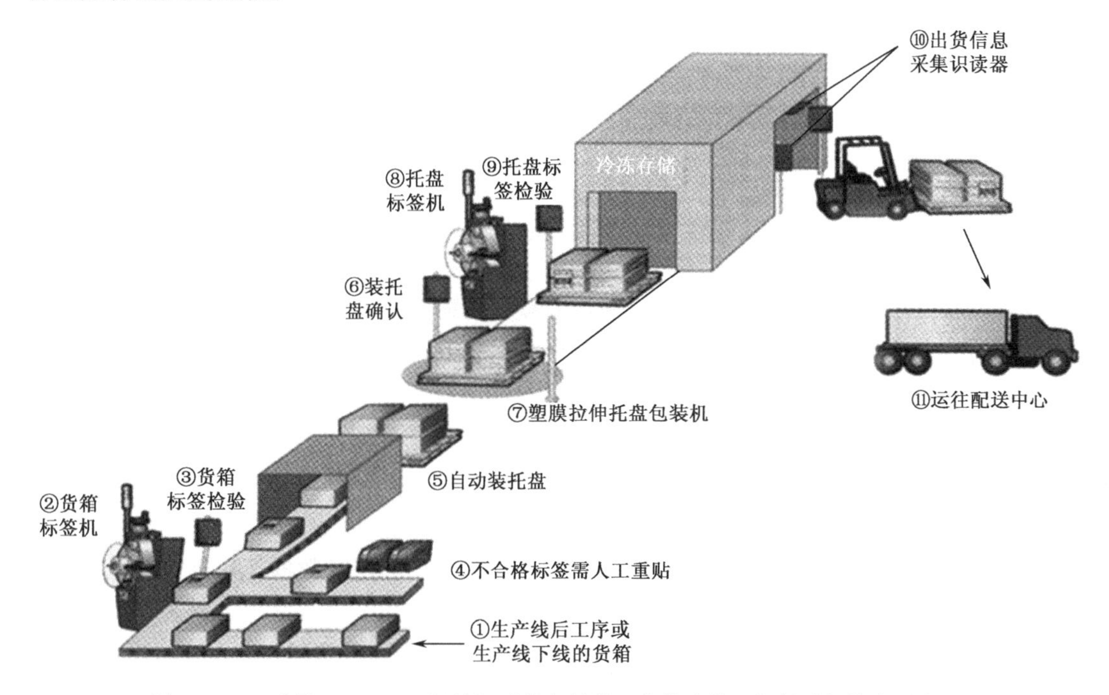

图 5.4.3-2　采用 SLPA7000 标签机对其贸易单元和物流单元标签贴标的应用流程

流程①～④是对货箱——快餐食品的贸易单元（也称为仓储理货单元）的写入、打印和贴标操作。

① 生产线后工序或生产线下线的货箱

货箱贴标的起始工序可以是生产线后工序，如果是这样，应当考虑标签机对生产线的影响，比如贴标机的安装是否会对生产线产生干扰，其写入、打印和贴标速度是否与生产线货箱包装的速度匹配，等等。

当然，为了减少对生产线产生干扰，货箱贴标的起始工序也可以不与生产线下线相接，这样需要另设场地，并需设置专门的运输设备将下线后的货箱不断地运往标签机的工作场地。

② 货箱标签机

在此工序，货箱标签机按系统的命令连续执行写入、打印和贴标三个程序，最终实现将写入贸易单元 ID 代码的智能标签粘贴到货箱上。

③ 货箱标签检验

为了保证 RFID 系统识读的可靠性，标签机一般都具备标签检验，检验合格的标签才能放行。

④ 不合格标签需人工重贴

对于检验不合格的标签需要返工，贴标流水线设置了专门的下线区域，用智能标签打印机重新写入数据、打印标签之后，由人工重贴标签，放回传送带。

流程中⑤～⑪是托盘——快餐食品物流单元的写入、打印和贴标操作。

⑤ 自动装托盘

托盘是快餐食品的物流单元，贴标流水线可以按照系统预置的数据执行装托盘程序，然后进入托盘贴标流程。

⑥ 装托盘确认

自动装好的托盘需经过装托盘确认工序。装托盘确认读写器读出当前托盘上快餐食品的贸易单元数量，与系统下载的规定数据比较确认，准确无误后进入下一个工序。

⑦ 塑膜拉伸托盘包装机

当每一个托盘装载完成并确认无误后，需要用塑膜拉伸托盘包装机进行塑膜包裹固定，包裹形成快餐食品的物流单元。

⑧ 托盘标签机

托盘标签机按系统的命令连续执行写入、打印和贴标三个程序，最终实现将写入物流单元 ID 代码的智能标签粘贴到托盘上。

⑨ 托盘标签检验

读写器对托盘标签进行检验读取，确认合格进入冷冻储藏。

⑩ 出货信息采集识读器

需要出货时，冷冻库出口的读写器采集到从仓库流出的托盘数据，记录在案，出货完毕，与送货单信息核对无误后提示放行。

⑪ 运往配送中心

以物流单元为单位的快餐食品装车运输，系统发送预先出货通知（ASN）给沃尔玛公司收货的配送中心，系统同时进行相关的订单数据处理。

至此，完成了在一个智能标签打印机与贴标机集成的标签机支持下的 RFID 应用。

5.5 怎样选择 RFID 专用设备——打印机、贴标机和标签机

打印机、贴标机和标签机都是智能标签使用的 RFID 系统专用设备。

用户需要从系统应用集成度的适配、标签的兼容、业务流程的适配、场地环境的适配、系统的连接以及标准化认证六个方面分析权衡，选择适合自己的 RFID 专用设备。

本节将综合考虑专用设备性能及其与 RFID 系统的关联，结合沃尔玛成功的应用案例，讨论 RFID 专用设备的适配选择。

5.5.1 与系统应用集成度适配

当用户准备选用 RFID 专用设备时，用户应该已经按 3.6 节的分析确定了系统应用集成度，那么还需要考虑以下问题：

用户是否需要采用直接与生产衔接，写入、打印和贴标一条龙作业？

用户是否采用批量写入、打印之后，批量贴标？

用户需要配置智能标签打印机、贴标机，还是标签机？

1．应用集成度 1——单纯“贴—运”

如果 RFID 系统仅仅是为了满足零售商供货的合规性要求，对小批量的包装箱和托盘进行“贴—运”操作，一台独立的智能标签打印机加人工粘贴的方式就能满足操作需要。

2．应用集成度 2——“贴—检—运”三结合

如果在包装箱和托盘进行“贴—运”的基础上，增加了订单与发货单的核对，在批量不大、人工费用可以接受的情况下，配置一台独立的智能标签打印机加人工粘贴的方式也可能满足操作需要。

3．应用集成度 3——WMS 贴标

如果需要标识大量的商品，可采用应用集成度 3——WMS 贴标，此时可能有多个出货点，可以根据不同的批量使用不同的设备配置，如在出货量小的出货点采用打印机—人工贴标的配置；在出货量大的出货点采用打印机—贴标机的配置。

如果打印机与贴标机是分离的，需要采用打印一卷标签，再通过人工方式将其安装在贴标机上贴标。

4．应用集成度 4——自动贴标

自动贴标的 RFID 应用在后端集成了订单管理和自动 RFID 贴标操作，可以采用在线即时贴标或离线批次贴标两种模式。

在线即时贴标可以采用打印机与贴标机一体化的标签机；离线批次贴标可以有打印机—贴标机配置，或者标签机配置。

5．应用集成度 5——集成贴标

集成贴标是最积极的 RFID 应用，就是在 RFID 技术的积极追随者中也是少数先进用户所采用的方式。集成贴标当然是打印机、贴标机一体化的标签机配置，如图 5.5.1-1 所示。

图 5.5.1-1　一体化的标签机在集成贴标中

通过专用设备选型与系统应用集成度适配的分析，你可以大致确定设备配置的方向，并有了一个初选目标。

5.5.2 与标签兼容

1．标准是否匹配

标准化是所有RFID硬件选型中的重要的问题。目前市场上大多数RFID超高频硬件设备都遵从ISO标准或EPC标准的相关通信协议。例如，符合Gen2通信协议的硬件设备可以有效地集成到现有的高频RFID系统中，不会因为标准不同而造成困扰。

不同型号的标签和不同型号的打印机、贴标机和标签机的电性能可以遵从不同的技术标准，如低频标准、高频标准和超高频标准等，但所选择标签和专用设备在执行标准上必须匹配，才能获得良好的应用效果。

2．曾经发生过的类似问题是我们很好的借鉴

在RFID项目实施的初期，某供应商选定了著名标签公司Rafsec、Omron和Alien生产的超高频标签，这些标签都是明确符合沃尔玛的RFID合规性要求，但沃尔玛并没有提供与以上标签相兼容的标签机的型号。该供应商所选用的Printronix Inc（普印力）的SL5000e智能标签打印机当时并不支持以上的智能标签，导致了标签与智能标签打印机的不相兼容。幸好SL5000e具有良好的灵活性和模块化的设计，通过SL5000e的性能升级解决了智能标签打印机与智能标签兼容性问题。

当你确定了智能标签以后再选择智能标签打印机，那么再选择的智能标签打印机一定要遵从与标签一致的技术标准；或者当你已经配备了智能标签打印机，那么再选择的智能标签一定要遵从与智能标签打印机一致的技术标准。

3．是否具备写入数据的验证功能和纠错功能

纠错是提高智能标签使用可靠性的重要手段，一般智能标签打印机或标签机都应该具有写入数据的验证功能和纠错功能，选择时一定要确认是否真正具有此项功能。

智能标签可能有很小比例的“坏卷标”不能被写入，称为“死亡”标签。对“死亡”标签或者不能正确写入标签的不同处理，体现了智能标签打印机功能的差异。有些标签打印机具有图5.3.4-2中的预查功能，可以在数据写入前检验标签的完好性，发现不能使用的“死亡”标签，加印无效记号，跳过该失效标签，对下一个标签检验，检验完好的才写入数据。

有些智能化贴标机的集成还具备标签写入检验功能，标签写入数据后设有一道读取工序，确认写入的数据能不能正确回读，如果不能，那么该标签也会被加印无效记号，以便操作者知道该标签不能使用。打印机会自动在下一个标签上写入相同的数据，这样标签的写入就不会有缺漏了。

对于失效标签的处理，不同厂家不同型号打印机的处理方法也不尽相同，例如，保留在卷轴上、移走或者集中放在一个独立的装置内，而哪种是最佳的方式则由用户的操作偏好选择来决定。

4．介质性能是否兼容

目前市场上的智能标签打印机有热敏式、热转印式和直热式三种打印方式。如果已经选用了热敏智能标签，那么一定要选用基于热敏技术的智能标签打印机。但热敏智能标签

对环境的适应性较差，现在一般较多使用的是适于热转印式和直热式的普通纸质智能标签，那么你就需要选用相应的热转印式或直热式智能标签打印机。

可能有些标签的表层材料不能适应高速热敏或热转印打印，还有些标签使用的胶层也可能会对打印和贴标造成不良影响，从而造成标签质量下降，影响标签的可视化识读率，因此也需要加以注意。

5．近场耦合是否匹配

与读取相比，标签的数据写入需要消耗更多的能量，因此，智能标签打印机中的读写部件大都设计安装在离标签很近的位置，有效地发挥了近场读写的优势。但应用中由于芯片在标签上安装的位置与智能标签打印机读写不对应，影响近场耦合而不能写入的情况也时有发生，智能标签打印机的读头应具有一定的定位调整弹性，究竟能否满足现有标签的需求，还需要经过现场测试才能确定。

6．标签尺寸范围是否合用

设备是否可以使用标准尺寸规格的标签？如 4×6（英寸，1 英寸=2.54 厘米）、4×2（英寸）、4×1（英寸）的智能标签；是否还需要配置非标准规格尺寸的智能标签？

7．可视化信息是否合用

打印机能够打印的条码种类、文字、字符、符号设计是否合用？是否还需要特殊的图形符号，等等。

5.5.3　与业务流程适配

业务流程的需求可以细化用户的设备配置。用户可能还需要明白打印机、贴标机和标签机的以下性能。

1．速度

是否满足用户需要的写入、打印及贴标速度的要求；如果厂家提供的速度参数符合用户的需求，比如用户需要图 5.3.4-1 这样的 40～500 标签/分钟的打印机，其使用速度是否能够达到最高标称值；用户实际使用速度范围集中在哪一段？用户最好进行现场测试，以便对其真实性能加以确认。

2．灵活性

设备是否具有方便用户转换的自动/手工操作模式？许多打印机具有自动/手工操作模式，如果用户的业务流程需要这种转换，就应该配置具有这种功能的 RFID 标签打印机。

3．运行方式

运行方式需要考虑：设备运用什么样的机械原理将标签贴在包装上；这种原理在贴标过程中，对标签的影响有多大；与用户的生产流水线作业是否兼容；等等。

4．容量

打印机和贴标机一次性能够容纳多少 RFID 标签，容量越大，越能减少因添加 RFID 标签带来的生产线停机的时间。

5. 衔接

贴标机与传送带是否具有很好的衔接，能够在不降低传送带速度的情况下，能否连续不断地将标签贴在包装箱同样的位置上。

6. 易操作性

易操作性指：专用设备操作界面是否友好；使用培训速成，还是复杂的方法；是否能够采用用户自行维修的方式减少预防性维护造成的停工时间。

5.5.4 与场地环境适配

与场地环境适配的问题包括：

（1）RFID 专用设备是否能够在用户需要的时间、地点适时写入，打印和粘贴智能标签；

（2）RFID 专用设备的外形尺寸与用户的安装场地是否一致，有什么特殊的安装要求；

（3）将 RFID 专用设备添加到生产线上，而不影响生产线的运行，难度有多大；

（4）RFID 专用设备对电源和网络有什么要求，是否需要气动控制。

5.5.5 系统连接

与系统连接主要考虑以下方面：

专用设备与后台应用系统连接还需要考虑哪些因素？

中间件是否具备连接 RFID 专用设备、标签数据和用户软件的程序应用界面？

我们发现大多数中间件提供商都会及时提供新模块的技术支持。但是当一个新的设备进入市场时，应用界面的开发需要很多时间。如果用户选用普通的 RFID 设备，那么这个开发的过程会更快、更容易。

RFID 专用设备是否存在特殊制约应用的连接要求？

综上所述，需要针对以上适应用户的具体问题，向设备提供商咨询、调查，甚至现场测试确定。

5.5.6 设备升级

非 RFID 打印机和贴标机能够轻松地升级到 RFID 打印机吗？这是许多用户非常关心的实际问题。

现有的条码打印机必须经过全面的调整才能集成 RFID 模块，因此，大多数 RFID 设备供应商只为他们最新款的条码打印机及贴标机提供 RFID 升级选择。从欧美发达国家用户的应用经验来看，大部分的 EPC Gen 1 打印机也都不能简单地升级成 EPC Gen 2 打印机，必须要更换一两个模块，并且还需要技术人员亲临现场完成升级。所以，如果用户想要升级设备，就需要预先和系统开发商协调，经过系统开发商对升级的工作量和成本进行评估、权衡，提出具体的方案。

如果用户已经拥有现成的批量较大、水平不错的条码标签打印机，可以要求系统开发商集成改造升级为智能标签打印机；如果用户现有的条码打印机已经服役多年，可能购买新的智能标签打印机更合适。

第 6 章　RFID 读写器——数据采集与识读率

作为物联网数据采集终端的 RFID 系统是物联网的“神经末梢”，数据采集追求的综合目标是系统的识读率。

RFID 读写器是数据采集关键性部件，数据采集的质量一般用识读率来衡量，较高的识读率是 RFID 系统最基本的要求，提高识读率也成为 RFID 系统不断优化的追求。

6.1　读写器

RFID 的数据采集以读写器为主导。

RFID 读写器是一种通过无线通信，实现对标签识别和内存数据的读出或写入操作的装置。读写器又称为阅读器或读头（Reader）、查询器（Interrogator）、读出装置（Reading Device）、扫描器（Scanner）、通信器（Communicator）、编程/编码器（Programmer）等。

6.1.1　读写器工作原理

RFID 读写器的基本原理是利用射频信号与空间耦合传输特性，使电子标签与阅读器的耦合元件在射频耦合通道内进行能量传递、数据交换，实现对标识对象的自动识别。

发生在读写器和电子标签之间的射频信号耦合有两种类型。

（1）电感耦合（Inductive Coupling）：变压器原理模型。依据电磁感应定律，射频信号通过空间高频交变磁场实现耦合。电感耦合方式一般发生在中、低频工作的近距离射频识别系统中。典型的工作频率有 125 kHz、225 kHz 和 13.56 MHz。识读距离一般小于 1 m，典型识读距离为 10～20 cm，也称为近场耦合，如图 6.1.1-1 所示。

（2）电磁反向散射耦合（Backscatter Coupling）：雷达原理模型。依据电磁波的空间传播定律，电磁波碰到目标后反射，同时携带回目标信息。电磁反向散射耦合方式一般发生在高频、微波工作的远距离射频识别系统。典型的工作频率有 433 MHz、915 MHz、2.45 GHz、5.8 GHz。识别作用距离大于 1 m，典型作用距离为 3～10 m，也称为远场耦合，如图 6.1.1-2 所示。

典型的阅读器包含有射频模块（发送器和接收器）、（读写）控制模块以及（阅读器）天线。读写器的基本构造设计与工作原理如图 6.1.1-3 所示。

射频模块的主要功能是产生高频发射能量；对发射信号进行调制，并传输给标签；接收并解调来自标签的射频信号。

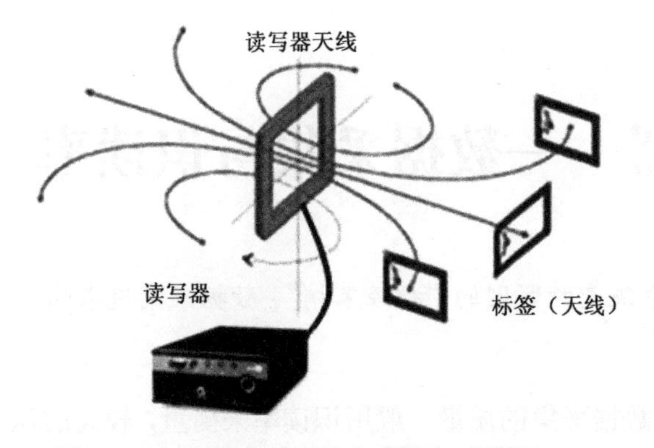

图 6.1.1-1　变压器原理的电感耦合（近场）

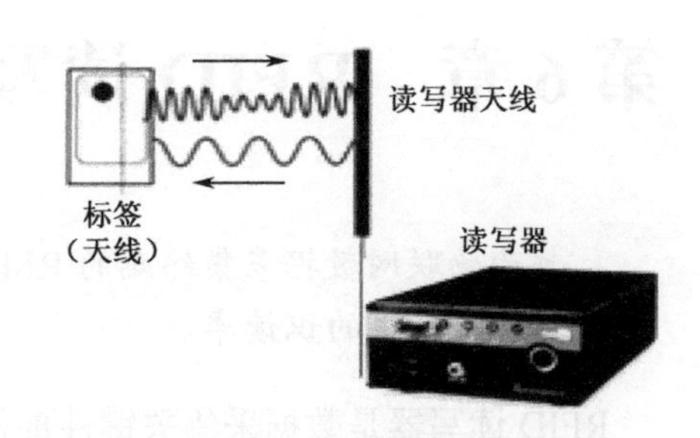

图 6.1.1-2　雷达原理的电磁耦合（远场）

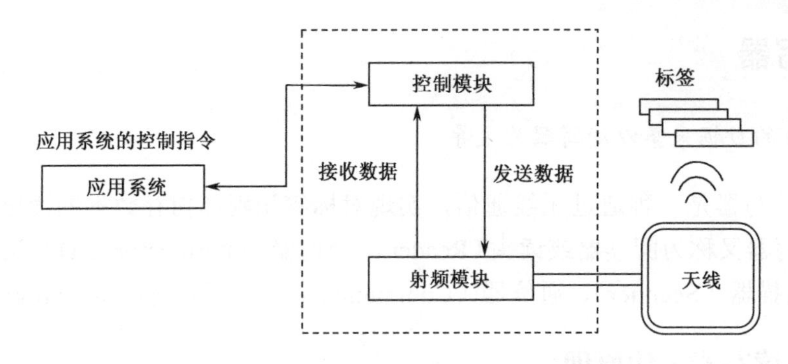

图 6.1.1-3　读写器的基本构造设计与工作原理

读写控制模块也称为控制系统，主要具有以下功能：

（1）与应用系统软件进行通信，并执行从应用系统软件发来的动作指令；

（2）控制与标签的通信过程；

（3）信号的编码与解码；

（4）执行防碰撞算法；

（5）对读写器和标签之间传送的数据进行加密和解密；

（6）进行读写器和标签之间的身份验证。

阅读器根据使用的结构和技术不同，可以分为只读和读/写装置，阅读器通常包含基础的中间件软件，是 RFID 系统信息控制和处理中心。阅读器通过电感或电磁耦合给标签提供能量和时序，一般采用半双工通信方式进行数据交换。在实际应用中，可以通过 Ethernet（以太网）或 WLAN（无线局域网）等实现对物体识别的数据采集、处理及远程传送等管理功能。

6.1.2　读写器的分类

从工作频率、读写模块与天线的集成方式、便携性、智能程度等性能出发，读写器有以下不同的分类。

1．工作频率

与电子标签一样，根据工作频率的不同，读写器也分为低频、高频、超高频、微波等不同频段的产品。不同频段的读写器应与对应频段的 RFID 标签配套使用。为了适应开放式系统中可能出现的同时使用不同频段标签的实际情况，读写器生产商已经开发出了适用于覆盖 2 个频段的双频读写器，用户可以根据自己具体需求配套选用。

2. 读写模块与天线的集成方式

依据读写器读写模块与天线集成方式，读写器分为一体式读写器与分体式读写器。顾名思义，一体式读写器的读写模块与天线集成一体封装，成为一个整体，如图 6.1.2-1 所示；分体式读写器的天线与读写模块则分体封装，使用同轴电缆连接，如图 6.1.2-2 所示，分体式读写器的天线根据应用环境的不同可以制造成各种不同形状，如图 6.1.2-3 所示。

图 6.1.2-1　一体式读写器

图 6.1.2-2　分体式读写器

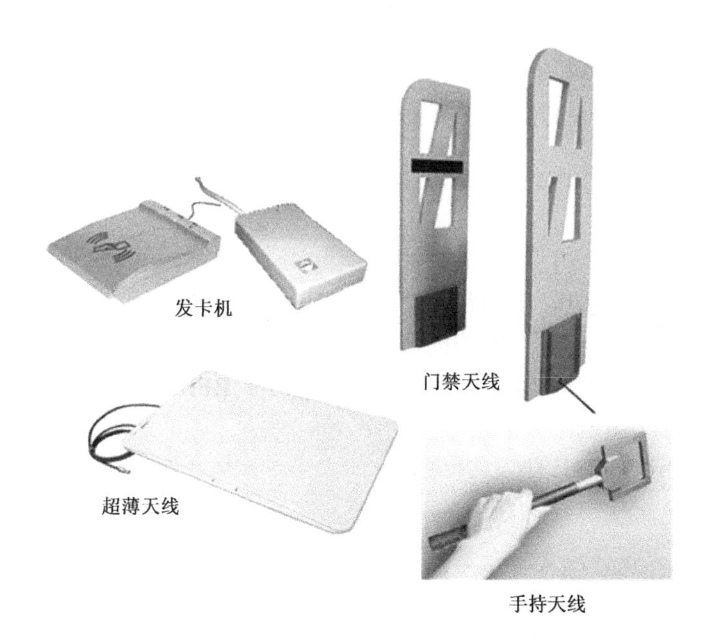

图 6.1.2-3　不同应用环境中的不同形状的读写器天线

3. 便携性

根据读写器的便携性质，可将读写器分为固定式、便携式和移动式。

固定式读写器在外观上通常会看到数据串口、电源接口、安装托架、工作/电源指示灯。分体式固定读写器还留有天线接口，常规的为 4 个；一体式固定读写器最常见的代表应用是公交卡读写器，由于分体式固定读写器可携带多个天线，通常在闸门、通道等标识对象运动轨迹具有一定规律的环境中使用，还可通过多路器扩展天线个数，优化识读效果。

便携式读写器也称为手持式读写器，如图 6.1.2-4 所示。

与大部分便携设备一样，便携式读写器将 RFID 识读功能与掌上电脑集成在一起，适用于用户手持使用。通常配有液晶显示屏及键盘，以便于用户进行操作。便携式读写器同时也具备一定内存，以保证设备中所安装的程序运行及数据存储，同时配有数据接口可供传输数据。便携式读写器也可以根据用户需求配备其他功能，例如集成条码识读功能、全键盘等，工业级应用还可以实现较好的防水、防尘以及防冲击的性能。

移动式读写器通常出现在一些特定应用中，如 RFID 图书移动管理系统，在图 6.1.2-5 中就是一个推车式图书馆盘点系统。移动式读写器性能与固定式读写器类似，最大的特点是读写器不是固定安装在某个地点，而是和天线一起集成到一个可移动的载体上，以完成流动识读的需求。

图 6.1.2-4　RFID 便携式读写器

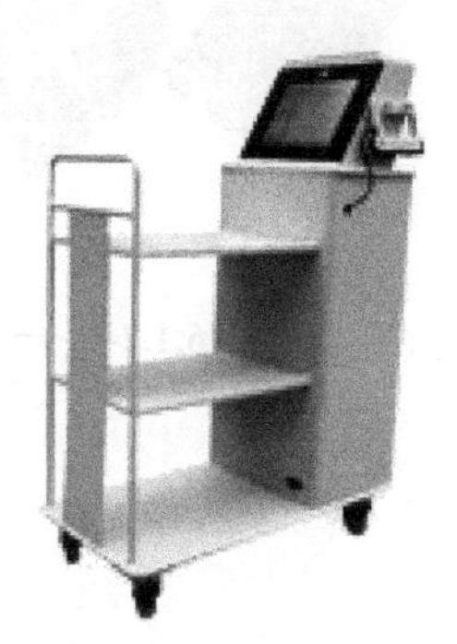

图 6.1.2-5　推车式图书馆盘点系统

4．智能程度

简易读写器简单、便宜，较为常用，但是相比之下功能有限；智能读写器较简易读写器功能更全面，更适合需要离线操作的情况，例如，能够支持不同的通信协议、能够过滤数据、运行执行命令等，智能读写器实际上已经包含了 RFID 中间件的一些功能。

6.2　读写器的数据采集

读写器的技术设计决定了读写器数据采集的质量。

6.2.1　读写器的软件功能

为了使读写器能根据系统指令完成相应的读写动作，读写器的读写模块中通常固化了一些基本的软件，这些软件可以实现以下功能[1]。

1．控制

控制是指系统控制与通信功能。控制天线发射的开关，控制读头的工作模式，完成与

1 游战清，李苏剑. 无线电射频识别技术（RFID）理论与应用[M]. 北京：电子工业出版社，2004.

主机之间的数据传输和命令交换等功能。

2．导入

导入是指在系统启动时导入相应的程序到指定的存储空间，然后执行导入的程序。

3．解码

解码是指将指令系统翻译成机器可以识别的命令，进而控制发送的信息，或者将接收到的电磁波模拟信号解码成数字信号，进行数据解码、防碰撞处理等。

6.2.2　防碰撞技术

与其他自动识别技术相比，RFID 读写器的一个重要的特点就是可以同时读取多个标签。为了实现这一功能，在通信上需要采取防冲撞（防碰撞）技术。如果没有防冲撞的功能，RFID 系统只能读取一个标签，如果有两个以上的标签同时处于可读取的范围内就会导致读取的错误。

具有防碰撞功能的 RFID 系统，实际上并非同时读取所有标签的内容，在查出同时存在多个标签的情况下，读写器会检索信号并开始启动防止冲突的功能。为了进行检索，首先要确定检索条件，例如，13.56 MHz 频带的 RFID 系统里应用的 ALOHA 方式的防碰撞功能的工作步骤如下：

（1）首先阅读器指定 RFID 标签特定内存的字节（1～4 位）为标签读取的临时“编号”，例如两个字节的“编号”可以为“00、01、10、11”。

（2）阅读器对不同“编号”的标签分配不同的响应时点，将标签的响应时点离散化，分别在不同的时点逐一读取不同标签的数据。

（3）只有在某个时点上响应读写器的 RFID 标签仅有一个的情况下，读写器才能得到这个标签的正确数据。数据读取之后，读写器立即发送一个睡眠指令（Sleep/Mute），令该标签在一定的时间内休眠，以避免重复读取。

（4）如果在某一时点上同时有几个电子标签响应读写器，即判别为“冲突”。此时，启动内存的另外两位字节所记录的“编号”，重复以上从（2）开始的处理。

（5）待所有的 RFID 标签都完成识读之后，阅读器向它们发出唤醒指令（Wake up），从而完成了对所有标签的数据读取。

在这种具有防碰撞功能的 RFID 系统中，为了只读一个标签，读写器需要反复对标签“编号”进行检索，几经周折方可正确读取。所以，一次性读取多个标签，需要花费比单一读取更多的时间，一次性读取的标签数目越多，完成全部读取所需时间就越长。

在现实应用中，防冲撞的功能是必不可少的，也是 RFID 在物流领域中取代条码的优势所在。例如，在超市里，商品是装在购物车里面进行一次性计价的。为了实现这种计价方式，防冲撞功能必须完备。另外，RFID 在电子货币和个人认证方面的应用中，同时识别几个标签可能会发生身份认证和扣款的差错，因此当前的公交卡 RFID 系统均为单标签识读。

同时，具有防冲撞功能 RFID 系统会增加一定的成本，当然，如果用户的业务流程可以避免多个标签同时识读，就没有必要选择防冲撞的读写器。

6.3 读写器的选择

读写器的功能及其适配程度与系统识读率息息相关，选择适配的读写器是保证足够的系统识读率的关键。

无论是固定式的，还是移动的，或者手持机，大部分读写器都能在识读范围内识读到标签。对于读写器的选择，用户需要决定的是：基于用户的业务流程，到底是固定式的更合适还是手持的更合适。

读写器本身也有性能和安装方式的区别，因而不同的用户有不同的选择方案。系统集成商或许会向用户建议他们最熟悉的读写器，但用户同时需要考虑读写器的购买成本、可靠性和服务支持。

6.3.1 智能还是简易

首先用户需要确定选择智能读写器，还是简易读写器。不同的应用环境对读写器有着不同的要求，例如，在商品类别并不复杂的传送分拣系统中，可以采用简易读写器，通过网络连接读写器并将数据上传给应用系统；但是对零售商而言，则需要智能读写器，以满足读取不同供应商的各种类别的商品所使用的不同标签的要求。

在用户 RFID 项目不断升级的情况下，数据采集的要求也会随之剧增，此时应该配置较多的智能读写器。大多数智能读写器都具有过滤及存储数据的功能，例如，货架上的商品不发生移动的时候，读写器可能每分钟读到上千次商品的标签，但是读写器只是在规定时间内没有读到标签的情况下，才会报告给库存管理系统。具有先进的过滤功能的智能读写器还可以通过编程实现解释数据以及传递有用数据的功能，例如，一个贴标的托盘在入库作业中经过识读区到达缓存区，但实际操作中常常会发生因为缓存区的拥挤又被退回至识读区的现象，此时如果使用简易读写器，则可能会因为没有对退回事件编程，而仍然按照商品离开发出报告，就出现了二次出货的错误报告；但智能读写器则可能根据商品 RFID 标签的 ID 代码的对比，判断退回事件，避免重复发送出货报告，由此显示了智能读写器的优越性。

有些智能读写器还具有运行软件程序执行过滤指令的功能。例如，零售商进行收货操作，智能读写器可以对缺货商品信息进行过滤，在读到到货商品处于缺货状态时，即触发接货台的灯光或声音装置，提醒员工第一时间将这些缺货商品上架。

6.3.2 选择频段

超高频（UHF）标签，工作频率为 860～960 MHz，因其能满足较长的识读距离要求，在供应链应用中处于主导地位。但是，工作频率为 13.56 MHz 的高频（HF）标签，在短距离识读、液体及金属表面识读有更好的表现。此外，RFID 应用可能需要应对在不同地区能够识读不同频率标签的问题。

兼顾不同频段需求的选择，通常发生在超高频与高频之间，如果需要同时识读超高频与高频标签，有以下两种选择：

（1）分别购买超高频与高频读写器；

（2）购买可以在两种频率下工作的多频段读写器。

虽然多频段读写器并不难找，但是用户在制定同时识读超高频与高频标签方案时，并不一定要全部选择多频段读写器。例如，对于 UHF 占主导地位的供应链应用而言，先使用 UHF 读写器，然后在需要识读 HF 标签时再购买 HF 读写器，可能比全部购买多频段读写器合理。因为单一频段的读写器会比多频段读写器更便宜，能为用户节省更多的经费。

如果用户的 RFID 应用计划会涉及全球的多个分支机构，除了频段，用户还需要确认挑选的读写器是否能满足不同地区输出功率、占空比等方面的法规要求[1]。

6.3.3　固定式还是便携式

针对读写器的数据处理功能，可将其分为智能读写器和简易读写器两种。根据读写器外形与安装形式的不同又可分为固定式、手持式或插卡式等。

固定式读写器通常被安装在闸门或者标识对象经常通过的节点上，例如，安装在通往展示厅和店面的门上，或者安装在传送带旁边。大多数读写器会被封装在金属外壳中，较便携式 DVD 略大，可以固定在墙上。它们或者有内置天线，或者留有外接天线的同轴电缆连接接口。读写器的天线则封装在塑料或者金属外壳内，用来保护天线，避免在仓库或者其他应用环境受到损坏。

无论从价格，还是从人工操作工作量等方面来说，固定式读写器都具有一定优势。但是，有些时候便携式读写器会更理想。沃尔玛就使用手持（便携）读写器定位仓库内的货物，这样比使用大量的货架读写器成本要低许多。

便携式读写器主要有两个优势：

（1）将 RFID 识读模块添加到手持（便携）式条码扫描机上，在 RFID 标签无法识读的情况下，可以采用条码扫描弥补。

（2）采用 PC 卡形式的 RFID 识读模块，可以通过 PCMCIA 插槽添加到 PDA 或其他手持终端上，以避免增加额外的设备费用。

6.3.4　天线

RFID 读写器的天线也是影响识读率的重要因素。按能量模式划分，RFID 读写器的天线可以分为线极化和圆极化两种，如图 6.3.4-1 所示，线极化和圆极化天线的特点见表 6.3.4-1。

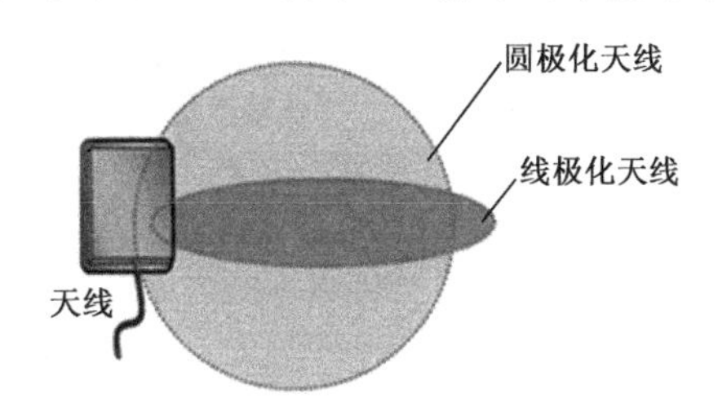

图 6.3.4-1　线极化与圆极化天线的能量模式

1 在欧洲 UHF 的工作频段是 865～868 MHz ，在北美是 902～928 MHz。亚洲大部分国家预期将会参照日本的做法选择 950～956 MHz 的频段，中国已经颁布了 840～845 MHz 频段和 920～925 MHz 频段的 RFID 应用许可（详见附录 A）。

表 6.3.4-1　线极化天线与圆极化天线

	线极化天线	圆极化天线
发送方式	射频能量以线性的方式发射	射频能量以圆形螺旋式发射
电磁场	线性波束具有单方向电磁场	圆形螺旋式波束具有多方向电磁场
方向性	相对圆极化天线强	相对线极化天线弱
识读范围	相对圆极化天线窄长	相对线极化天线宽泛
识读距离	相对圆极化天线远	相对线极化天线近
应用	行进方向确定的标签（标识对象）	行进方向不确定的标签（标识对象）

1．线极化天线

线极化的读写器天线发出的电磁波是线性的，其电磁场具有较强的方向性。线极化天线的电磁波如图 6.3.4-2 所示。

线极化天线具有以下特点：

（1）无线射频能量以线性的方式从天线发射；

（2）线性波束具有单方向的电磁场，相对圆极化天线而言电磁场较强，但范围较窄长；

（3）相对圆极化天线单方向识读距离较长，但由于方向性很强，因而识读宽度较窄；

（4）适应于行进方向确定的标签（标识对象）。

当 RFID 标签与读写器天线平行时，线极化天线有较好的识读率，因此，线极化天线一般用于标识对象行进方向已知的标签识读，如托盘；由于线极化天线电磁波波束局限于读写器天线平面尺寸内较窄的范围，能量相对集中，可以穿透密度较大的材料，所以，对密度较高材料有较好的穿透力，适合于较高密度的标识对象，如面粉、打印纸等。

线极化天线实际上是牺牲了识读范围的宽泛度，换来了标签敏感性强度和单向识读距离的长度，因此，使用时必须使标签与读写器天线实体平面平行，才能有良好的识读效果，如果标签平面与读写器天线实体平面垂直，则将完全读不到标签数据。

2．圆极化天线

圆极化天线的电磁场发射为螺旋式的波束，如图 6.3.4-3 所示。

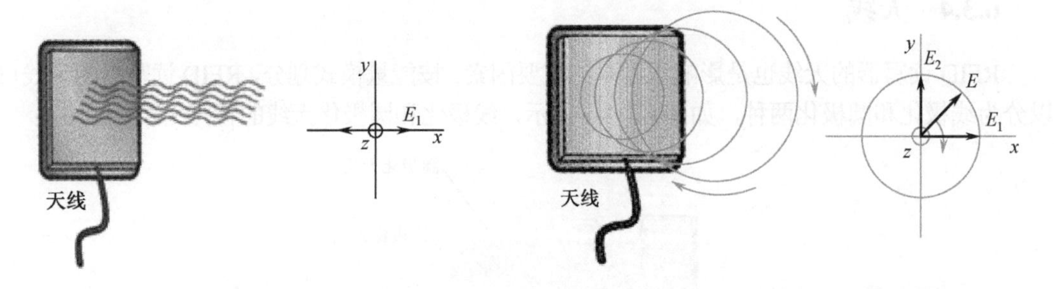

图 6.3.4-2　线极化天线的电磁波　　图 6.3.4-3　圆极化天线的电磁波

圆极化天线具有以下特点：

（1）无线射频能量以圆形螺旋式天线发射；

（2）圆形螺旋式波束具有多方向电磁场，电磁场范围较宽泛，但相对线极化天线而言强度较小；

（3）识读空间宽，但相对线极化天线而言单方向标签灵敏度较小且识读距离较短；

（4）适应于行进方向不确定的标签（标识对象）。

从图 6.3.4-3 中可知，圆极化天线的圆形电磁波束能够同时向各个方向发送。当遇到障碍时，圆极化天线的电磁波束具有更强的弹性和绕行能力，增大了标签从各个方向进入天线的识读概率，因而对标签的粘贴与行进方向的要求相对宽容；但是圆形波束的宽泛也带来了电磁波强度的相对降低，使标签只能享受某一个方向的一部分电磁波能量，而使识读距离相对变短。可以说圆极化天线是以牺牲识读距离为代价，换来了识读范围的宽泛。圆极化天线适应于标签（标识对象）行进方向未知的场合，如配送中心的货物缓存区等。

3．天线的数量和重量

使用固定式读写器，要考虑所需天线的数量和重量。固定式读写器有内置天线，或者可以通过接口连接多个天线。有内置天线的固定式读写器和外接天线的读写器的应用相同，各有各的优缺点。

（1）内置天线的固定式读写器安装比较简单，只需要固定好读写器，连接上电源线即可。其另外一个优点是，因为读写器与天线的连接足够短，不会因电缆线的长度影响能量传输和读写器的信号强度。

（2）外置天线读写器的优点是能覆盖更大的识读面积，在相同面积之下，要想达到相同的识读率，使用内置天线的固定式读写器显然要比使用外置天线的读写器所需要的数量多。

市面上有些读写器虽然只有一个内置天线，但大部分的读写器可以支持扩展到两个、四个，甚至八个天线。有的还可以通过多路器连接更多的天线，理论上一个读写器可以通过多路器最多连接 256 个天线，但天线数目过多，能量衰减和数据处理就可能成为应用的瓶颈。

将天线放置在识读区域的上、下、左、右四面，形成一个通道，克服了线极化天线的识读局限，将极大地提高标签的各个方向的识读概率。增加读写器天线的数量可以直接提高识读率，但是读写器天线数量的增加也会提高读写器的单位成本，价格往往也是用户最为关心的问题。此外，购买读写器时还需要考虑以下几个问题：

（1）购买的读写器是否能满足今后（比如，18 个月以后）的应用需求？

（2）读写器采集什么样的数据？

（3）供应链上的其他企业将采用什么样的读写器？

（4）供应商使用的 RFID 标签采用什么样的标准？

6.4　RFID 系统识读率要素——系统配置的综合考量

本节所讨论的识读率不是 RFID 标签的识读率，也不是 RFID 读写器的识读率，而是对于一定软硬件配置和应用环境下的 RFID 系统识读率，影响系统识读率的因素应该从系统配置与应用环境综合考量。

6.4.1　RFID 系统识读率概述

RFID 系统识读率是指已经正确识读的标签占应该正确识读的标签的百分比，其量化表达式如下：

$$\text{RFID系统识读率}=\frac{\text{已经正确识读的标签}}{\text{应该正确识读的标签}}\times 100\%$$

影响 RFID 系统识读率的因素是综合性的、系统性的，如图 6.4.1-1 所示。

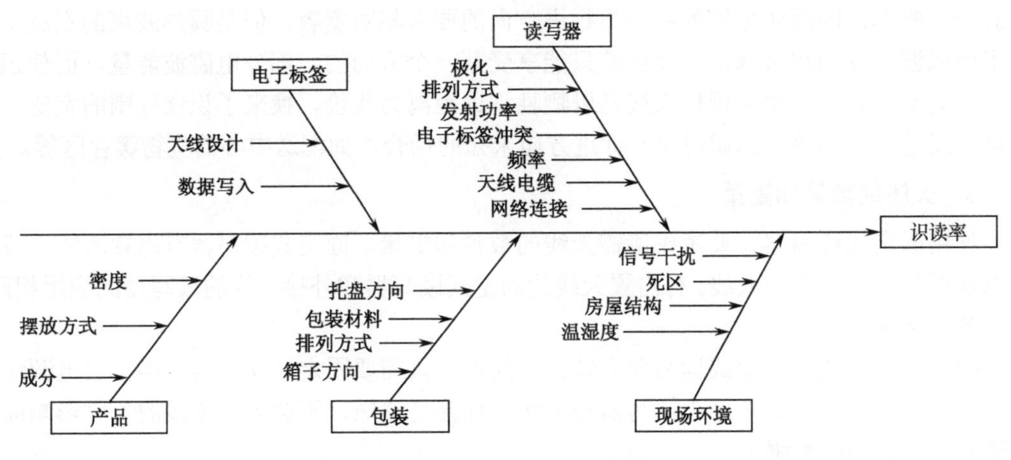

图 6.4.1-1　影响识读率的因素

RFID 系统所具备的批量识别、移动识别、非接触性识别等优势特性，在刚开始产业化时，曾为应用者神往。但是，在现有案例中无法实现 100%的识读率却成为 RFID 系统的硬伤，为此，在实际应用中往往需要采用其他识别手段加以弥补，必要的管理手段也能够帮助杜绝识别的漏洞，例如：利用扫描条码符号作为辅助手段的 RFID 供应链应用；图像识别、视频监控与车辆电子身份证相结合的智能交通监控自动识别系统；等等。

下面将从影响识读率的硬件因素和应用适配因素的方面，分析讨论 RFID 系统的识读率。

6.4.2　影响系统识读率的硬件因素

1. RFID 标签

标签的性能是影响 RFID 系统识读率重要因素之一。其中标签的天线设计以及数据写入是关键。

1）标签天线

RFID 系统的最大特点是非接触识别，在标签与读写器实现数据通信过程中起关键作用是天线。标签通过其天线从读写器发出的电磁场中获得能量，激活芯片，将存储在标签芯片中的数据发送给读写器。天线的尺寸、形状、材质、工艺，以及与芯片的匹配程度（包括频率匹配与阻抗匹配）都将影响标签的识读性能，从而影响 RFID 系统的识读率，因此对标签的天线有以下要求[1]：

（1）天线尺寸在能满足粘贴物体的需要的同时，应能够产生足够激活芯片的能量；

1 杜德棚. UHF 频段 RFID 标签 天线的小型化设计[D/OL]. http://wenku.baidu.com/view/66c6073f5727a5e9856a618f.html.

（2）有全向或半球覆盖的方向性；

（3）有足够大的天线增益，能够实现远场通信；

（4）与芯片阻抗匹配，以便为芯片提供最大信号。

2）数据写入

常见的 RFID 标签的内存容量从 1 bit 到 1 KB 不等，某些特殊用途的标签，以及有源电子标签，内存容量会更大，例如，用于酒类防伪的可写不可擦的标签，目前面世的产品容量已经达到 8 KB。由于不同 RFID 标签在数据的写入格式、写入内容、加密方式，以及写入所需的时间与能量等方面都存在一定差异，在识读时对于数据量越大的，写入方式越复杂的标签，就需要花费相应复杂的程序、时间和能量来进行相应的数据处理和数据传输，因此，在批量识读时就会影响其识读率。

2. 读写器

读写器的发射功率、工作频率、防冲撞算法、天线排列方向与极化等都会影响 RFID 系统的识读率。

1）发射功率

RFID 读写器发射功率与读写距离有关，理论上功率越大发射距离越远。但是在两者的关系公式中还包括天线增益、波长等若干因子，在实际应用中很难直接通过功率的增减精确地调整其识读范围。此外，所识读标签的工作场强指标对实际应用中的识读率的改善也有参考意义，只要发射功率能够使标签获得足够工作场强，标签就可以被识读。通常，低频标签的识读距离一般应设计在 1 m 以内，中高频段电子标签的识读距离一般应设计在 1.5 m 以内，超高频段电子标签和微波标签的识读距离一般应设计在 10 m 左右，从而识读率比较理想。

我国现行的“800/900 MHz 频段射频识别（RFID）技术应用规定（试行）”第二条第五款，对 800/900 MHz 频段的发射功率的规定见表 6.4.2-1。国家对其他频段的发射功率则暂无规定。

表 6.4.2-1　我国 RFID 发射功率规定

频率范围（MHz）	发 射 功 率	频率范围（MHz）	发 射 功 率
840.5～844.5 920.5～924.5	2 W	840～845 920～925	100 mW

国际上其他国家和地区规定的最大发射功率见表 6.4.2-2。

表 6.4.2-2　国外 RFID 发射功率规定

其他国家和地区	发 射 功 率	其他国家和地区	发 射 功 率
美国	4 W	日本	4 W
欧洲	2 W		

2）防冲撞算法

相对于计算机网络、无线电通信的冲突问题，RFID 系统的防冲撞算法存在一些特殊的限制[1]：

（1）标签内存和计算能力有限，不能进行复杂的计算；

（2）由于通信频率的限制，需要尽量减少读写器与标签之间传送的数据容量；

（3）标签间不能相互通信，标签的发送和静止状态只能由读写器控制；

（4）标签不具备载波监听/冲突发现的功能，标签不能判断其他标签是否正在与读写器进行通信。

这些防冲撞算法的限制也影响了 RFID 系统的识读率。

3）频率

不同频段有其不同的适用距离，除了具有表 5.2.4-1 的频率特性外，读写器的读写范围的边界也有所差别，例如，高频读写器的读写范围边界比超高频读写器的读写范围边界要清晰，但读写距离不及超高频读写器的读写距离。

4）天线排列

在 RFID 系统现场安装的过程中，如何设计一个理想的天线阵列，技术人员的安装经验尤为重要。我们可以从以下几方面设计读写器天线的安装位置。

（1）距离：每个天线有一定的信号覆盖范围，在此范围内合理分配天线距离，使其既保证识读效果，又不会浪费硬件资源。

（2）天线平面与标签平面：在理想情况下，标签平面与天线平面平行识读率最佳。如果无法保证标签运行的方向，可以通过增加识读通道上的天线数量，在上、下、左、右四个方向上都布设天线，形成天线通道来改善识读效果。

5）天线的方向与极化

从图 6.3.4-2 和图 6.3.4-3 可知，线极化天线具有距离远，但是作用范围狭窄的特点，适用于标签方向已知的应用；圆极化天线则更有利于方向未知的标签接收电磁波，但其作用距离相对线极化天线的作用距离短。

6）其他

与普通计算机网络系统和无线电通信系统一样，天线电缆与网络连接的质量也会影响 RFID 系统的识读率，因此，在读写器天线布局时，要尽可能采用短连接天线电缆，移除对现场构成干扰的金属制品，并针对应用现场环境的具体情况，设置读写器天线矩阵的安装，如图 6.4.2-1 所示。

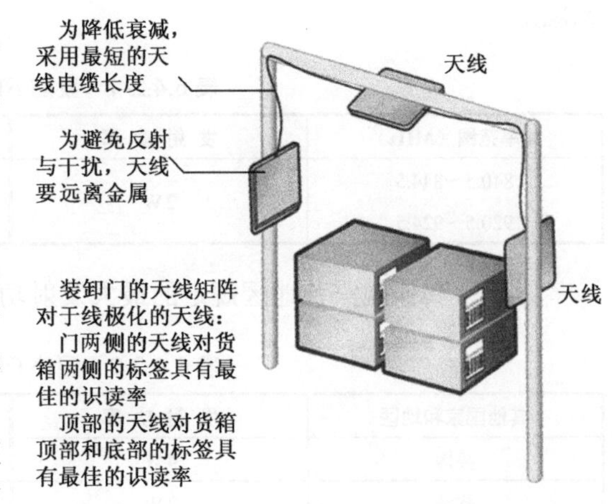

图 6.4.2-1　装卸门的读写器天线矩阵的安装

1 唐海琳. RFID 读写器设计与防冲撞算法研究[D/OL]. http://wenku.baidu.com/view/d5e5e3a6f524ccbff12184fb.html.

6.4.3　影响系统识读率的系统配置综合考量

根据沃尔玛供应链管理 RFID 应用的经验，本节从以下三个方面讨论系统配置的综合考量：产品属性对识读率的影响，包装属性对识读率的影响，环境对识读率的影响。

1．产品属性对识读率的影响

由于不同的材料对电磁波的通过、吸收、反射、干扰的程度不同，标识对象的材质也会影响 RFID 的识读率。根据产品属性对于 RFID 正确识读的程度，可以将其分为容易识读、可以识读和难以识读的三类产品。

1）容易识读

射频电波容易被液体吸收，或被金属表面反射，所以所有非金属、非液体产品几乎都可以划归为容易实现 RFID 识读的一类。但是，有些非金属非液体的产品也会给识读带来挑战，例如，打印纸，虽是非金属材料，但是密度很大。如果堆满打印纸纸箱的托盘经过闸门，读取标签也许会存在一定的困难；相反，一些电子消费品，虽然所含的金属可能会造成读写困难，但是为了防止运输损坏，通常会使用聚苯乙烯泡沫材料来包装，这样就形成了很好的读取空间，而很容易被识读。所以密度也是决定产品 RFID 友好特性的要素之一。

容易识读产品的 RFID 应用系统具有很高的潜在收益，由于标签很容易识读，可以采用效率高、成本低，而又对现有操作干扰较小的方法贴标。沃尔玛供应商 RFID 应用的经验证明：那些容易识读产品的 RFID 应用系统回报会迅速通过盈亏分界点，使用户轻松地实现从源头贴标的深度 RFID 应用。

2）可以识读

那些包含部分金属和液体的产品的识读有一定的难度，尽管如此，将产品打包以后还是有可以被识读的。例如，在多瓶装的一箱饮用水的外包装上，总会有许多两只圆形瓶相邻所造成的间隙位置——这就是 RFID 标签贴标的最佳位置；你还可以找到一大瓶清洁剂靠近瓶顶处没有液体的地方——这也是解决液体产品贴标的常用方案；许多小电器也含有一些金属材料，但是包装都含有减震的泡沫材料，这样就大大地降低了金属材料对识读的影响。经过这些并不增加成本的贴标设计，可以识读的这类产品，就变得容易识读了。

但是，对这类产品也要注意包装的细节，例如，玻璃瓶上的金属瓶盖。

3）难以识读

图 6.4.3-1 给出了不同频段的射频信号对不同介质的穿透能力，也就是说，不同的产品材质对射频电波有不同程度的干扰。

从图 6.4.3-1 中可以看出：

（1）随着 RFID 工作频率的升高，液体的吸收和金属的反射就逐渐显现。

（2）当金属类产品靠近带电物体时，其标签会失调（Detuned）。

（3）在超高频和微波频段，金属类和液体类被划入“难以识读”的产品。

要想实现识读要求，需要注意设计包装，或者需要在包装中增加填充物，但是这些做法会或多或少地影响业务流程和增加成本，所以，该类商品实施 RFID 能获得的商业效益很小。

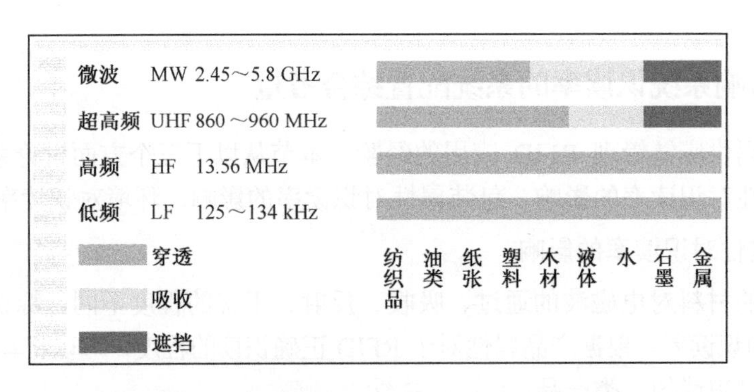

图 6.4.3-1 不同频段的信号对不同介质的穿透能力

针对金属产品，很多 RFID 标签生产商已经能够批量提供抗金属标签，实现 RFID 标签在金属产品方面的解决方案。抗金属标签通常有一层塑料底层将金属箔片和天线隔开。箔片的作用是将天线保护起来，使之不受金属和液体的干扰，从而使标签的阅读范围不受影响。两者之间的塑制层起隔绝作用，其厚度要合适。一般来说，一枚普通 RFID 标签的箔片底板至少要 5 mm 厚，合 0.020 英寸，才能起到很好的天线绝缘作用。

液体及其他材质的产品的贴标问题，则需要通过利用产品的包装特性，或者适当改变产品包装的方法来解决。

2．包装属性对识读率的影响

1）包装材料

包装材料的射频友好属性与产品相同，镀有金属膜的表面，或者具有金属箔内衬的包装都会造成标签不宜识读，更换包装可能是最好的选择。

金属产品或金属表面的产品在包装时通常会使用泡沫塑料等材料作为填充物，以避免运输过程中发生损坏，这类填充物往往会为标签的识读提供足够的空间。另外，包装箱的接合部位的厚度也通常比其他的部位厚（见图 6.4.3-2），所以在标识金属产品或金属表面的产品时，包装中填充物较多的角落的部位是贴标位置不错的选择。

另外，对于液体和粉末状的产品，其容器通常不是全满的，可以选择在合理包装位置粘贴或悬挂标签。需要注意的是，当液体和粉末状产品被倒置时，包装上部原有的空间将会被液体或者粉末充满，从而影响识读效果，如图 6.4.3-3 至图 6.4.3-5 所示。

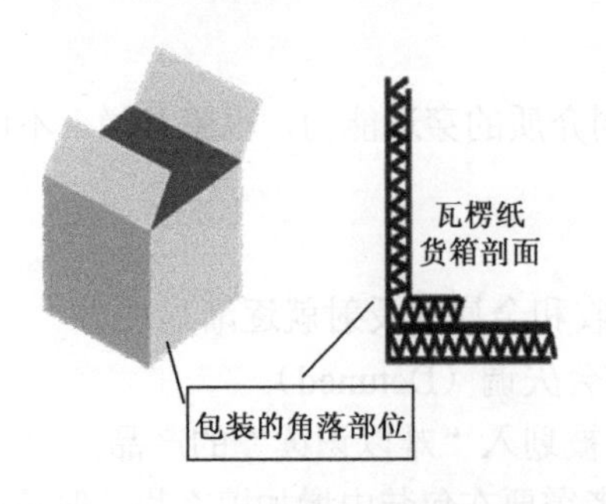

图 6.4.3-2 选择包装箱角落部位贴标

图 6.4.3-3 瓶装产品贴标

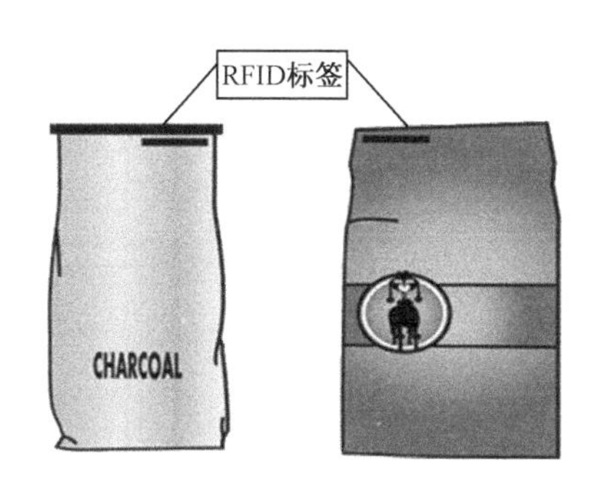

图 6.4.3-4　粉末状产品可在纸（塑料）包装在封口处贴标

图 6.4.3-5　在把手处悬挂 RFID 标签

2）摆放方式

（1）放置方向

对液体与粉末状产品贴标时，会选择将标签贴放在包装的上部，例如，瓶口、袋口等。由于包装通常不会被完全充满，包装的上部会留有利于标签识读的空间。如果在搬运或者存放时，产品放置的方向发生了变化，例如把一箱洗衣液倒置在货架上，本来没有液体的瓶口因为倒置的原因无形中充满了液体，就会影响识读效果。

（2）配送包装摆放

除单件产品（零售包装）的摆放方向外，配送包装的放置方向也会影响识读效果，如图 6.4.3-6、图 6.4.3-7 所示。

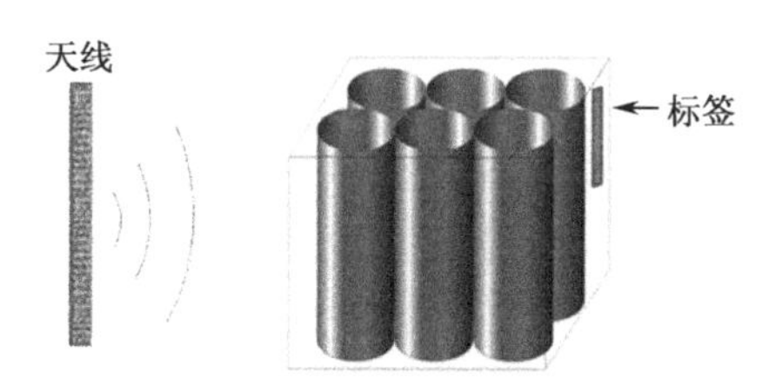

图 6.4.3-6　读写器天线发射出来的能量被铁罐反射，标签无法识读

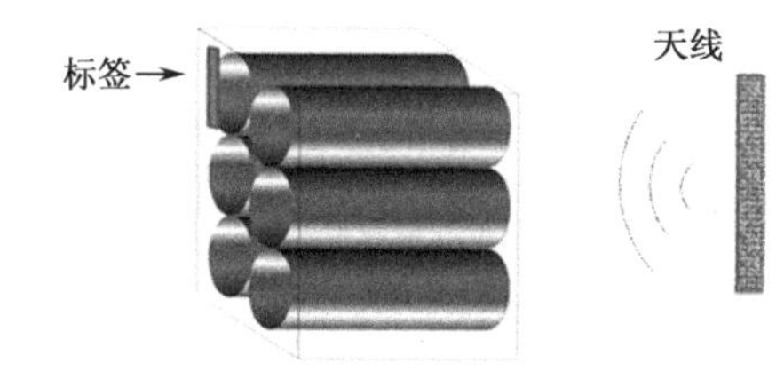

图 6.4.3-7　读写器天线发射出来的能量被液体吸收，标签无法识读

如果在读写通道的三面或四面设置读写器矩阵，则具有较好的改进效果，如图 6.4.3-8 所示。

（3）库位摆放与托盘摆放

产品存放于货架上，或者被码放在托盘上的时候，都有可能出现标签被相邻的产品阻挡而无法识读的情况。通常采用以下几个办法改善其识读效果。

① 规范标签粘贴位置

避免将标签贴在包装箱中间位置，防止 2 个标签近距离的重叠，如图 6.4.3-9 所示。

② 规范产品配送包装的摆放方式

产品在托盘或者货架上放置时，将标签朝向可以被读到的方向。例如，将所有产品贴有标签的一面，都朝向托盘的外面摆放，确保识读。

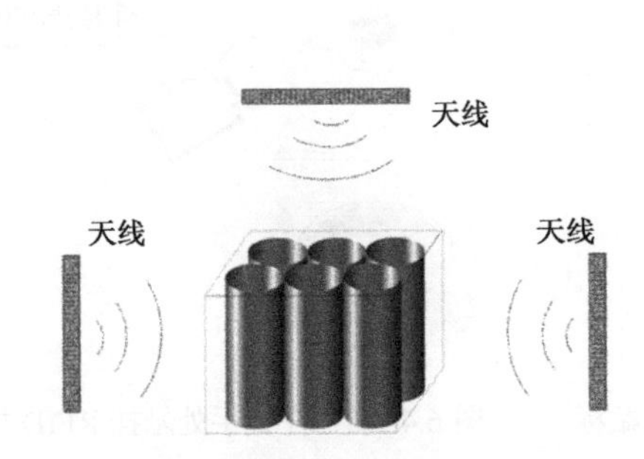

图 6.4.3-8　通过通道的设置，读写器天线从三面或者四面向产品发射能量，无论产品朝哪个方向，标签都能被识读

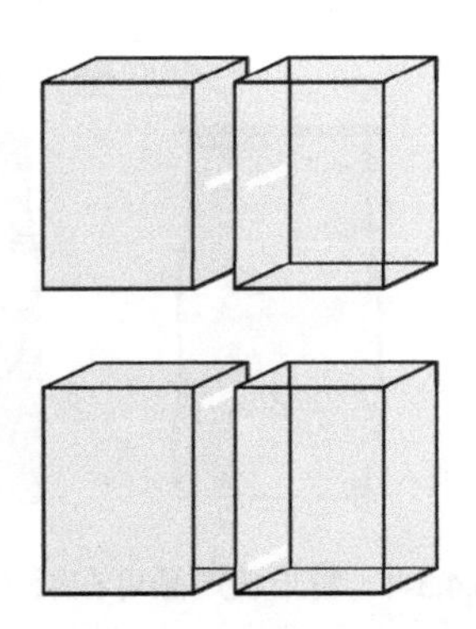

图 6.4.3-9　标签位置与摆放效果

③ 增加标签数量

在产品摆放方向无法控制的时候，可以考虑增加每个产品上的标签粘贴数量。例如在为金融押运公司制定的钱箱管理解决方案中，在钱箱的 6 个面都贴放标签，解决了钱箱集中快速进出时由于摆放不规则造成的无法识读的问题。

3．环境对识读率的影响

厂房建筑、通过速度、读取数量、标签使用过程中的完好性、应用环境中的辐射等都会对识读率造成影响。

1）厂房建筑

与产品属性对识读率影响的道理相同，建筑材料中如果采用较多的金属材料同样也会对识读效果造成影响。此外，建筑结构、空间使用密度以及温度、湿度都会给不同的应用需求带来不同的挑战。

2）识读速率与通过速度

当一个 RFID 系统实施时，标签通过读写器的速度首先应尽量满足原有业务流程的要求；当电子标签通过一个确定的读取装置时，识读速度与标签移动速度的适配就是影响系统识读率的重要因素。

本章已经讨论过读写器及其天线的软硬件性能，读取装置的识读速率与读取装置的性能，读取装置的矩阵设计等因素有关，还与标识对象一次通过读取装置的数量及移动的速度有关。当一次通过的托盘上带有很多标签时，识读速率就成为关键问题，如图 6.4.3-10 所示。

就国内的应用水平而言，将一次性通过批量识读的标签数控制在 50～100 枚之间时，通常可以获得比较理想的识读效果。用户可以参考这一数据，在避免出现标签叠加的情况下，通过控制标识对象（标签）的移动速度，以及调整一次性通过读取装置的标签数量，来实现 RFID 系统识读速率的最佳适配。

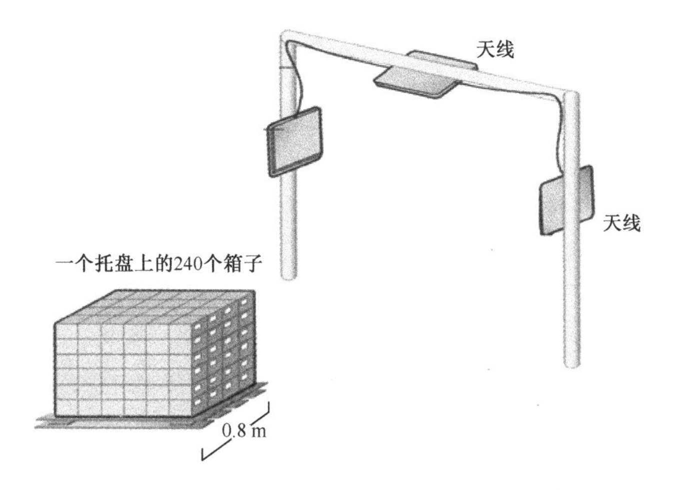

图 6.4.3-10　当一次通过很多标签时，识读速率是关键

3）读取数量

如果一个读写器每次只需要读取一个标签，那么只要标签与读写器满足互操作性要求，很容易获得理想的识读率。但是，如何处理拥塞情况，则是单标签读写 RFID 系统需要解决的难题。例如：在配送分拣应用中，由于传送带上的物品过密造成的分拣操作错误；在道路交通管理应用中，由于堵车时车辆距离过近，大车会造成小车车载电子标签的屏蔽。据此，要根据应用环境的实际情况，选择单标签或多标签读写的 RFID 系统。

4）标签使用过程中的完好性

标签在应用过程中可能会产生一些损坏，据此，在系统设计时需要分析整个应用过程可能发生的情况，甚至是最严酷的环境，然后综合考虑应对措施，保证标签使用过程中的完好性，最大限度地减小因标签损坏带来识读率下降的风险。

5）应用环境中的辐射影响

应用环境周围的输变电站、手机基站、手机信号塔等都会对射频信号产生影响。特别是手机信号，因为其频段与超高频接近，对超高频标签的识读会造成明显的影响。据此，应坚决回避在 RFID 系统数据采集点出现上述干扰源。

6.5　识读率测试

系统识读率的测试对 RFID 的系统设计有着重要的参考价值。

RFID 系统识读率测试不是单一的标签、读写器或中间件软件的分离测试，而是针对软硬件设备及其应用环境集成的适应性测试。对用户而言，可以将这些测试归纳成实验室测试与现场测试。这些测试最终的目标，是确保 RFID 系统符合市场准入、相关标准等市场合规性要求；提高 RFID 系统组件之间的相互适应性，确保 RFID 系统的识读率要求。

6.5.1 实验室测试

许多有研发能力的系统集成商或硬件生产商都拥有不同水平的 RFID 实验室。目前，国内已经拥有了如本书 3.3.2 节所述的第三方 RFID 实验室与服务机构。

企业的 RFID 实验室主要用于产品研发和与系统实施有关的适应性测试、模拟测试等。第三方的 RFID 测试实验室除了对标准协议、产品准入等合规性要求进行专业性测试，还针对标签、读写器、软件进行性能测试，其目的是根据系统需求分析，模拟使用环境，验证系统设计的正确性。国内大多数的实验室都为客户提供了闸门、传送带等模拟应用的测试环境。在实验室中我们可以对以下影响识读率的因素进行综合分析：

（1）标签的性能/成本分析；

（2）标签的数据写入方式；

（3）读写器选择；

（4）读写器与天线排列方式；

（5）产品属性对识读率的影响；

（6）包装属性对识读率的影响；

（7）产品贴标方式；

（8）产品摆放方式；

（9）读取速度。

在实验室中，不仅可以模拟在常规使用环境中的 RFID 设计和系统性能，还可以创造接近现场的“恶劣”环境。沃尔玛供应商 Kimberly-Clark（金佰利）就在其实验室中仿造了一条接近实际生产的流水线。他们模仿实际生产环境，制造了很多微尘、射频干扰源。Kimberly-Clark 还积极尝试在 RFID 不友好的产品上寻找最佳贴标方案。

6.5.2 现场测试

6.4.3 节中所述环境因素对识读率的影响需要进行现场测试。通过现场测试不仅可以全面把握应用中影响识读率的重要因素，帮助用户最终确定 RFID 系统的设备选型方案，还可以对实施 RFID 系统对原有操作流程的影响进行更精确的评估，为用户投资收益控制提供依据。例如：贴标方式对货物处理速度的影响；读取速度对进出货流程的影响；现有业务区域是否需要重新划分；等等。

第7章　RFID中间件——系统集成与用户选择

RFID 系统集成以中间件为核心。
RFID 中间件的用户选择三部曲：
- “应用模式选择法”；
- “拿来主义”；
- 怎样兼顾中间件产品供应商与系统集成开发商。

RFID 中间件是 RFID 系统集成和软件设计的基本内容，RFID 中间件选择的成功与否，对 RFID 系统应用有着举足轻重的影响。

7.1　中间件认知

中间件并非一种软件，而是一类软件。
中间件开发的基本要求是开发平台标准化、面向服务架构化、产品功能系列化。

中间件是一种处于操作系统与客户端应用系统之间的软件。

除了操作系统、数据库系统和直接面向用户的客户端软件，凡是能够批量生产，高度可复用的软件都属于中间件的范畴。

7.1.1　中间件的概念

中间件位于操作系统、网络和数据库之上，应用系统之下，为应用软件提供开发与运行的环境，帮助用户灵活、高效地开发和集成复杂的应用系统。中间件不仅要实现应用互联，还要实现应用的互操作，因此，中间件必须适应全球网络及其应用系统的发展与变化，把分布在网络各处自治、异构的信息系统有效地集成为一体化的系统。中间件的示意图如图 7.1.1-1 所示。

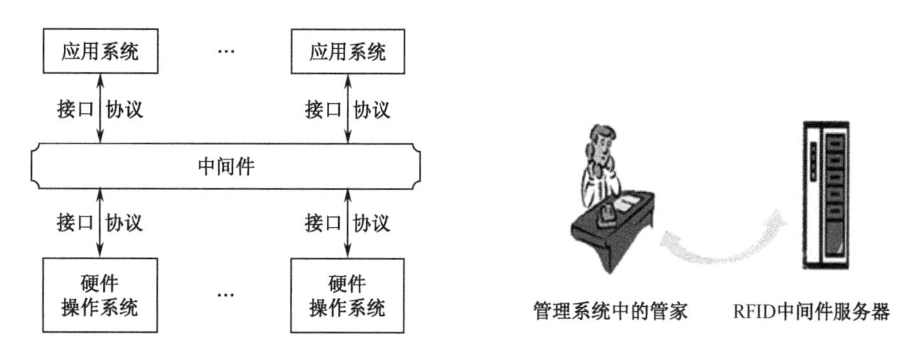

图 7.1.1-1　中间件的示意图

7.1.2 中间件的功能与技术走向

中间件是继操作系统和数据库管理系统之后的新型基础软件，应具备以下基础功能：

- 支撑上层应用系统；
- 连接下层操作系统；
- 运行于多种硬件和操作系统（OS）平台；
- 支持分布式计算；
- 支持标准协议；
- 支持标准接口；
- 提供跨网络、硬件和操作系统的透明性的应用或服务的交互平台。

中间件作为新兴的软件产业，正在与时俱进，朝着更好的适应性、可管理性、可靠性、成长性的技术走向健康发展。

1．适应性

环境和应用需求不断变化，应用系统需要不断演进，作为基础软件，中间件需要感知和适应环境的变化，支持移动、无线环境下的分布应用，适应多样性的设备特性以及不断变化的网络环境；支持流媒体[1]应用，适应不断变化的访问流量和带宽约束；在DRE（分布式实时嵌入）环境下，适应QoS（服务质量）[2]的分布应用的软硬件约束；能适应未来还未确定的应用要求；等等。

2．可管理性

应用领域越来越复杂、IT应用系统越来越庞大，其自身管理维护则变得越来越复杂，中间件必须具有自主管理能力，简化系统管理成本，面对新的应用目标和变化的环境，支持复杂应用系统的自主再配置；支持复杂应用系统的自我诊断和恢复；支持复杂应用系统的自主优化；支持复杂应用系统的自主防护；等等。

3．可靠性

提供安全、可信任的信息服务，支持大规模的并发客户访问，提供99.99%以上的系统可用性，等等。

4．成长性

Internet与IoT（Internet of Things）是无边界的，中间件必须支持建立在Internet之上的网络应用系统的生长与代谢，维护相对稳定的可持续性发展。

中间件为网络应用架起了柔性沟通的桥梁，系统集成的需求推动了中间件的发展，市场上的各种各样的中间件已形成软件产业拓新业务的新领地。

---

1 所谓流媒体是指采用流式传输的方式在Internet上播放的媒体格式。流媒体又叫流式媒体，它是指商家用一个视频传送服务器把节目当成数据包发出，传送到网络上。用户通过解压设备对这些数据进行解压后，节目就会像发送前那样显示出来。

2 QoS的英文全称为“Quality of Service”。QoS是网络的一种安全机制，是用来解决网络延迟和阻塞等问题的一种技术。在正常情况下，如果网络只用于特定的无时间限制的应用系统，并不需要QoS，比如Web应用，或E-mail设置等。但是对关键应用和多媒体应用就十分必要，当网络过载或拥塞时，QoS对于重要的流量，予以优先，确保重要业务量不受延迟或丢弃，不重要的流量则延期服务。现在网络中使用的QoS主要包括分类标记、拥塞控制、拥塞避免、链路效率等，通过这几种技术的有机结合，配合使用，来达到优化网络的目的，保证网络的高效运行。

7.1.3 中间件产品

相对于操作系统与数据库而言，中间件与应用系统的关系更为密切，不同的应用系统的集成需要通过不同类型的中间件实现。为了能够更好地适应各种不同应用系统的集成需求，近年来，中间件产品在开发平台标准化、面向服务架构化、产品功能系列化等方面都有了长足的进步。

1. 开发平台标准化

标准化是所有技术开发的基础平台，中间件与上下层的灵活多变的柔性连接，离不开标准化、模块化开发的支撑。当前，在中间件产品开发平台中较多使用的标准主要有 J2EE、CORBA 和 Windows DNA。

1）J2EE

Sun 公司于 1999 年推出了 Java2 技术和 J2EE（Java 2 Platform Enterprise Edition）规范，J2EE 是当前异构数据集成普遍采用的标准，Java、XML 等中间件关键技术都是 J2EE 体系的一部分。J2EE 提供了与应用平台无关的，可移植的，支持并发访问的，安全和完全基于 Java 的开发服务器端中间件标准，其主要内容有多层应用体系结构、企业服务模型、J2EE 应用组件和 J2EE 运行环境。

2）CORBA

CORBA（Common Object Request Broker Architecture，公共对象请求代理结构），是由 OMG（Object Management Group，国际对象管理组织）基于开放系统平台厂商提交的分布对象互操作内容而提出的应用软件体系结构和对象技术规范，其核心是一套标准的语言、接口和协议，以支持异构分布式应用程序间的互操作性及独立于平台和编程语言的对象重用。具有模型完整、先进、独立于系统平台和开发语言，被支持程度广泛，已经成为业内分布计算技术的标准。

3）Windows DNA

Windows DNA（Windows Distributed Internet Application Architecture，微软分布式网络应用程序体系结构）是一个相当抽象而且非常重要的概念。Windows DNA 是在微软平台的大环境下，利用微软组件技术（OLE、COM、DCOM、MTS、COM+）进行开发的技术标准规范。

微软提出的 DNA 概念是借助生命科学中脱氧核糖核酸的寓意来诠释现代企业信息结构的真谛。比尔·盖茨称之为数字神经系统，喻示信息系统可以灵活适应外界环境因素的变化，做出相应的反应。

微软发展 Windows DNA 的目的就是为在 Windows 平台上的应用开发提供一个框架和环境，整合个人计算机和 Internet 的优势。在最高层次上，Windows DNA 允许不同网络的计算机互相操作，以及相互协作以完成某些目标，它可以使开发者很容易地建造能够服务于多用户的网络系统。更为重要的是，Windows DNA 提供了一个具备协同工作能力的框架（Framework），而且由于这个框架支持公用的协议，以及它发布了一些通用的接口，用户可以在它上面添加一些新的功能以扩充这个系统。这也意味着 Windows DNA 提供了一个钩子（Hooks），第三方可以在 Windows DNA 的基础上添加他们自己的产品，以扩展 Windows DNA 的系统架构。

Windows DNA 使用了一系列的服务来完成它的架构。例如它使用了组件（Components）、DHTML、Web 浏览器（IE）、Web 服务器（IIS）、事务管理、消息队列、安全机制、系统管理、用户界面、数据存取等。微软扩充的 Windows DNA 包含了工具、数据库、操作系统、编程模型和开发者需要的应用程序服务。

2. 面向服务架构化

一个合格的系统集成，不仅是信息数据的集成，还应当是管理与业务的集成。面向服务架构（Service Oriented Architecture，SOA）是一个组件模型，也可以说一个方法论。在 SOA 架构下，中间件以支持应用系统的不同功能单元作为“服务”，通过这些服务之间定义良好的接口和契约，将 IT 管理与业务流程有机结合起来，使这些“服务”可以以一种统一和通用的方式进行交互。

传统的面向对象模型的中间件是一种紧耦合，紧耦合意味着应用程序的不同组件之间的接口与其功能和结构紧密相连，因此当需要对部分或整个应用程序进行某种形式的更改时，就显现出非常脆弱的一面。而 SOA 并不排除使用面向对象的设计来构建单个服务，但其整体设计却是面向服务的。SOA 化改善了传统的面向对象模型的紧耦合，提供了松耦合、可重用、灵活应变、完全符合 Web 服务和 XML 标准的中间件产品，缩短了开发周期，降低了开发成本，用户可以完全不必关心其底层的实现技术，而专一考虑服务接口。

在 SOA 界面下，现有的 IT 资产，包括遗留应用系统和数据库系统均可方便地整合、纳入新系统，成为整体解决方案的一部分。一个与时俱进的系统开发商应当能够提供 SOA 化中间件产品，以保证 RFID 中间件与应用系统的柔性连接，实现 RFID 应用与当前业务的无缝衔接，并为将来 RFID 项目的战略升级奠定基础。

3. 产品功能系列化

随着各种计算机应用系统的普及和系统集成的纵深发展，中间件的涵盖范围也日益扩展，逐渐发展成现在具有交易、消息、EAI（企业应用整合）[1]、门户、数据整合、开发工具等性能系列化的中间件软件产品。这些不同层次的中间件分别提供不同的功能来支持应用集成部署，或者直接完成绝大多数新增应用功能，减少或者节省了在应用开发的过程中的重新编程。功能系列化的中间件产品给用户的选用带来很大的方便，也因此而打开了中间件应用的市场发展空间。

一个好的中间件产品应当在开发平台标准化、面向服务架构化、产品功能系列化等方面都能满足用户的需求，一个具有实力的系统开发商应当具备系列化中间件产品的研发能力，并能够从中选出与用户需求相适配的中间件。

1 EAI 是 Enterprise Application Integration 的缩写，译成中文是企业应用整合。EAI 是国际领先的企业应用整合思路，能够将业务流程、应用软件、硬件和各种标准联合起来，在两个或更多的企业应用系统之间实现无缝集成，使它们像一个整体一样进行业务处理和信息共享。

7.2 RFID 中间件

RFID 中间件灵活应对系统应用需求：
- 屏蔽了 RFID 设备的多样性和复杂性；
- 为后台系统提供强大数据处理支持；
- 功能化模块结构提供了可编程的 API 应用程序接口；
- RFID 系统集成以中间件为核心。

RFID 中间件专用于 RFID 系统，是中间件软件的一个分支，又称为 RFID 管理软件。RFID 中间件介于读写器和应用系统之间，履行硬件管理、数据采集、数据处理和数据传输的功能，堪称 RFID 系统的“神经中枢”。RFID 中间件开发是 RFID 系统软件设计和系统集成的核心。

7.2.1 采用 RFID 中间件的必要性

RFID 的数据采集对 RFID 系统软件提出了以下挑战：

(1)分散的数据采集点对应着多个读写器矩阵、大批标签及其标签打印/写入/贴标设备，必须对众多的底层硬件设备进行统一管理；

(2) 一个 RFID 系统可能服务于多个后台系统，需要对 RFID 端口与后台系统的对应关系进行统一管理；

(3) RFID 系统的原始数据采集是分散的，需要以分布式处理的系统结构应对；

(4) 后台应用系统的现有统一接口不能满足读写器设备及其数据采集场景的多样性的需求；

(5) 不断增加的 RFID 数据采集端口的海量数据，并不是后台应用系统所直接需要的，必须经过过滤分类、统计分析处理之后，才能提交使用；

(6) 随着应用的扩张需求，读写器数量和种类会更新或增加，后端应用程序也会增加或改变，其数据结构或格式也会发生变化。

因此就需要一个相对独立、灵活多变、功能强大、选择性宽的系统软件，这就是 RFID 中间件。

RFID 中间件屏蔽了 RFID 设备的多样性和复杂性，能够为后台系统提供强大的支持，其功能化模块结构提供了可编程的 API 应用程序接口，使 RFID 中间件拥有灵活应对应用需求的优势，驱动了更广泛更丰富的 RFID 应用。

7.2.2 RFID 系统集成以中间件为核心

RFID 中间件是连接 RFID 硬件、主导和控制数据采集、过滤与应用的软件。许多文献对 RFID 中间件的特点与作用都有非常专业的描述：

(1) 介于 RFID 设备（读写器、打印机、贴标机等）与后端应用系统之间；

(2) 与多个不同类型的 RFID 设备衔接；

（3）与多个不同类型的后端应用程序衔接；

（4）具有设备管理、数据处理、事件集成和应用集成功能，例如，对标签的数据采集和逻辑判别、对事件解析过滤、整合、运算、存储和传输等。

很多用户在 RFID 项目之前就已经拥有本书第 2 章中表 2.2.1-1 里的 RFID 系统的应用类型，这些用户的 RFID 项目实施首先需要适合原有应用系统，或许原有的应用系统需要进行功能的增强与延伸，并且实现与 RFID 系统集成；还有些用户的应用系统需要与 RFID 系统一起开发，并实现 RFID 系统与新增应用系统集成。据此，RFID 项目的软件设计包括以下部分或全部内容：

（1）新增应用系统的开发；

（2）原有应用系统功能的增强和延伸；

（3）RFID 系统与新旧应用系统的集成，RFID 系统集成示意图如图 7.2.2-1 所示。

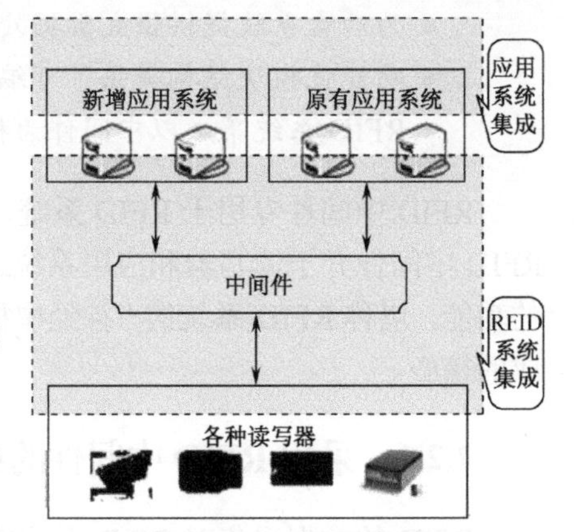

图 7.2.2-1　RFID 系统集成示意图

新增应用系统的开发和原有应用系统功能的增强和延伸，已经有了许多专业的论述，RFID 系统与新旧应用系统的集成实际上就是中间件与应用系统的集成，RFID 中间件是 RFID 系统集成的核心。

7.2.3　RFID 中间件的功能模块结构

RFID 中间件是一种面向消息的中间件（Message Oriented Middleware，MOM）。消息传送机制规定了它与应用程序之间的通信应该采用异步方式，提供了一个松散耦合的环境。当一条消息被发出，消息传送端不必等待这条消息的响应，就能够转向其他任务。如果消息接收端当时不具备接收的条件，中间件就会将该消息在一个目标存储库中缓存，而当该接收端程序变为可用时，再将预定的消息传送给它，这就是异步方式所谓的“保存并转发”机制。这种异步传输的特点是即使某个子系统出现故障，也不会妨碍其他子系统和整个系统的运行，因此不会出现信息阻塞现象，从而保证了 RFID 中间件集成功能的可靠实现。RFID 中间件不仅是传递（Passing）信息，还包括解译命令、过滤数据、定位网络资源、错误恢复及安全性等功能。

RFID 项目在其生命周期内可能出现以下的变化：

（1）随着应用的扩张需求，RFID 系统的读写器数量和种类将会更新或增加；

（2）后端应用程序增加或改变；

（3）数据结构或格式发生变化。

为适应这些变化，RFID 中间件采用功能模块化设计，提高了对 RFID 系统和后端应用系统不同变化的响应能力。从应用端使用 RFID 中间件提供的一组通用的应用程序接口（API），即可连到 RFID 读写器，读取 RFID 标签数据。当 RFID 标签、读写器或后端应用系统的改变而引起系统相关联的变化或代码格式改变时，只需要修改 RFID 中间件的相关组件，而不必改动整个系统结构，也不必更改数据库的存储方式，就能适应新的运行环境，这样简化了多对多的复杂维护，节省了时间，降低了开发与系统升级的成本。

RFID 中间件一般具有读写器接口、事件管理器、应用程序接口三个基本功能模块，还可以增加目标信息服务和对象名解析服务等功能模块。RFID 中间件的功能模块结构如图 7.2.3-1 所示。

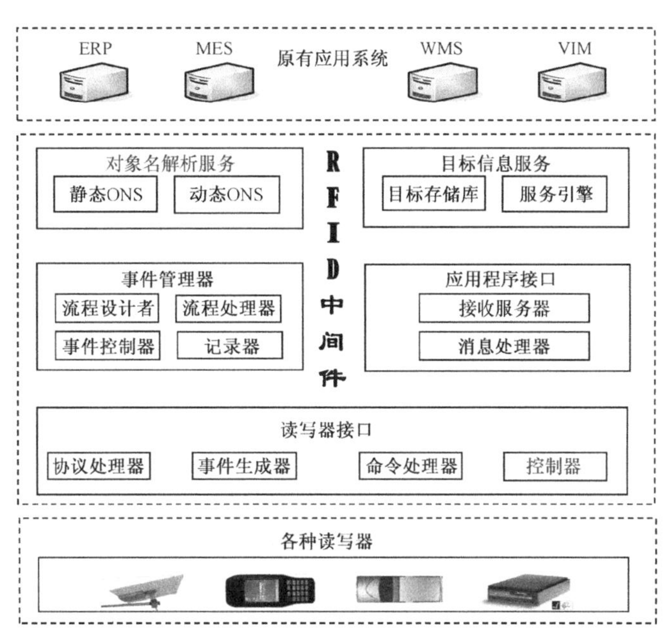

图 7.2.3-1　RFID 中间件的功能模块结构

1．读写器接口

RFID 中间件必须首先为应用程序与各种类型的读写器提供集成功能，其读写器接口就是提供这一集成的功能模块。读写器接口包括协议处理器、事件生成器、命令处理器和控制器等组件。

（1）协议处理器——确保 RFID 中间件能够通过各种网络通信方式连接到读写器。读写器建立在诸如 RS-232、TCP/IP 等通信接口上，通过中间件，它们可以以各自的数据交换协议与应用程序通信，使来自不同类型读写器的数据与应用程序实现无缝连接和相互作用。协议处理器以异步的方式代替了轮流检测的方式，使数据能够以两个通道实现异步传送：一是控制通道，用来接收和处理后台应用程序发出的指令和对应用程序的响应；二是通知通道，将读写器按照指令所采集的标签数据经处理后传输给后台应用系统。

（2）事件生成器——为每个引入的标签数据生成事件，并传送给事件管理器。

（3）命令处理器——接受后台应用程序从应用程序接口通过消息处理器分析发来的指令，并回复一个响应传输回应用程序。

（4）控制器——用来监控读写器执行情况，并通过图形界面管理由中间件连接的各个读写器。

2．事件管理器

事件管理器对来自读写器接口的 RFID 事件数据进行过滤、聚合和排序操作，并通告与应用系统相关联的数据内容。其工作原理示意图如图 7.2.3-2 所示。

事件管理器包括事件控制器、流程设计者、流程处理器和记录器等组件。

（1）事件控制器——过滤处理来自读写器接口事件数据，除去那些非必要的和应用端不感兴趣的多余数据。读写器以每秒 10～100 个的传输速率向事件管理器传送事件数据，必须对其进行适当的过滤才能得到应用程序需要的目标数据。例如，每一个 RFID 标签都有一个唯一的 ID，如果该 ID 与应用程序预先设置的编码相匹配，则事件控制器允许传输到应用程序；若二者不匹配，则就会被忽略去除，这就是过滤功能。过滤好的数据有的还需要经过缓冲或记录，再传送到应用程序。

（2）流程设计者——描述事件数据怎样被过滤、缓冲和记录的过程。

（3）流程处理器——演示执行基于流程设计者设计的步骤模块的结果。

3. 应用程序接口

应用程序接口的作用就是使后台的应用系统能够控制读写器。应用程序接口包括接收服务器和消息处理器两部分。

（1）接收服务器——接受后台应用程序的指令，提供诸如 XML-RPC、SOAP-RPC、Web-Service 等通信功能。

（2）消息处理器——分析后台应用程序的指令，并将指令分析结果传送到读写器接口的命令处理器；然后从命令处理器接收到一个回应，再将其传输回应用程序，这样就完成了应用程序系统对读写器的控制。

应用程序接口模块的工作原理示意图如图 7.2.3-3 所示。

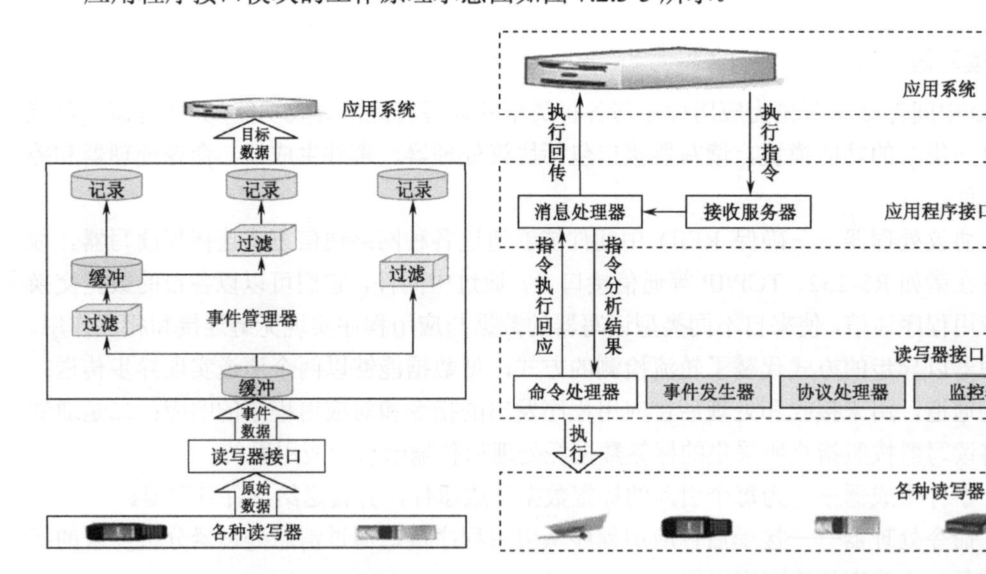

图 7.2.3-2　事件管理器的工作原理示意图　　图 7.2.3-3　应用程序接口模块工作原理示意图

4. 目标信息服务

目标信息服务由目标存储库和服务引擎组成。

（1）目标存储库——用于存储与标签有关的信息，使之以后便于查询；

（2）服务引擎——为目标存储库管理的信息提供查询引擎。

5．对象名解析服务

对象名解析服务是一种目录服务，也称为对象命名服务（ONS）。

ONS 是国际物品编码协会（GS1）为物联网提供的技术支撑——EPC 系统的组成部分，详见 2.3.4 节。

非开放式 RFID 中间件并不需要 ONS，只有开放式的全供应链管理系统集成的 RFID 中间件才需要增设 ONS 功能模块。

通过本节的讨论，我们可以清楚地认识到 RFID 中间件对于 RFID 系统设计与系统集成的重要性，业界的应用实践已经充分证明了采用 RFID 中间件是实现 RFID 系统软件开发的最佳途径，RFID 中间件软件产业也因此蒸蒸日上。

7.3　RFID 中间件的用户选择三部曲

RFID 中间件用户的选择三部曲：

- “应用模式选择法”——确定 RFID 中间件技术指标；
- “拿来主义”——选择与需要的技术指标相对应的成熟的 RFID 中间件产品；
- 选择合适的中间件产品供应商与系统集成开发商。

经过以上的讨论，你是不是已经对中间件一类的软件以及 RFID 中间件有了一个总体的认识？要想找到适合用户的 RFID 中间件，大致需要解决以下三个问题：

（1）怎样确定用户的 RFID 中间件需求？

（2）买现成的产品，还是定制？

（3）哪些供应商的中间件产品适合自己？

7.3.1　以“应用模式选择法”确定 RFID 中间件

怎样确定用户对 RFID 中间件的技术需求？这是选择中间件的首要问题。

1．何为“应用模式选择法”

欧美等发达国家的市场调查公司、软件公司、应用研究人员、行业分析人员从各个不同的领域与角度对此进行了许多有价值的研究。由于切入点、侧重点和出发点的不同，许多经验看起来不尽相同，使人无从入手。但是笔者梳理消化之后，发现了它们较为一致的思路，这就是从 RFID 应用集成度、应用模式和应用效益（详见本书第 3 章 3.6 节）出发确定用户对 RFID 中间件的技术需求，本书称为“应用模式选择法”。经过“学而习之”，笔者发现“应用模式选择法”恰好与“GS1 与物联网（GS1 and the Internet of Things）”及“沃尔玛供应商 RFID 应用指南（The complete guide to meeting Sam’s Club’s EPC RFID tagging requirements）”的理念与方法相吻合，对用户选择中间件具有较强的可操作性，是非常实用的工具。

中间件产品的技术指标可以分为功能性指标和非功能性指标两大类。根据“应用模式选择法”，本节归纳了与 RFID 应用模式细分之下的成本模式、ROI 模式、战略模式相对应的 RFID 中间件的技术指标，并将这些技术指标细分为 14 类功能性指标和 5 类非功能性指标的组合搭配，清晰地给出了应用模式与细分技术指标之间的对应关系。RFID 中间件的选择——“应用模式选择法”见表 7.3.1-1。

表 7.3.1-1　RFID 中间件的选择——“应用模式选择法”

应用模式			成本模式		ROI 模式		战略模式
			贴—运	贴—检—运	WMS 贴标	自动贴标	集成贴标
功能指标	设备管理	标签读写	必选	必选	必选	必选	必选
		读写器	必选	必选	必选	必选	必选
		打印机	可选	可选	必选	必选	必选
		贴标机	—	—	可选	可选	必选
		标签机	—	—	—	—	可选
	数据管理	数据过滤	可选	初级报表	必选	必选	必选
		数据转换	—	可选	必选	必选	必选
		数据集合	—	可选	必选	必选	必选
	事件管理	事件过滤	—	—	必选	必选	必选
		事件转换	—	—	必选	必选	必选
		事件集合	—	—	必选	必选	必选
	应用集成	内部集成	—	—	—	局部集成	全面集成
		外部集成	—	—	—	—	可选
		B2B 集成	—	—	—	—	可选
非功能指标	标准化		必选	必选	必选	必选	必选
	可靠性		必选	必选	必选	必选	必选
	可配置性		—	—	可选	必选	必选
	伸缩性		—	—	—	必选	必选
	数据安全性		—	—	—	—	必选

2.“应用模式选择法”之依据与内涵

“应用模式选择法”的主要依据是：本书 3.6 节中的 RFID 应用模式细分为成本模式、价值模式和战略模式；RFID 中间件细分的功能性技术指标与非功能性技术指标，以及表 7.3.1-1 中的应用模式与细分技术指标之间的对应关系。

RFID 应用模式的内涵在本书 3.6 节中已经详细解读，下面对 RFID 中间件细分的技术指标进行说明介绍。

1）功能指标

功能指标包括设备管理、数据管理、事件管理和应用集成等。

（1）设备管理

确保 RFID 中间件能够通过各种网络通信方式连接到读写器，并以各自的数据交换协议与应用程序通信，使来自不同类型的读写器的数据与应用程序实现无缝连接和相互作用。

设备管理功能如下：

① 支持逻辑读写器，通过逻辑读写器对物理读写器进行分组管理；

② 支持不同标准的 RFID 硬件设备、硬件适配器，如不同的标签读写器、标签打印机、

贴标机、标签机等硬件进行设备连接；

③ 支持不同类型 RFID 设备的并行管理，实现对不同类型设备的动态加载，实现不同硬件设备的热插拔；

④ 在控制台实现设备的本地或远程启动、关闭、重启；

⑤ 实现物理设备的初始化和逻辑设备资源的格式化；

⑥ 实现逻辑设备的自检，检测设备及各类系统资源配置是否正确，服务能力是否完整；

⑦ 实现设备软件的远程配置升级。

（2）数据管理

采集过滤引擎能够对来自 RFID 标签的原始数据进行过滤、聚合、分组、计数和差量分析等操作，生成 ALE[1]事件信息为客户端应用程序所用。

支持 EPCglobal 发布的各种 EPC 编码标准，写标签引擎能够把 EPC 编码可靠地写入可读写的或未锁定的 RFID 标签载体中，并在 RFID 标签的读取和写入的过程中自动实现 EPC 编码类型的切换，而不需要考虑底层硬件设备、EPC 代码格式、数据的读写等细节。中间件的读取控制过程如图 7.3.1-1 所示，中间件的写入打印控制过程如图 7.3.1-2 所示。

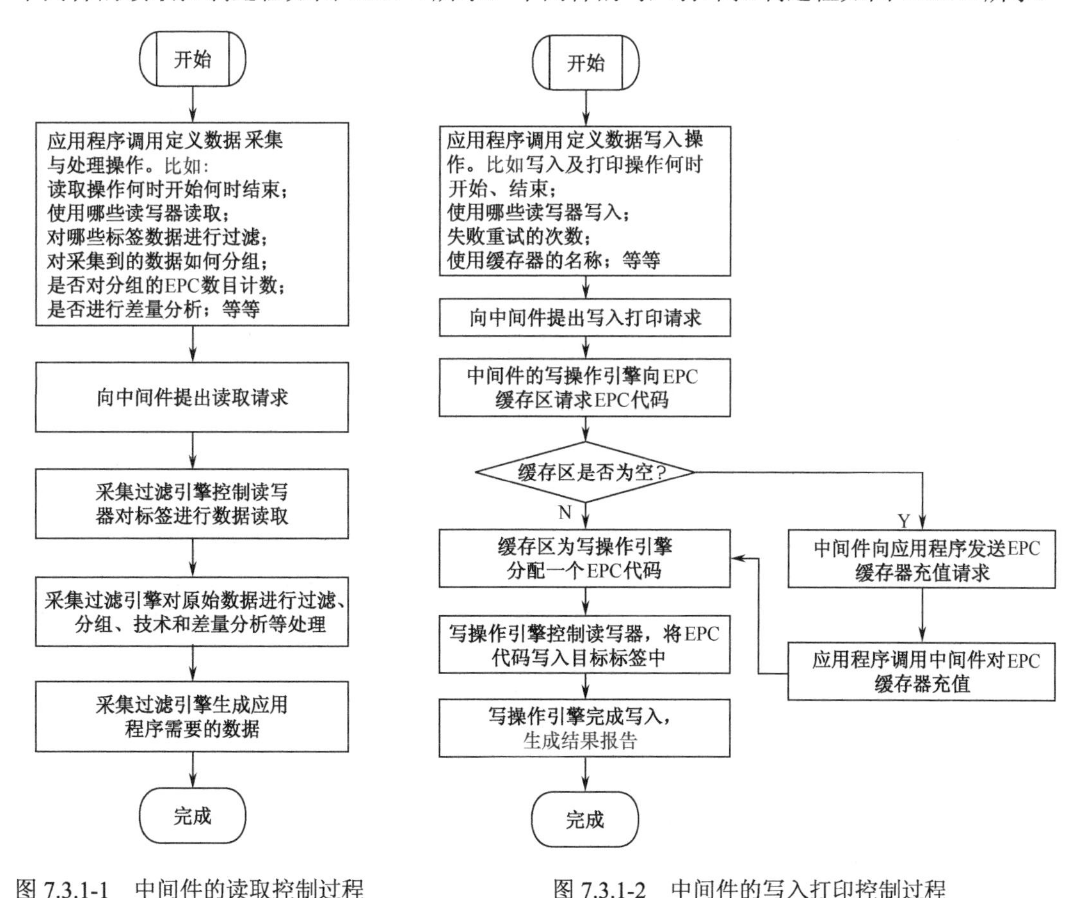

图 7.3.1-1　中间件的读取控制过程　　　图 7.3.1-2　中间件的写入打印控制过程

1 ALE（Application Level Event），应用层事件规范，简称 ALE 规范，2005 年 9 月，由 EPCglobal 组织正式对外发布。它定义出 RFID 中间件对上层应用系统应该提供的一组标准接口，以及 RFID 中间件最基本的功能：收集/过滤（Collect/Filter）。

（3）事件管理

中间件的事件管理器对来自读写器接口的 RFID 事件数据进行过滤、聚合和排序操作，并通告与应用系统相关联的数据内容。

① 事件过滤：过滤处理除去那些不必要的和应用端不感兴趣的多余数据。

② 事件转换：复杂事件处理从事件空间中检测出高层事件，并提取出事件信息，ALE 服务将这些事件信息转换成 ALE 格式后通过信息系统送入指定地点。

③ 事件集合：某些被检测出的高层事件被“业务处理管理器”监听，并触发执行相应的实时动作，例如，亮灯、开门、报警等。

（4）应用集成

① 内部集成

ROI 模式和战略模式的 RFID 应用需要实现 RFID 中间件与 WMS、ERP、MES、MRO 等系统的集成。由于用户具体情况可能千差万别，系统开发商应该根据用户的现有系统的具体情况与所选 RFID 中间件的技术架构，提供多种集成方案，供用户选择。比如：可以把 RFID 数据转换成为数据文档供现有的系统使用；在中间件中构建流程，然后与现有的系统交互，并供用户选择。

② 外部集成

如果用户的信息需要在不同企业、不同站点和不同国家与地区间传递，要求实现 RFID 与外部系统的集成，则需要 RFID 中间件构架提供功能上的调用。很多软件虽然号称支持很多标准，但仅在功能共享层次上能够支持标准是不够的，而是需要模块化的软件架构，战略模式的 RFID 用户在选择 RFID 中间件时一定不能忽略这一关键问题。

可以依据表 7.3.1-1 中 RFID 中间件技术指标的细分进行选择，也可以请开发商为你选择，以表 7.3.1-1 的内容作为了解和验证方法。一个有实力的系统开发商应当具备系列化中间件产品的研发能力，并能够从中选出与用户需求相适配的中间件——这也是对用户所选择的系统开发商的一个很有价值的验证。

2）非功能指标

非功能指标主要是标准化、可靠性、配置性、伸缩性和安全性。

（1）标准化

标准化是 RFID 中间件重要的指标特性，在非功能指标中列居榜首。RFID 中间件的标准化主要是指应该遵从的软件开发平台标准（如 J2EE、CORBA 和 Windows DNA 等），具有通用的应用程序接口（API），符合应用层事件规范（ALE）及 XML 数据交换标准等。标准化使系统升级、迁移和伸缩变得简单，意味着用户对开发商的依赖更小，更有效益。

（2）可靠性

在数据量较大、反映时间较短的情况下，RFID 中间件往往会出现性能不稳定的现象，大大地影响了系统工作的可靠性。对此需要选择有可靠性承诺的中间件产品，建议最好在系统开发与试运行的过程中以模拟测试予以确认。

（3）配置性

用户的应用环境和业务流程、工作方式存在一定的差异，需要 RFID 中间件能够提供足够的可配置功能。RFID 中间件的基础架构应具有必备的模块和组件，包括过滤、转换、集合、二次开发以及第三方集成等；RFID 中间件应具有一个软件适配层，将所有类型的设备，包括目前使用的 RFID 设备、下一代 RFID 设备、传感器和读写器等整合成为“即插即用”的模式，便于实施。在系统设计的过程中用户需要通过软硬件的适配测试予以确认。

（4）伸缩性

RFID 中间件需要能够处理大量数据，需要动态平衡负载。伸缩性是指在不同的负载下，当信息量突变时，系统具备防止冲突和保证准确性的能力。从应用实际与发展考量，伸缩性也可以理解为具有一定的实用性、灵活性、可扩展性等；从软件架构的角度考量，应用调整和软件升级也是必须的。

（5）安全性

安全性包括数据质量、传输安全和隐私安全等。RFID 中间件的数据过滤、缺失发现和恢复能力都直接影响数据质量；传输过程中也可能发生被数据截获、破解和篡改；如有涉及隐私的也需要特别注意。因此对外部集成、信息共享和安全有特别要求的用户，需要选择具有相应的安全性能的 RFID 中间件。

3．选择的操作流程

利用表 7.3.1-1，可以方便地实现 RFID 中间件的选择。这种方法简明清晰，方便灵活，操作性强，用户根据自己的需要明确应用模式，在表中对号入座，自由组合，再通过确定 RFID 中间件细分技术指标，确定 RFID 中间件功能模块的组合，就可以轻松地得到适合自己的 RFID 中间件。

笔者归纳选择操作流程为：确定应用模式→确定技术需求→确定技术指标—确定功能模块组合 4 个流程。

（1）确定应用模式

用户在本书 3.6 节中就已经选定了成本模式、价值模式、战略模式中的一种应用模式。

（2）确定技术需求

根据应用模式对应的应用集成度，用户可以方便地确定自己硬件配置需求、数据报表需求、事件处理、系统集成需求。

（3）确定技术指标

根据已确定的硬件配置需求，选择设备管理的细分功能技术指标；

根据已确定的数据报表需求，选择数据管理的细分功能技术指标；

根据已确定的事件处理需求，选择事件管理的细分功能技术指标；

根据以确定的系统集成需求，选择应用集成的细分功能技术指标；

根据应用模式的总体要求，选择非功能技术指标的细分技术指标。

（4）确定功能模块组合

当（3）确定技术指标执行完毕，实际上一个适配的 RFID 中间件的功能模块列表就显现在用户面前了，系统开发商会据此给出确定的 RFID 中间件功能模块的组合，进而确定用户适配的 RFID 中间件了。

7.3.2 “拿来主义”+适当调整

买现成的产品，还是定制？这是RFID中间件的选择的第二个问题。

1．“拿来主义”的好处

在本书7.1节，我们已经详细讨论了中间件产品的市场现状，目前在开发平台标准化、面向服务架构化、产品功能系列化等方面逐渐形成了成熟的RFID中间件产品，据此，“拿来主义”应该成为大多数RFID中间件选择的首要途径。

“拿来主义”就是直接选用成熟的RFID中间件产品，选用成熟的产品具有很多好处。

1）缩短开发周期

基础软件的开发是一件耗工耗时的工作，特别是RFID的软件开发与常见应用软件开发不同，除了软件技术，还需要一定的射频硬件基础的支持。有资料显示，使用成熟的RFID中间件，保守估计可使RFID系统缩短50%～75%的开发周期。

2）降低开发难度

直接使用是一种最方便的应用，免除开发可以节省时间和资金，即使需要二次开发，也可以降低开发难度，减轻开发人员的负担，使系统开发商专心于个性化的应用支持。

3）规避开发风险

很多人可能都有定做了衣服但穿着并不合适的困惑，同样任何定制的软件系统都存在着开发风险，选择成熟的RFID中间件产品，可以在一定程度上降低开发的风险。

4）提高开发质量

当建立在中间件基础上的应用系统发生变动时，需要相应地改动其中间件。对此，成熟的RFID中间件具有清晰和规范的接口，规范化的模块可以有效地与应用系统衔接，减少新旧系统维护，从而提高系统开发质量。

5）节省开发费用

有资料显示，使用成熟的RFID中间件，可以节省25%～60%的二次开发费用。

2．适当的调整

虽然“拿来主义”拥有以上诸多好处，但“拿来主义”并非百分百地适用于所有用户。但是请注意，本书7.3.1节所述的RFID中间件的功能性指标是一种可选性的模块化组合，而且许多模块仍具有可编程的扩展性能，这种组合选择对用户的普遍需求有着强大的实用性支撑，只要用户的应用目标分析合理，就不必担心这种“拿来主义”选择的RFID中间件的适应性。即使用户的需求超常，只要你的系统集成商选择得当，有能力的开发商会针对个性化需求做一些适当的调整，使用户得到满意的RFID中间件所带来的系统集成效益。

7.3.3 确定产品供应商

当用户以功能指标和非功能指标的需求，确定了所需要的RFID中间件产品之后，选择中间件的第三个问题——选择产品供应商就变得相对容易了。

1．选定产品供应商

RFID 中间件产品供应商与系统开发商属于同类企业，可以参照本书第 3 章 3.3 节“选择系统开发商”的方法，选择 RFID 中间件产品供应商。有实力的系统开发商或者身兼 RFID 中间件生产商，或者与有实力 RFID 中间件生产商拥有战略合作关系，他们或许是用户不错的选择；既有传统中间件产品开发背景，又有 RFID 中间件产品品牌背景的供应商则是更佳的选择方案。

2．测试与验证

需要提醒的是，测试是验证 RFID 系统及其中间件的直接有效的手段，用户可以要求 RFID 系统集成商与其中间件供应商一起建立一个与用户应用类似的模拟环境，也可以借助专业的第三方 RFID 实验室进行系统模拟，针对实际应用中的需求，对中间件进行必要的测试。测试应包括功能测试、适应性测试、扩展性测试、压力测试、边界测试、破坏测试、连续运行测试等。

此外，用户还要考虑供应商的成本优势、服务优势，相信这些通用的常识读者已经清楚，笔者在此不再赘述。

第8章　让信息转变为价值——RFID应用分析

本章针对第3章3.6.3节"应用效益"的相关内容，通过案例分析，展现RFID技术与信息系统以及商业模式的结合，与读者分享RFID成功应用的经验，讨论挖掘RFID数据应用的价值与方法，直指从RFID入口的物联网解决方案。

RFID技术应用初期，经典案例大多集中在仓储物流等供应链的中间环节。随着云计算、大数据、人工智能等技术的成熟，在数据价值的驱动下，RFID应用更多地向供应链的上下游的生产端和零售端延伸。尤其是线上销售对消费习惯的改变，为新型的零售带了更多的商机，日常生活中的RFID应用日益凸现，常见RFID应用汇总见表8-1。

表8-1　常见RFID应用汇总

应用类型	代表案例
新零售	阿里、京东、冰果盒子、友宝
烟酒防伪溯源	白酒、红酒、茶叶、生肉、蔬菜
生产自动化及生命周期管理，如电子产品、轮胎	苹果、SanDisk、格力、海尔、美的、东软
服饰零售	沙驰、迪卡侬、海澜之家
物流快递	亚马逊、京东、顺丰
电子政务，如电子车证、车牌智能停车等	重庆智能交通
资产管理，如电力、军警械等	华为、富士康、电信
票据市场	广深铁路

追根溯源，无论是在常见的供应链管理模式中，还是在新零售的创新环境中，企业引进RFID技术都是为了更灵活快捷地应对市场变化，更低成本高智能地完成商业管理与操作。

在上述应用中，由于国内行业认知度的不断提高，近年来，中国服装业的RFID的应用终于涌现了一些规模性的项目，虽尚未形成由生产、物流，至零售的完整应用，但是服装单品标签的使用，已经为新型零售应用奠定了良好的基础，相信规模性的零售应用指日可待。

8.1　新应用代表案例——海澜之家

10年前曾有幸参与过某服装企业的RIFD应用的可行性评估，该企业希望利用RFID技术解决其仓储业务中高峰期收货的瓶颈，但是由于无法获得外包加工上游供应商的配合，不能完成RFID标签的贴标操作，致使该项目无疾而终。那么，RFID的成功案例又是怎样的呢？结合图3.1.1-1，我们通过海澜之家的案例一窥究竟。

8.1.1　案例背景

作为我国服装行业著名品牌，海澜之家快速增长的销售规模对其优化供应链流程管理提出了新的要求。不同于一般服装企业由中心仓发往代理商，再由代理商发往各门店的供应链运行模式，海澜之家是将来自近 300 家生产商所生产的商品汇总到中心仓后，再从中心仓直接发货到全国 3382 家海澜之家零售门店。这有助于实现供应管理扁平化，但也给中心仓带来了巨大的运行压力。

中心仓的日常服装收货量在 40 万～70 万件/天，发货量平均约为 60 万件/天，高峰时可达到 100 万件/天以上。传送带上每隔十来米就必须安排十几个工作人员完成开箱、倒货、扫描、再装箱的操作。人工操作容易出现错装、漏装、多装等情况，需要收货时一一核对。虽然海澜之家对流水线上的每位工人进行了细致分工，不断简化各道工序，以提高运行效率和准确率，但一个熟练工人每秒钟也仅能扫码一到两件服装。特别在一些重要的销售时间节点，收发货不堪重负。如何使中心仓运行更加高效率、高品质，已成为影响海澜之家发展的重要因素。而破解这一难题的关键，就在于优化收发货环节。

8.1.2　项目实施

2014 年，海澜之家正式启动 RFID 流水化读取系统的研发工作。项目组先后走访国内 6 家物联网设备生产企业，并自主研发测试程序对 6 家企业生产的 RFID 产品分别进行打分，组织每家企业各生产几十万片 RFID 标签，应用到海澜之家不同产品上进行性能检测。最终选定其中 3 家企业作为海澜之家 RFID 流水化读取系统的标签供应商。

海澜之家向选定的 RFID 标签供应商提供商品品号、色号、规格、数量等 SKU（理货单元）信息，RFID 标签供应商负责将这些信息写入芯片并发往服装生产商，再由服装生产商将这些带有 RFID 标签的吊牌挂到服装上。

商品送达海澜之家储运中心收货区，随轨道进入安装有识读设备的通道机，通道机自动关门，并对该箱服装的 RFID 标签进行扫描。每箱服装扫描完成后，通道机将获取的扫描信息，实时上传到 RFID 智能收发货系统，由系统比对应收和实收的货物数量。如确认无误，通道机则自动放行，向下一环节传送。如果扫描项目与货箱信息不符，系统会自动排查原因，并明示在显示器上，传送带会将该箱服装送到旁边的人工检测区等待开箱检查。

通道机每 8 秒钟就能在不开箱的情况下读取一个标准箱中所有服装的 RFID 标签信息，最多可一次性扫描 300 件，一台通道机作业线仅需配备 4 名工作人员，仅为此前工人数的 1/3，每位工作人员的工作效率则是原先的 5～14 倍。海澜之家现已为旗下所有服装产品配置了 RFID 标签。

8.1.3　完善与创新

批量扫描、对比发货通知单数据、确认收货、更改库存，这是 RIFD 收货系统的经典流程。但是在实际应用中，通常需要针对应用环境的具体条件，调整硬件设备和业务流程。

在海澜之家的项目中，由于使用的超高频 RFID 标签可被远距离识读，使得通道机在扫描时，很容易将等候区内的产品一并扫入，产生误读、误报。为此，海澜之家协同设备供应商，将之前通道机的箱体改用吸波材料制造，彻底解决误读、误报问题。

此外，在最初的方案中，通道机发现有问题的标准箱后，会通过气动方式将标准箱推到旁边的人工检测区，但是，这种方法容易造成零件老化，降低可靠性。为此，海澜之家应用旋转托盘技术对其进行改造，通过旋转托盘改变轨道，自动进入人工检测区。

目前，海澜之家共有这样的“通道机”10 台，每台“通道机”单价约为 60 万元，主要应用在收货环节，今后除扩大应用规模外，也将尝试在发货环节使用 RFID 技术。

8.1.4 项目展望

早在 RFID 初入服装行业之时，RFID 智能试衣镜曾成为高档服装店的一道亮丽的风景线，此类产品虽不十分贴合服装企业的零售需求，其效益也不能满足企业对成本控制的预期，但是，由于可以提高客户消费体验的满意度，一些高级服装品牌仍愿意进行一些战略性的尝试，例如配合品牌战略，打造前卫的产品形象等。

在对数据利用越来越丰富和深入的今天，RFID 技术采集的产品信息，可以越来越多地与消费行为相关的数据结合，对越来越多的商业行为提供依据。比如，顾客拿过的、试过的商品信息将被自动记录在案，门店可以将这些信息汇总分析，并据此安排或调整门店商品布局。这些商品的款式、颜色、尺寸等信息也将汇总至后台系统，企业可以开展更加精准的商品生产和营销。

8.2 制造业 RFID 成功应用的七大诀窍

从 8.1 节，我们不难看出，同样的技术在同一类型的企业中，企业上下游环节的配合度、自身业务流程的完善、技术的适应性解决方案、业务数据的透明度等都会影响项目实施结果与效果。

本节将美国 OATSystem 公司在制造、运输、零售等多个行业超过 200 个 RFID 实施案例的经验体会，归纳为制造业 RFID 成功应用的七大诀窍，为制造业 RFID 应用解决方案的选择、评估和制定跨部门，以及不同合作伙伴间的实施计划提供有价值的参考。

8.2.1 采用可解决实际问题的用例（Use Case）

RFID 信息可以解决很多制造商面临的棘手问题。后来者可以从他人的经验中获利，避免资源的浪费。

RFID 解决方案可以通过总结吸收前期实施经验不断获得完善。企业在选择解决方案的时候，可以采用现成的、定义明确的，并被实践证明可行的“用例”，这将大大地减少 RFID 技术实施的周期、费用，并降低风险。

“用例”是系统分析的常用工具。“用例”是根据不同用户需求，对业务环境和操作模式进行的预先定义。一些“用例”可以用来完成 RFID 标签贴标、数据收集、确认等具体业务流程，例如：

（1）集合客户订单；

（2）建立大宗订单；

（3）确认航运清单。

另一些“用例”则为处理大量 RFID 数据进行特别设计，例如：

（1）将 RFID 原始数据与商业逻辑叠加，得出相关的可执行数据；

（2）配置企业信息系统数据交换参数；

（3）为特例操作及数据整合设置规则和预警；

（4）管理及监视企业级设备。

成熟的“用例”是根据生产需要而进行的设计，并通过了实际生产过程的测试和验证。“用例”大多是独立的，具有普遍的适应性，可相互合并。

在有个性化需求的时候，难免需要对“用例”进行调整。为了使调整过程更有效率，避免繁杂的自定义编码，可以从以下几方面锁定参考“用例”：

（1）为类似企业设计的；

（2）具有类似业务流程的；

（3）在生产过程中被证实的；

（4）采用了 RFID 最优设计实践的。

8.2.2　采用灵活的实施架构

不同组织形态和不同实施规模要求采用不同的实施架构，因此，企业需确保所选择的系统具有足够的灵活性。

RFID 系统数据采集过程必须符合企业业务流程的需求。不同的系统运行环境会产生不同的运行效果或成本结构，企业需要平衡业务需求、成本控制、应用响应、系统扩展，以及故障转移能力等各方面的需求。

灵活的实施架构能使企业在系统开发的过程中实现服务器、控制器、读写器，以及这些设备任意组合的设备管理和业务逻辑[1]。RFID 应用方案内容会随着实施覆盖地点数量和流程的不同发生变化，表 8.2.2-1 举例比较了不同企业的不同应用与系统配置。

表 8.2.2-1　RFID 应用与系统配置

企业规模	可使用 RFID 的管理环节	应用复杂性	实时信息需求	预　算	系统配置
小型配送商 （少于 10 个地点）	发货	低	不需要	低	单一服务器 在每个设施安装读写器 中央控制
大型制造商 （超过 25 家贸易伙伴）	发货 收货	高	需要	中等	单一服务器 每个设施都需要安装控制器 在关键区域（卸货区、组装线、QA）使用智能读写器
任何规模的 现代化制造商	在制品配送	高	需要	中到高	在卸货区和生产线上安装智能读写器

1 业务逻辑主要指业务流程上的逻辑，例如在线购物系统的业务逻辑简单地说就是：查看商品→确定购买→收银台付款→提取商品，其中也会有包含一些判别，例如，看了不买或账户余额不足时怎么办等。

8.2.3 有效利用实时数据

利用 RFID 数据对实时状态进行监控，可减少出错率，提高工作效率。

很多企业在实施 RFID 系统后却没有效利用 RFID 数据。他们只是将数据采集并集合到数据库中用于事后的分析，而没有充分地发挥实时数据的作用。

RFID 技术最有价值之处就是可以获取实物（产品、资产）移动和当前位置的实时信息，并依据这些信息采取行动，使错误在变为成本前得以纠正，减少纠错的时间成本和资金成本。例如，发送到 Birmingham, Alabama（伯明翰，美国亚拉巴马州）的货物被错误地放在发送到 Birmingham, England（伯明翰，英国）的出货缓冲区内，RFID 系统可以在货物还在缓存区时就发出警告，提示操作人员随即纠正错误，而不是等到货物抵达终点的时候。

实时提示能直接与生产设备、系统界面或货架灯等设备相连接，操作人员可在错误发生时获得实时提示，例如：

（1）操作步骤的缺失；

（2）错误发送的订单；

（3）资产被移动到错误的位置；

（4）资产即将过期。

将 RFID 读写器安装在订单接收处、卸货区、货车等配送关键检查点，系统可以根据业务流程的定义对每个区域应该存放的货物进行判断，确认货物是否处在正确区域。这样，识别被错误放置的货物并进行错误纠正就变得相对容易了。当 RFID 实时数据帮助企业把自动提示和错误纠正变成常规操作的时候，其生产团队就能把精力集中在更需要特别注意的地方。

理想的 RFID 实时数据应用方案包含以下功能：

（1）可根据实际业务流程调整对实时数据的处理规则；

（2）在作业区有声光提示界面，例如货架灯和警报；

（3）可以触发非 RFID 设备，如可编程序逻辑控制器；

（4）便于根据需求修改，无须改动程序。

8.2.4 RFID 数据与系统集成

利用 RFID 数据，使 ERP、MES、WMS 和 MRO 系统智能化。

RFID 数据是一种新的业务数据，不是新的流程。当在原有的系统中加入了实体的动态信息后，业务流程和管理系统在管理零部件、成品和货物的状态时会变得更加智能化，生产和配送业务效率和质量便得以提高。

目前，企业一般采用 ERP、MES、WMS、MRO，以及业务活动仪表盘（BAD）[1]等管理日常业务流程。分析、挑选、实施这些管理系统，并根据管理系统进行流程优化都耗费了企业大量的时间和资金，因此，实施 RFID 系统造成的原有管理系统的改造就成为企业考虑的重要因素之一。理想的实施路径不是从根本上改变企业现有的系统和业务流程，而是在尽量降低对原有系统改造的基础上实现并为企业增值。将 RFID 系统实施与原有的流

1 业务活动仪表盘（Business Activity Dashboards，BAD）：通过一种易于使用和构建的数字仪表盘界面，使企业能够直观地了解它们的关键业务活动。该类产品通常具备：拖放式仪表盘构建功能，跟踪和监控关键业务衡量标准的指标引擎，能够触发告警的灵活的规则引擎，能够为业务提供极致洞察力的分析模板。

程优化计划相结合，不失为一个一举多得的方法。

比较省事和常见的方法是将 RFID 与现有系统分离，但是，这样做也会放弃上述 RFID 数据中最有价值的部分，因此 RFID 数据与原有系统的集成势在必行。

管理系统与 RFID 系统的集成可从表 8.2.4-1 所示的几个方面着手进行。

表 8.2.4-1　管理系统与 RFID 系统的集成

ERP	根据物料单确认部件 触发补货操作	WMS	核对货物的发货单和目的地 设置声光警示，防止错误发货 跟踪成品库存
MES	跟踪产品的测试及组装记录 根据客户订单确认发货单 提示及定位被错误放置的部件和设备	MRO	根据服务订单核对配件和设备 监控安装与维护记录 过期配件定位或报废

理想的 RFID 系统集成可实现以下功能：

（1）支持面向服务的架构和基于标准的数据交换（如 Web Services、BPEL、APIs）；

（2）能轻松地与现有的业务系统和流程整合；

（3）为实时提示提供双向数据交换以及历史数据的分析功能。

8.2.5　以标准为基础

采用符合国际或国内标准的解决方案，降低 RFID 系统风险。

随着 RFID 技术的不断成熟，标准在 RFID 解决方案中发挥了重大作用。全球五大标准组织——ISO/IEC、EPCglobal、AIM Global、UID、IP-X 分别代表了国际上不同的团体或者国家的利益。ISO/IEC 是公认的全球非盈利工业标准组织，有着天然的公信力；EPCglobal 是以欧美企业为主要阵营的 RFID 标准组织，拥有 533 家会员，其中包括沃尔玛、思科、敦豪快递、麦德龙和吉列等“贵族”级会员；AIM Global 在自动识别系统和数据采集及网络方面建立了良好的信誉，且具有广泛的权威，代表了各种与自动识别系统和数据采集应用的相关产业；UID 主导日本 RFID 标准与应用，成员绝大多数都是日本的厂商，目前包括微软、索尼、三菱、日立、日电、东芝、夏普、富士通、理光等重量级企业；IP-X 的成员则以非洲、大洋洲和亚洲等国家为主。

比较而言，EPCglobal 不但提出了迄今为止最为完善的 RFID 标准体系，而且聚集了发达国家重量级厂商，实力绝对占上风。EPCglobal 主导制定 EPC 标准可以支持 RFID 在世界贸易网络中的应用需求，特别是在供应链管理领域。

采用 RFID 技术，应该遵循相关标准选择软件和硬件产品，因为：

（1）采用标准是构建可扩展的 RFID 解决方案的最佳途径；

（2）当多个供应商都遵从同一个标准时，用户可以从灵活多变的产品互操作性中获益；

（3）只有符合标准的产品才能跟上技术进步的步伐。

企业通过内部采用 RFID 标准，也为将来在贸易伙伴间使用 RFID 技术建立一个友好的界面，强化了与贸易伙伴间的关系

现阶段最成熟的标准领域是 RFID 硬件标准，包括标签和读写器。用户采用 RFID 标准作为对硬件的互操作性要求，可以自如地使用来自不同厂家的标签和读写器产品；而软件

开发商也能轻松地实现硬件支持，有助于保证与不同开发商的系统集成。

基于 EPC 标准的解决方案可包括以下内容：

（1）在设备管理、数据过滤以及数据采集等方面遵循 EPC 标准；

（2）向 EPCIS[1]访问应用程序提供实时数据交换；

（3）具有 EPCIS 数据库接口。

8.2.6 选择可扩展的硬件设备配置方案

企业在制定硬件策略时，需要具有发展的眼光，不要只考虑满足现有需求而锁定单一供应商的产品。通常，当企业使用 RFID 技术以后，才会认识到需要使用不同厂家的标签和读写器来满足其未来的需求，因此，应该根据 RFID 系统的生命周期配置硬件设备。

制造商可以根据自身产品的生产、采购流程、配送流程、使用环境，以及生命周期等因素从不同的厂家选择不同类型的标签和读写器。不同的应用环境对设备会有特定的功能要求，例如读写器可能会根据实施方案的需要集成到生产组装线中，固定在仓库门或者是车辆上，安装在室外停车场里，或者嵌入到小型手持设备里等。

即便一个很小的 RFID 应用，企业都需要选择最合适的设备，而且更需要了解到随着 RFID 硬件需求的改变，RFID 解决方案也需要能相应改变。企业必须选择可以支持多种厂商的硬件设备的解决方案。

理想的 RFID 解决方案应满足以下硬件要求：

（1）支持不同制造商的标签和读取器；

（2）支持主动和被动式标签；

（3）支持生产常用的非 RFID 设备，例如可编程逻辑控制器；

（4）支持大范围密集读写器分布，最大限度地减少交叉读取；

（5）在多个流程和设施中，提供增加、配置、监控、更新、维护功能的设备管理界面。

8.2.7 从长计议

当 RFID 应用经验积累到一定程度之后，企业就会不断地发现更多更新的利用 RFID 数据优势优化流程的途径。那么，初始的 RFID 解决方案则需要具有顺利接纳这些新的认识的能力，因此 RFID 初始方案必须从长计议。

没有什么生产操作是一成不变的，企业总是会根据新产品、新客户、新配送渠道、新地点、新技术的跟进，不断地审视和修正他们的业务流程，并将由此产生新的应用需求，例如标识新的物品、采集新物品数据、向贸易伙伴提供跟踪信息等。随着 RFID 系统的实施，RFID 实时数据的利用将变为企业业务流程的一部分，因而 RFID 解决方案设计必须紧跟业务流程变化需求柔性相接。

早期 RFID 应用，因为缺乏成熟经验的参考与借鉴，企业的选择很少。当时，如果选择一个独立的应用包，其编码逻辑可能并不能适应业务需求，反之如果不选择现成的应用

---

1 EPCIS（EPC Information System，EPC 信息服务），是 EPCglobal 网络相关数据以物理标识语言（PML）形式请求的服务。它有两种运行模式，一种是 EPCIS 相关信息被已经激活的 EPCIS 应用程序直接应用；另一种是将 EPCIS 信息直接存储在资料档案库中，以备今后查询时进行检索。

包，则需要一个漫长而昂贵的定制开发过程，这就是初期应用效率低下的重要原因。如今，企业已经可以采用两全其美的RFID计划——依靠现成的易于配置的RFID中间件可以避免定制编程，以前往往需要几个月才能完成的开发周期，现在仅需几天的运行调试就能完成，大大缩短了开发周期，既节约了成本又提高了效能。

柔性发展的 RFID 解决方案需满足以下要求：

（1）能够提供简单友好的界面，用于制定和修改特定业务流程，而无须修改程序；

（2）有分析能力，能够发现应用模式及业务流程的潜在问题及改进方法；

（3）可以通过单一的界面对整个企业的流程进行管理和自定义。

8.3　离散制造业生产过程控制 RFID 应用

由多个零部件经过一系列并不连续的工序加工最终装配而成的产品制造称为离散制造。例如，机械、电子设备制造，机电整合消费产品制造等。

离散制造业是典型的多品种大规模协同生产，本节以装配型企业为例讨论离散制造业生产过程控制的 RFID 应用。该案例的应用集成度为集成贴标的战略模式，应用重点把握制定编码方案、配料——零部件出库、零部件上线、整机装配、测试检验、成品包装和成品入库七个主要环节。

8.3.1　制定编码方案

制定编码方案主要包括确定标识对象、确定开放式或非开放式编码方案、确定编码格式、数据结构和代码赋值等内容。

1. 确定标识对象

根据本书第 4 章 4.7.1 节对“标识对象”适应范围的描述，确定离散制造业的生产过程控制 RFID 系统之“标识对象”及其定义，见表 8.3.1-1。

表 8.3.1-1　标识对象

类　型		定　义
人员		参与生产、工作、活动的相关人员
在制品		正在加工、尚未完成的产品
物料		用于制造产成品的原材料、零部件
成品	零售单元[1]	企业生产出的单件成品
	贸易/配销[2]单元	以零售单元为基本的定量组合包装，用于贸易结算、分销配送和仓储理货，不直接用于零售和消费
	物流/零售[3]单元	既是物流、配送包装又是零售包装的大型产成品，或称“单一物流/零售单元”
物流单元/物流单元化器具		泛指物流单元，也可以是可循环利用的容器盛装进行流转的物料、在制品、产成品/商品等
资产（设备/工具）		泛指非开放系统内的各种资产，如直接参与生产、工作活动的不可移动的机器设备，可移动的辅助生产加工的器具及运输工具
位置		与生产、工作、活动相关的空间位置

1 不同产品单元的区分，见图 4.6.1-1“零售单元、贸易/配销单元和物流/零售单元”。
2 同上。
3 不同产品单元的区分，见图 4.6.1-4“物流 / 零售单元单品实物”。

2．确定开放式或非开放式编码方案

生产过程控制属于企业内部管理，内部管理可以采用本书第 4 章 4.7.2 节所述内容中的“非开放式编码方案”。但是，如果根据本企业的战略规划，产品编码需要与供应链伙伴无缝衔接，或者已经被供应链合作伙伴要求使用 GS1 之 EAN・UCC 商品条码，那么至少你的贸易单元、零售单元应该选用第 4 章 4.6.2 节所述内容中的“开放式编码方案”的编码格式；如果尚未规划或尚未被要求，但预测未来可能会出现合规性要求，建议选用开放式编码方案的编码格式；如果认为确实没必要选用开放式编码方案的，则可以选用第 4 章 4.7.2 节所述内容中的“非开放式编码方案”。最终，本案例确定采用开放式与非开放式相结合的编码方案。

开放式与非开放式相结合的编码方案应该是最合适企业个性特点的编码方案。

3．确定编码格式及数据结构

本案例确定采用开放式与非开放式相结合的编码方案，其编码格式与数据结构见表 8.3.1-2。

表 8.3.1-2　编码格式与数据结构

标识对象		编码格式	数据结构			
			标头（二进制）	滤值（二进制）	分区（十进制）	ID 代码
人员		FKFRY-96	0011 0000	000	6（十进制）	按表 8.3.1-3 确定取值
在制品		FKFZZ-96	0011 0000	001	6（十进制）	
物料		FKFWL-96	0011 0000	010	6（十进制）	
成品单品	零售单元	SGTIN-96	0011 0000	001	6（十进制）	按表 8.3.1-4 确定取值
	贸易单元	SGTIN-96	0011 0000	010	6（十进制）	
物流单元/物流单元化器具		SSCC-96	0011 0001	010	6（十进制）	按表 8.3.1-5 确定取值
设备/工具		FKFSG-96	0011 0000	110	6（十进制）	按表 8.3.1-3 确定取值
位置		FKFWZ-96	0011 0000	111	6（十进制）	

4．代码赋值

表 8.3.1-2 中采用非开放式编码格式的“人员、在制品、物料、设备/工具、位置”五个标识对象的 ID 代码取值，需要根据表 8.3.1-3 所列出的参考属性具体确定。

表 8.3.1-3　非开放式编码方案的 ID 代码取值参考属性

标识对象	编码格式	数据结构之 ID 代码部分（二进制 80 位）		
		管理者（20 位二进制数）	分类（20 位二进制数）	序列号（40 位二进制数）
		十进制取值	十进制取值	十进制取值
		000 000～999 999	000 000～999 999	000 000 000 000～999 999 999 999
人员	FKFRY-96	所属部门	岗位	顺序号
在制品	FKFZZ-96	所属部门	产品规格型号或订单	顺序号
物料	FKFWL-96	所属部门或物料来源	物料规格型号或进货单	顺序号
设备/工具	FKFSG-96	所属部门	规格型号	顺序号
位置	FKFWZ-96	所属部门	位置分类	顺序号

表 8.3.1-2 中采用开放式编码格式的“零售单元、贸易单元、物流单元/物流单元化器具”三个标识对象的 ID 代码，需要根据表 8.3.1-4 和表 8.3.1-5 所列出的参考属性确定具体取值。

表 8.3.1-4　零售单元、贸易单元的 ID 代码赋值

标识对象	编码格式	ID 代码		
		厂商识别代码	产品代码	序列号
		十进制 7 位	十进制 6 位	十进制 12 位
零售单元	SGTIN-96	用户向中国物品编码中心注册获得	由用户自行分配	由用户自行分配
贸易单元	SGTIN-96			

表 8.3.1-5　物流单元/物流单元化器具的 ID 代码赋值

类　型	编码格式	ID 代码		
		厂商识别代码	序列号	未分配
		十进制 7 位	十进制 10 位	十进制 8 位
物流单元/物流单元化器具	SSCC-96	用户向中国物品编码中心注册获得	用户自行分配	不使用

根据表 8.3.1-3 中所列出的参考属性，确定管理者、分类、序列号，以及表 8.3.1-4、表 8.3.1-5 中所列出的厂商识别代码、产品代码、序列号的具体规定取值之后，即得到生产过程控制系统中各个标识对象的具体 ID 代码。

8.3.2　配料——物料（零部件）出库

根据上节中的操作，所有的物料（原材料、零部件）在入库时都已经获得了一个 FKFWL-96 的代码，在配料完成、零部件出库时，该物料的 RFID 标签被安装在物料仓库门禁的读写器识读，并显示配料清单。RFID 在配料——零部件出库中的应用如图 8.3.2-1 所示。

图 8.3.2-1　RFID 在配料——零部件出库中的应用

8.3.3　零部件上线

配套的零部件上线装配前，可以一次性识读整箱配料的 RFID 标签，显示箱内实际配料情况，并与该产品的配料清单对照，检查零部件配料是否正确。RFID 在零部件上线中的

应用如图 8.3.3-1 所示。

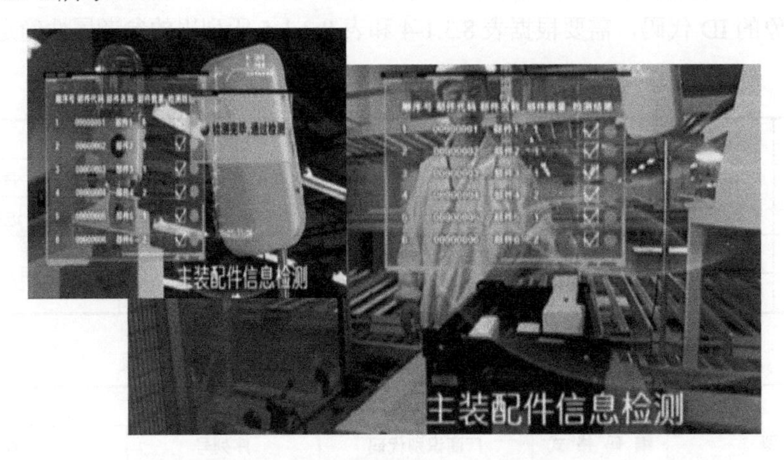

图 8.3.3-1　RFID 在零部件上线中的应用

8.3.4　整机装配

整机装配开始，设置在生产流水线上的数据采集点，可以根据需要采集相关人员、物料、在制品的实时数据，经处理并记录在案，传输给 ERP 系统。整机装配过程中可以进行关键工序的装配质量监控，通过的放行到下道工序，未通过的则检查原因，进行返修。RFID 在整机装配中的应用如图 8.3.4-1 所示。

图 8.3.4-1　RFID 在整机装配中的应用

8.3.5　测试检验

整机装配完毕，需整体测试检验，并采集相关数据，检验合格的进入产品包装。RFID 在测试检验中的应用如图 8.3.5-1 所示。

图 8.3.5-1　RFID 在测试检验中的应用

8.3.6　成品包装

成品包装后，根据需要分别在零售单元贴上写入零售单元 ID 的 SGTIN-96 标签；在贸易单元贴上写入贸易单元 ID 的 SGTIN-96 标签，然后打包装托盘形成物流包装，或者在物流单元也贴上写入物流单元 ID 的 SSCC-96 标签。成品包装，贴标、打包如图 8.3.6-1 所示。

图 8.3.6-1　成品包装，贴标、打包

8.3.7　成品入库

成品入库时，仓库入库闸门的读写器识读 RFID 智能标签，托盘上的所有标签 ID 都被读取，进行自动入库处理。RFID 在成品入库中的应用如图 8.3.7-1 所示。

图 8.3.7-1　RFID 在成品入库中的应用

至此，完成了一个离散制造业的生产过程控制 RFID 系统的应用流程。

8.4 从订单到配送的制造业管理 RFID 应用

所谓从订单到配送的制造业管理 RFID 应用，是涵盖了制造业内部管理全过程并与下游客户供应链管理衔接的 RFID 应用，这种具有整体集成的 RFID 应用战略模式是较高层次的主动型应用，安装在仓储、生产与管理各个关键环节的 RFID 采集终端与 ERP 系统完成了良好的整体集成。

本节所包含的“生产过程控制”部分的内容，在 8.3 节“离散制造业生产过程控制 RFID 应用”中已经有详细描述，如“制定编码方案”就是可以直接采用“拿来主义”的，其他涉及 8.3 节描述过的细节本节也将以引用说明，不再赘述。

8.4.1 RFID 在订单中的应用

如果用户是一个制造商，并且 RFID 标签使用了 8.3 节所述的贸易单元 SGTIN-96 编码，那么 RFID 标签的 SGTIN-96 代码自动识读与数据采集，将实现整个从订单到配送的制造管理。

制造商的一项贸易合同可由一个或多个订单组成，在当今全球供应链与 JIT（Just In Time，精益生产、准时生产）的大环境下，绝大多数贸易合同都由多个订单组成。

RFID 在电子商务产品订单中的应用如图 8.4.1-1 所示，订单中来自客户的订单可以是定期的、不定期的，甚至是每天的（例如食品）。来自不同客户配送中心的产品订单，可以以 EDI、XML 或文档等方式到达服务器。因为 SGTIN-96 代码在全球是唯一的，用户的 EPR 系统在接收这些订单的时候，将有效地从客户订单中分离出贸易单元 SGTIN-96 的 ID 代码，并显示出对应产品信息，这样用户就知道该生产哪个产品了。

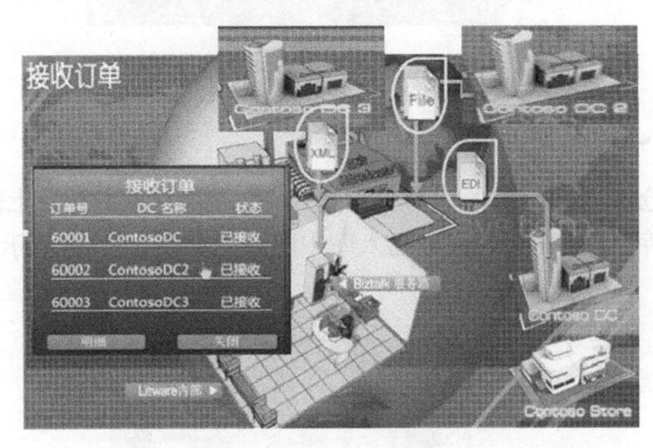

图 8.4.1-1 RFID 在电子商务产品订单中的应用

8.4.2 RFID 在订单确认中的应用

用户需要根据交货日期的轻重缓急，首先安排急需的订单。

RFID 在订单确认中的应用如图 8.4.2-1 所示，需要首先生产的代码为 60001 的订单是一种确定规格型号的吸尘器，根据该产品的 SGTIN-96 格式的编码中所包含的贸易单元类别 ID 代码，ERP 系统很快能了解到用户现有的生产能力，并与客户完成订单确认后，就可以安排进行制造生产了。

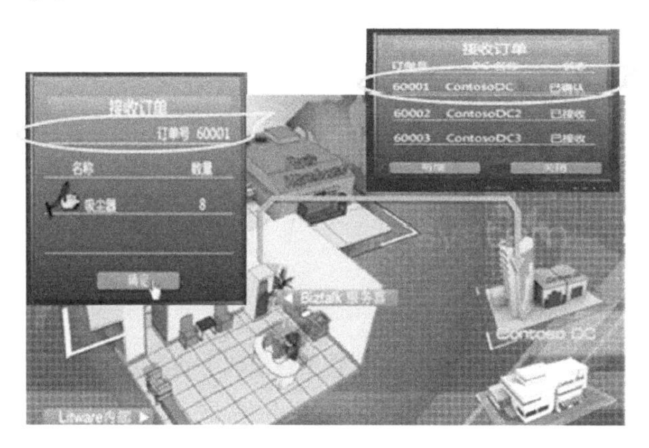

图 8.4.2-1　RFID 在订单确认中的应用

8.4.3　RFID 在配料与零部件出库中的应用

用户的 ERP 系统会给出图 8.4.3-1 中的 60001 订单配料清单。用户仓库的每一个物料（零部件）事先都贴有 RFID 标签，每一个标签都有一个唯一的 RFID 代码，按此清单配料时，RFID 系统都将自动记录零部件的剩余库存。配料齐全，出库的时候这些零部件 RFID 标签的代码被仓库 RFID 闸门读写器一次全部识读，系统自动记录在案，并传送至相关的 WMS 进行数据处理，出库工序完成。

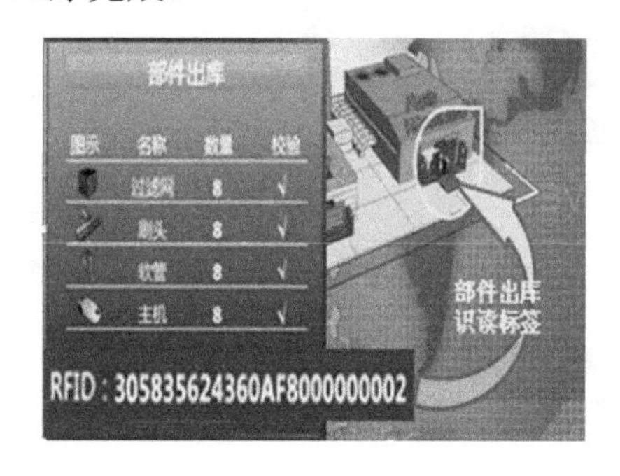

图 8.4.3-1　RFID 在配料与零部件出库中的应用

8.4.4　RFID 在上线组装中的应用

用户可能使用了如第 5 章 5.1.2 节所述的 RFID 智能标签，所以每一个 RFID 标签的代码还可以用相应的条码标签表示。

零部件出库后，来到了生产组装车间，上线及组装过程中也可以根据需要在生产线上设置质量管理与生产管理控制点——RFID 标签识读点，随时采集数据，记录生产过程中的相关信息。RFID 在上线组装中的应用如图 8.4.4-1 所示。

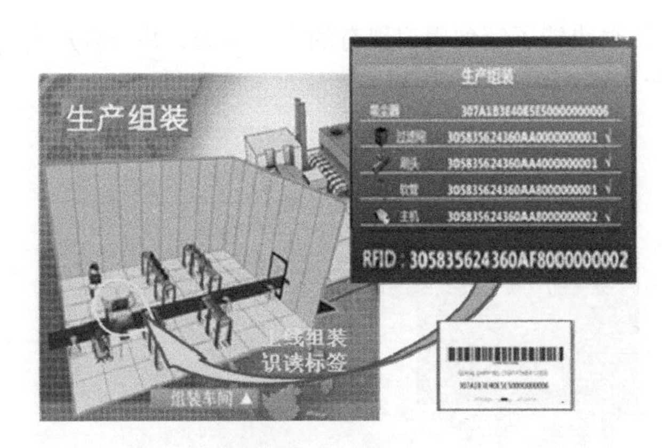

图 8.4.4-1 RFID 在上线组装中的应用

8.4.5 RFID 在生产管理中的应用

当产品组装完毕，用户已经按 8.3.6 节所述在成品的零售单元和贸易单元上贴上了的 RFID 智能标签，ERP 系统将自动识读 RFID 标签，确认完成；生产管理部门的终端可以实时得到生产过程中的全部 RFID 数据，以便掌控进度，调度生产，必要时可及时地将订单进度及相关信息反馈给客户。RFID 在生产管理中的应用如图 8.4.5-1 所示。

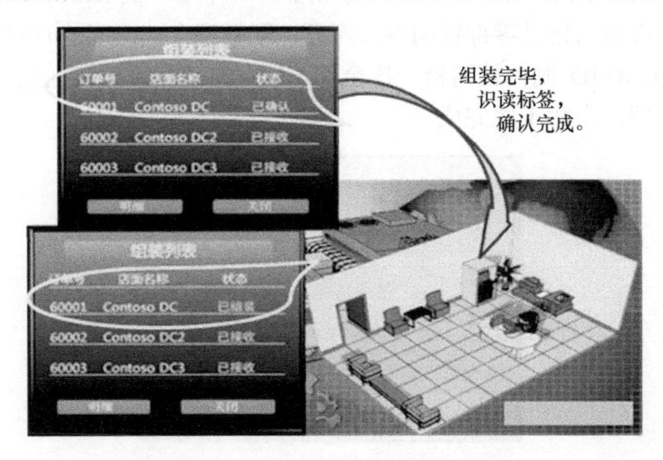

图 8.4.5-1 RFID 在生产管理中的应用

8.4.6 RFID 在托盘化中的应用

接下来就是托盘化包装，RFID 在托盘化中的应用如图 8.4.6-1 所示，ERP 系统自动提示该订单产品每一个托盘上装载 8 只吸尘器，叉车上的读写器可在托盘化包装过程中识读单个产品的 RFID 标签，当装满 8 只吸尘器后，ERP 系统自动显示数量并打印物流单元 SSCC-96 标签，粘贴在托盘化包装上，托盘化工序完成。

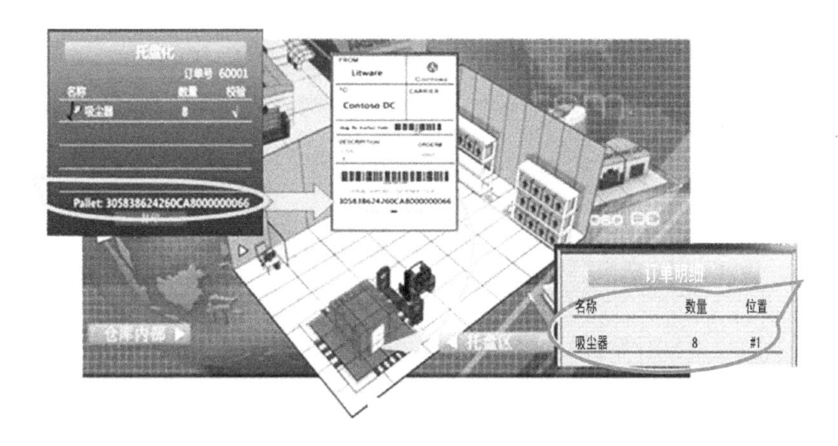

图 8.4.6-1　RFID 在托盘化中的应用

8.4.7　RFID 在配送中的应用

按订单数量装车配送时，仓库门禁读写器自动识读 60001 订单货品的 RFID 标签，并且可以一次性同时识读单品 RFID 标签的 SGTIN-96 和物流 RFID 标签的 SSCC-96，显示核对无误，向客户发送送货单，配送车辆出发送货。

高级货运通知（ASN）则以电子文档形式先于货物被发送给客户，以通知对方货物在运送途中。RFID 在配送中的应用如图 8.4.7-1 所示。

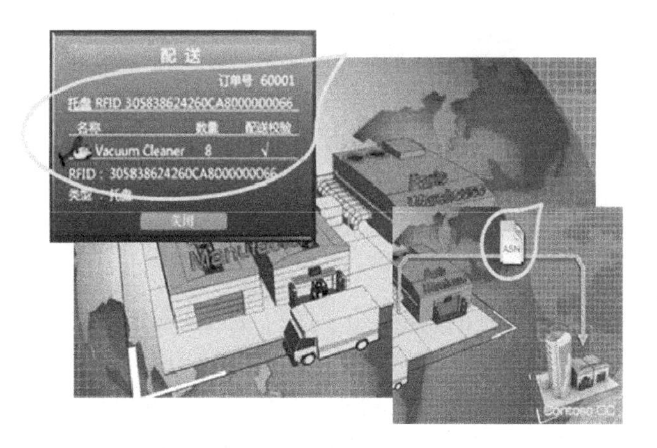

图 8.4.7-1　RFID 在配送中的应用

8.4.8　RFID 在收货确认中的应用

货物抵达客户的配送中心的指定入口，以托盘卸货。入库门禁读写器可能已经使用位置码 ID，当该读写器读取卸货托盘的 RFID 标签时，同时也将位置码 ID 与到达货物的数据相连接，核对确认送货无误，收货交割。RFID 在收货确认中的应用如图 8.4.8-1 所示。

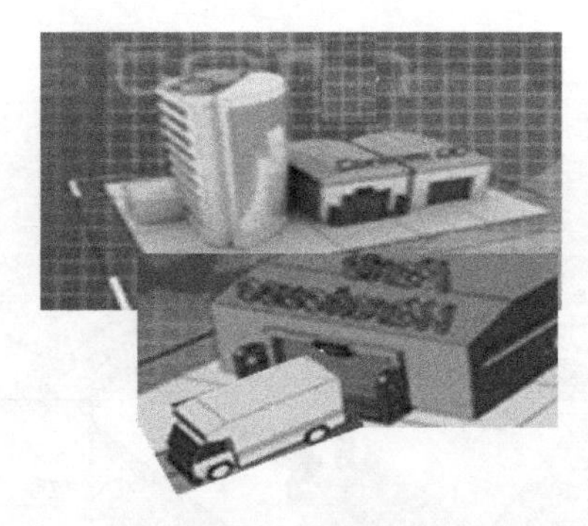

图 8.4.8-1　RFID 在收货确认中的应用

8.4.9　RFID 在统计报表中的应用

依据从订单到配送的整个流程的 RFID 数据，系统汇总各种业务报表提供给管理部门，必要时可以与用户的贸易合作伙伴进行供应链管理的数据共享，该订单的整个管理周期结束。RFID 在统计报表中的应用如图 8.4.9-1 所示。

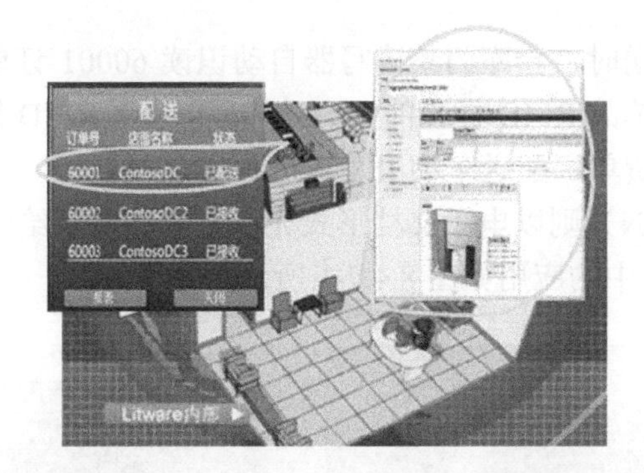

图 8.4.9-1　RFID 在统计报表中的应用

8.5　RFID 系统用例

本章 8.3、8.4 节从业务流程的角度一一列举了 RFID 应用方法。本节将重点分析 RFID 用例，期待读者能从更接近系统开发的角度了解 RFID 应用。

用例图是系统的蓝图，用于对系统功能进行建模，获取用户需求及指导测试。用例是在系统需求分析阶段，将商务需求（High Level Requirement）细化至功能需求（Low Level Requirement）的产物。从用例图的描述，我们可以清晰地看出系统功能所对应的角色、条件、约束、输入/输出、基本流程、异常流程等等。

本节选取的用例图描述旨在让读者了解 RFID 与业务流程的结合，因此对用例图描述不做完整展示，仅选取基本流程进行描述。

8.5.1　仓储物流信息系统用例

本小节选取了可回收运输工具，例如以托盘进行物流操作时的系统用例为例，从基本流程入手描述 RFID 在仓储物流中的应用。

供应链中常见的可回收运输工具（Returnable Transport Item）包括：托盘、笼型护框、可回收塑料箱、零件箱、分类箱、手推车、IBC 桶等。随着对供应链中货品管理需求的提高，对可回收运输工具管理的需求愈加强烈，可回收运输工具在成本控制中重要性也越发凸显。将 EPC/RFID 用于标识可回收运输工具，能够在管理物权、物品质量维护，以及流动过程等方面，为优化供应链管理带来更多的可能。

1．托盘贴标

不同的应用者对托盘的贴标方案有不同的看法。托盘上贴同一个标签的地方越多，当然会直接提高标签数据识读的准确性和稳定性，但是这种方案无疑增加了标签成本、标签处理的复杂度、以及标签重置和托盘维修的成本，让使用者无法承受。为此，本节针对托盘物流操作的优化，提出以下贴标方案的参考建议：

（1）同时使用两个标签以确保识读率；

（2）木质托盘建议在托盘的长边和短边各贴一个标签，可参见图 8.5.1-1；

（3）塑料托盘建议在对角的位置各贴一个标签（多数的塑料托盘是在四个脚的立足处的竖面上粘贴），可参见图 8.5.1-1。

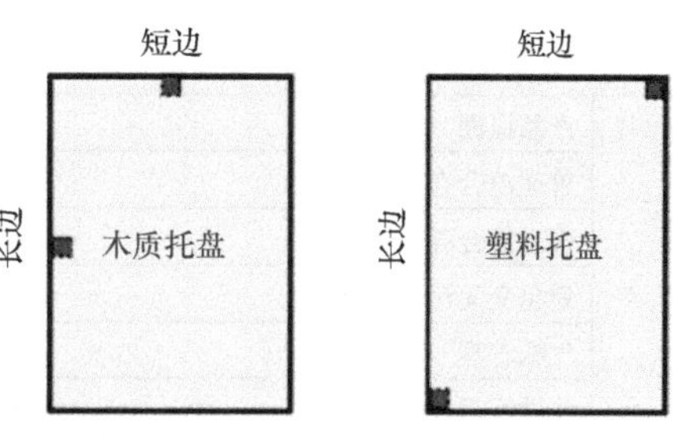

图 8.5.1-1　托盘贴标的优化建议

1）收货用例

表 8.5.1-1 描述了供应链管理中使用木质和塑料托盘进行收货时用例的基本事件流程。

表 8.5.1-1　托盘收货操作的基本事件流程

	流　　程	应 用 场 景	备　　注
1	托盘从运输车辆移动到收货区	• 使用托盘运输、存储产品的供应链/物流管理 • 将托盘作为可重复使用资产的资产管理	车辆包括货车、集装箱、火车等
	一个和多个托盘的组合		
	SSCC[1] + GRAI[2]		
2	托盘（GRAI）扫描，读取标签数据	• 使用托盘运输、存储产品的供应链/物流管理 • 将托盘作为可重复使用资产的资产管理	
	GRAI 存入数据库，触发资产管理流程		
3	产品（SSCC）扫描，读取标签数据	• 使用托盘运输、存储产品的供应链/物流管理	
	SSCC 编码与发货通知（ASN）中的信息进行对比（例如，日期、物品编码、数量等），更新库存		
	SSCC 触发后续的供应链步骤（例如，入库、分拣等）		移动至存储区
4	检查破损	• 使用托盘运输、存储产品的供应链/物流管理	

1 参见 4.6.5 节物流单元标识。
2 参见 4.6.7 节可回收资产标识。

2）库存用例

表 8.5.1-2 描述了供应链管理中使用木质和塑料托盘进行入库时，用例的基本事件流程。

表 8.5.1-2　托盘库存操作的基本事件流程

	流　程	应用场景	备　注
1	识别货物，拣货	• 将托盘作为可重复使用资产的资产管理 • 使用托盘运输、存储产品的供应链/物流管理	GRAI
	分拣时确认货品信息		
	更新库存循环盘点	• 使用托盘运输、存储产品的供应链/物流管理	触发库存更新/仓储系统
	对照发货通知（ASN）确认产品信息		
2	保存期管理检测	• 使用托盘运输、存储产品的供应链/物流管理	比对订单/仓储系统
3	产品召回	• 使用托盘运输、存储产品的供应链/物流管理	
4	产品追溯		
	管理混合存放位置	• 使用托盘运输、存储产品的供应链/物流管理	
	管理混合存放单元		
	避免交叉污染		
	气味管理	• 使用托盘运输、存储产品的供应链/物流管理 • 将托盘作为可重复使用资产的资产管理	
	化学管理		
	防火隔绝		

3）分拣用例

表 8.5.1-3 描述了供应链管理中使用木质和塑料托盘进行分拣时，用例的基本事件流程。

表 8.5.1-3　托盘分拣操作的基本事件流程

	流　程	应用场景	备　注
1	开始分拣	SCM	
	将分拣清单下载至分拣设备	SCM	
	操作人员移动至空托盘存放区	SCM	
	写入托盘 SSCC 编码	SCM	
	扫描识读托盘（GRAI）——GS1 数据采集	SCM	如果分拣清单里包含托盘，则验证清单中的 GRAI
2	分拣操作	SCM	
	分拣过程中可能使用 RFID 确认托盘位置	SCM	
	如果多个托盘叠放，需扫描识读每个托盘（GRAI）——数据采集	SCM	SSCC 是针对每个单独的物流单元即每个托盘包装的编码的。如果多个托盘的组合被作为一个物流单元处理，那么该托盘组合需要赋予一个新的 SSCC 编码
3	分拣完成	SCM	
	托盘从分拣区移动至发货区	SCM	
	扫描识读产品（SSCC）——数据采集	SCM	
	扫描识读托盘（GRAI）——数据采集	SCM	
4	发货准备完毕	SCM	

4）发货用例

表 8.5.1-4 描述了供应链管理中，使用木质和塑料托盘进行发货时的用例的基本事件流程。

表 8.5.1-4 托盘发货操作的基本事件流程

	流 程	应 用 场 景	备 注
1	托盘从发货区移动至运输车辆	供应链管理与资产管理	车辆包括货车、货柜车、火车等
	装载已有 SSCC 的货物	供应链管理	
	SSCC 和 GRAI 标签对外可见	供应链管理与资产管理	
2	扫描识读托盘（GRAI）——数据采集	供应链管理与资产管理	
3	扫描识读产品（SSCC）——数据采集	供应链管理	
4	SSCC 触发下一步供应链管理流程	供应链管理	
5	GRAI 触发下一步资产管理流程	资产管理	

8.5.2 药品电子谱系追溯系统

药品谱系是记载有关药品历次交易时间、交易方名称、交易地址等信息的原始记录文件。药品电子谱系是指能够记录药品谱系信息、满足谱系要求的电子文档及其系统。其主要目的是保护消费者免受污染药品或假药的危害。食品药品的追溯监督虽然有着天然的社会需求，但是追溯的过程需要产品生命周期中所有的参与方的协调合作，方能获得社会效益与经济效益。

早在 2004 年，FDA（美国食品药品监督管理局）就在全美推行了药品电子谱系（e-Pedigree），曾经在技术方案、技术标准、预期效果、执行期限、成本增加、信息共享、政策风险上都出现了诸多问题[1]。比较美国的经验，中国的药品电子监管码政策，虽然在技术标准、行政协调等执行能力上有诸多优势，但是最终还是因为零售终端不具备可行的技术方案，信息无法共享，不能为药企增加效益、分担成本，而于 2016 年叫停。

产品追溯系统，从简单的单一企业的产品防伪查询平台，到复杂的食品药品的谱系追溯平台，参与者越多，对统一的技术方案、技术标准、信息共享的要求就越高。系统开发方需要在熟练掌握系统的基本流程的前提下，针对各个参与方的需求设计和开发公共功能与定制功能。

本节案例将从系统的用户角色，以及各种角色与系统功能的关系入手，简要分析药品电子谱系系统。

药品追溯系统可能涵盖的参与方见表 8.5.2-1。

表 8.5.2-1 药品追溯系统可能涵盖的参与方

参 与 方	描 述
物流服务提供商	完成追溯物品的运输配送的服务提供商
生产商、加工商	对原料进行生产加工、处理、回收的企业，例如，药品生产商、医药器械生产商、医疗用品处理及回收企业
零售点、药品使用或服务提供点	与药品的最终使用者的界面，例如，医生、药剂师、护士等医疗服务的提供方
仓储物流中心	药品的存储服务提供商（可能涉及由物流包装拆分至零售包装的分拣服务）
监管方	维护公众利益的监管方

这些参与方里可能出现的系统用户的各种角色见表 8.5.2-2。

1 梁建军，栾智鹏，陈盛新. 美国地方药品监管机构推行药品电子谱系的困惑与启示[J]. 石家庄：医学实践杂志，2013-05-25.

表 8.5.2-2 系统用户的各种角色

角　色	描　述
品牌持有人	负责分配商品条码或者 RFID 标签的 GTIN
追溯数据初始者	追溯信息的产生者
追溯数据接收者	查阅、使用、下载追溯信息
追溯数据源	追溯数据的提供方
可追溯物品的创造者	可追溯物品的生产者，生产原料可能涉及一个或多个可追溯物品
可追溯物品的接受者	接收可追溯物品
可追溯物品的提供者	分配或提供可追溯物品
追溯请求初始者	提出追溯请求的人
运输者	负责一个或多个追溯物品的接受、运输、配送，对物品有置留权、托管区或处理权，但是通常不拥有所有权

在实际应用中，每个参与方一般产生一个或多个系统用户角色参与到系统中。从被追溯的供应链整体来看，从表 8.5.2-3 中我们可以得知各个角色的工作责任。

表 8.5.2-3 电子谱系的参与者角色及其工作责任

行为 \ 角色		实物流角色	可追溯物品的创造者	可追溯物品的提供者	可追溯物品的提供者	运输者	信息流角色	品牌持有者	追溯数据初始者	追溯数据提供者	追溯数据接收者	追溯请求初始者
组织与计划	1. 决定如何分配、收集、共享及保存追溯数据		X	X	X	X		X	X	X	X	
	2. 决定如果管理信息的输入、处理和输出		X	X	X	X		X	X	X	X	
统一基础数据	3. 标识参与方		X	X	X	X		X	X	X	X	
	4. 标识位置		X	P	P	X		X	X	X	X	
	5. 标识资产		X	P	P	X		X	X	X	X	
	6. 标识物品							P				
	7. 交换基础数据（Master Data）											
记录追溯数据	8. 当可追溯物品被创造出来以后对其进行身份 ID 赋值		P					X	X			
	9. 当物品发生改变时，将物品 ID 标识在装载物品的容器/工具上，或者记录在相关文件里		P									
	10. 分派或接受物品时，采集被追溯物品的 ID 及其运输工具（例如，托盘）的 ID		X	P	P	X				X	X	
	11. 搜集内部和外部的追溯信息		X	X	X	X			X	X	P	
	12. 分享协议的相关信息		X	X		X			X	P		
	13. 保存追溯数据		X	X	X	X		X	X	X	X	
追溯请求	14. 追溯请求初始化		X	X	X	X		X	X	X	X	P
	15. 接受追溯请求		X	X	X	X		X	X	X	X	
	16. 发送答复		X	X	X	X		X	X	X	X	
	17. 接受反馈		X	X	X	X		X	X	X	X	P
信息使用	18. 采取行动		X	X	X	X		X	X	X	X	X

注：

P：上游角色为实际负责人；

X：实际参与者。

8.6　其他 RFID 应用

8.6.1　肉食品追溯案例分析

所谓“食品追溯”（Food Traceability）就是食品及相关信息在生产、加工、流通、销售的每一阶段中，都可以向上游或下游追溯（Trace Or Trace Back）与追踪（Track Or Trace Forward）查询。具体到猪肉食品行业，生产流通环节主要分为 3 步：养殖、流通加工、批发零售，肉食品供应链如图 8.6.1-1 所示，下面将针对这三个环节分别进行论述，探讨建立猪肉食品安全信息追溯体系的可行性。

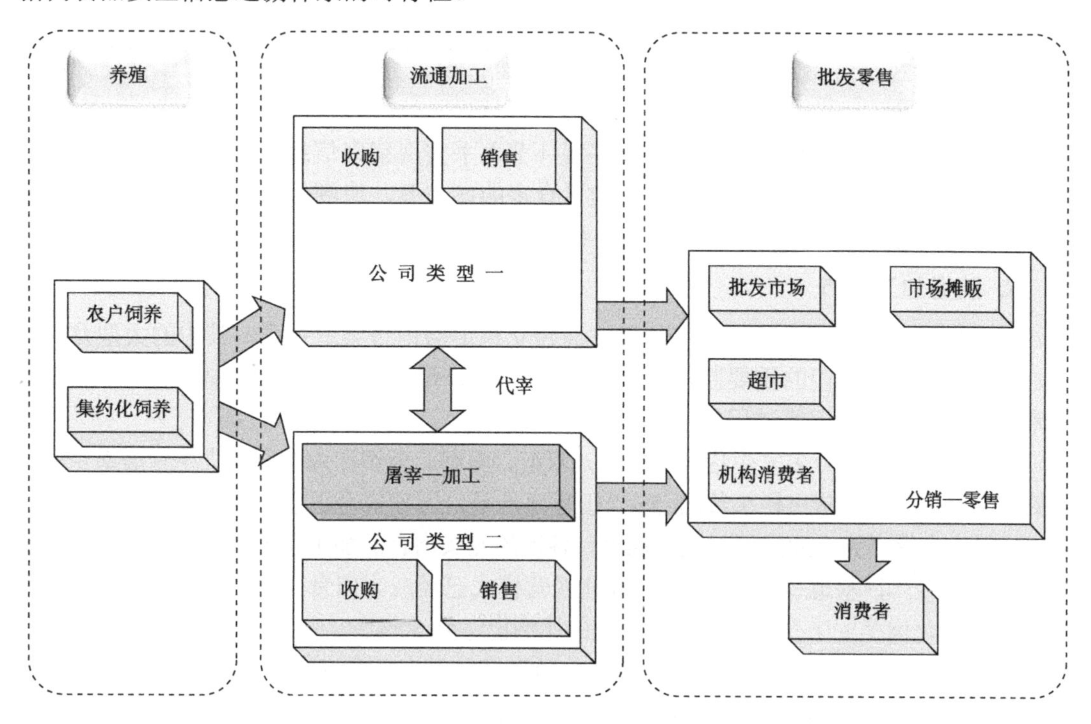

图 8.6.1-1　肉食品供应链

1．养殖环节

将猪肉食品安全信息追溯体系的追溯源头建立在养殖环节，可以保证养殖信息的完整性和准确性，从源头实现猪肉食品的安全监管，但是我国养殖业的发展现状制约了养殖环节中追溯体系的立足。

比较 10 年前 90%的生猪以散养为主的状态，我国生猪养殖规模结构有了较大提升，到 2008 年，全国出栏 50 头以上的规模养猪专业户和商品猪场出栏生猪占全国出栏总量的 62%，但是生猪出栏数量在 5 万头以上的企业总生猪出栏量仅占全国生猪出栏总量的 1%，生猪养殖行业规模化仍处于较低水平，养殖户的分散状态也无法满足养殖信息采集的集约化要求，同时信息化处于较低水平也意味着追溯系统建设基础的缺失。

2. 批发零售环节

与养殖环节相比，国内猪肉分销零售环节实现猪肉信息追溯已经有了成功案例，部分城市设立了政府监管的肉类批发市场，实现了猪肉信息追溯。例如，上海市农产品批发中心有限公司承担生猪胴体（俗称"白条猪"）的批发业务，生猪交易商将屠宰场加工好的"白条猪"送进批发市场时，全部使用携带 RFID 标签的专用挂钩，其编码与"白条猪"身上的数字喷码编号一一对应。一旦交易成功，批发市场的交易系统就会自动记录包括对应胴体编号信息在内的完整的交易信息。青岛市也于 2010 年年初在 12 家农贸市场推广猪肉溯源式电子秤管理系统，市民选好猪肉后，经营者必须用统一配置的电子秤进行称重，自动打印的交易小票上的摊位号、品名、重量、单价、金额、交易时间、追溯码等信息一应俱全，消费者凭借交易小票，登录相关网站按提示输入追溯码信息，就能轻松地查询包括生猪产地、养殖场、货主、屠宰场、分销商、查验点、零售商、销售地点等详细信息。

尽管有上述成功案例，但是从批发零售环节入手实现猪肉信息追溯，涉及批发市场、消费者、超市、市场摊贩等不同身份与数量众多的参与者，追溯信息来源也必须经过屠宰加工环节，信息集成难度较大，对政府协调监管力度要求也很高。

3. 流通加工环节

流通加工企业通常会与下游零售批发商建立稳定的销售渠道关系，其中的大型龙头企业是政府食品监管部门的重要监管对象，从图 8.6.1-1 所示肉食品供应链中我们也不难看出屠宰加工是猪肉食品流通过程中承上启下的信息节点。

目前全国约有 3 万多家生猪屠宰企业，双汇、雨润、金锣在内的前三大生猪屠宰企业每年的屠宰量占全国生猪出栏头数的 5%。但可喜的是，国家安全卫生强制性标准的实施，将业内质量安全提高到企业发展的战略高度，各地的龙头肉食品加工企业将其产业链向上下游不断延伸，"公司+基地+农户"式的产业化经营模式已经成为肉食品加工企业的发展趋势，2005 年机械化肉类加工企业自营养殖基地的比例已达到 50%。

可以预知，屠宰加工企业将成为联系养殖环节与批发零售环节的核心。大型屠宰加工企业从发展成为行业龙头企业的战略定位出发，基于控制风险、降低成本、保护市场健康发展的百年大计，产生了相对其他行业更强烈的质量追溯需求，这为在屠宰加工环节实施猪肉信息追溯系统创造了市场环境。

4. 肉食品管理追溯方案比较

针对上述肉食品加工供应链环节现状，已有不少知名 RFID 企业发挥自身所拥有的系统集成能力和社会资源实力，在不同的供应链环节实现了拥有各自特点与优势的解决方案，其成功的案例见表 8.6.1-1。

表 8.6.1-1 成功的案例

企　业	系　统	流 通 领 域
同方股份	RFID 食品追溯管理系统（奥运食品北京鲜肉特供）	流通
远望谷	畜牧业追溯管理系统	养殖

（续）

企　业	系　统	流通领域
九洲电子	生猪产品质量安全可追溯系统	白条肉流通
新大陆	肉类质量安全信息化追溯系统	流通
普诺玛	肉类实时生产及安全可追溯系统 省级“放心肉”服务体系平台 （五丰行生猪屠宰实时生产及追溯系统） （奥运食品上海鲜肉特供） （商务部生猪屠宰 RFID 无害化处理系统） （江苏省“放心肉”服务体系平台）	屠宰生产 分割生产 白条肉流通 分割肉流通

5．业务流程与系统功能的平衡

RFID 是一种新的业务数据，但不是新的流程。生产型企业因其生产流水线的不可变性，严格限制了 RFID 读写的环节及方式。与之配套的业务流程及管理系统也都耗费了企业大量的时间和资金，加之行业特殊的使用环境都为 RFID 方案的设计提出了更高的要求。

普诺玛在实现 RFID 系统与屠宰加工实际业务流程配合的时候，也遭遇了很多意想不到挑战。屠宰加工业务流程图如图 8.6.1-2 所示。

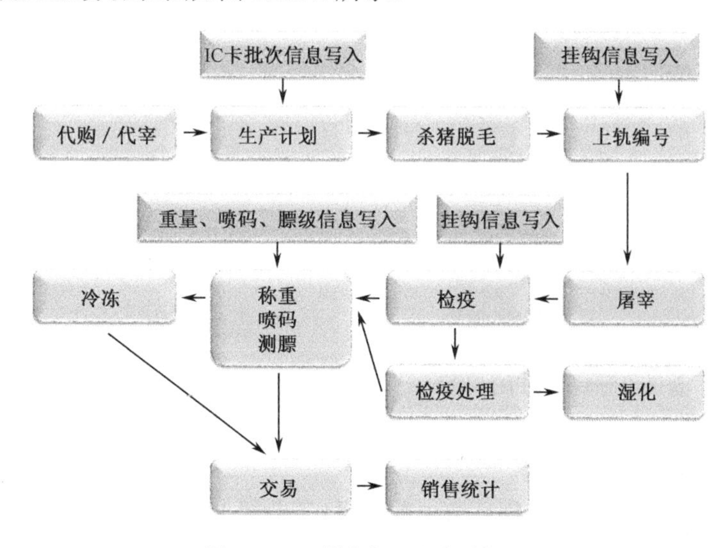

图 8.6.1-2　屠宰加工业务流程图

1）采集养殖信息

越来越多的养殖企业都采用了耳标进行养殖信息管理。为什么猪耳标信息不能在肉食品追溯系统中应用？就连很多业内人士都会产生这样的疑问，其原因与生产工艺有关。

在活猪进入屠宰加工流水线时，首先要经过电击、脱毛的工序，单个猪体的标识在该工序过后进行。其中脱毛工序会损毁大部分耳标，也就是说，在整猪还没有真正进入屠宰流程之前，其养殖信息已经无法通过读取猪耳标携带的信息实现一一对应了。

由于目前生产工艺还没有办法改变，解决这个问题，需要屠宰企业建立良好的批次管理制度，通过肉食品追溯系统将批次信息与屠宰信息相匹配。

普诺玛的解决方案是：在“收购/代宰——生产计划”环节中，加入了使用 IC 卡屠宰批次信息建档步骤。在活猪分批进入地磅区称重并进入候宰圈时，有专人负责输入该批活猪包括养殖户、屠宰日期等相关养殖信息。然后根据生产计划，每个屠宰批次都会派发一张写有养殖信息的 IC 卡，以 IC 卡跟随屠宰加工的全过程。IC 卡批次与宰批次信息建档不仅实现了屠宰信息与养殖信息的对接，还实现了工单无纸化，提高了企业的生产过程控制能力。

2）如何贴标

如何实现 RFID 标签与猪体的一一对应是一个貌似简单却很容易出错的环节，其原因就是开发人员不了解业务流程的细节。某知名 RFID 企业就曾经设计过将 RFID 标签直接悬挂在猪体上的方案，虽然符合 RFID 技术人员的常规思路，但是违反了 HACCP[1]关于猪肉胴体生产过程中与非食用性物质接触的规定。

普诺玛最终选择将 RFID 标签固定在屠宰生产线中的扁担钩上的方案。通过了 7 年的实践，最终自行开发出可在高湿度、高温度屠宰生产线环境中，稳定工作的具有抗金属屏蔽特性的工业级可读写 RFID 标签及配套读写设备。普诺玛研制的 RFID 标签如图 8.6.1-3 所示，普诺玛研制的 RFID 读写器如图 8.6.1-4 所示。

图 8.6.1-3　普诺玛研制的 RFID 标签

图 8.6.1-4　普诺玛研制的 RFID 读写器

3）RFID 设备与操作流程协调

相对于 RFID 技术在流通销售环节中的应用，工业级 RFID 设备大多需要根据其所应用的生产环境进行个性化定向开发。RFID 标签的抗金属屏蔽特性的实现在 RFID 业内已很常见，但工作环境的高温度及高湿度要求，给普诺玛提出了不小的挑战。

在实际操作流程中，脱毛工序产生的大量水蒸气，将影响后续流程上轨编号的识读设备的工作。上轨编号是挂钩信息初始化的关键步骤，挂钩标签信息成功写入的稳定性直接影响追溯信息管理系统的可靠性。但是在实施初期，普诺玛所生产的设备并不能完美地满足使用要求，出于对控制研发费用、缩短实施周期的考虑，普诺玛在设计方案时巧妙地将原本应放置在挂猪提升后对挂钩标签进行自动信息写入的步骤提前，即在生猪上挂之前，增加写入检验工序（由专人控制读写器写入信息，并安置检验读写器对写入信息进行检验，

1 危害分析重要管制点（Hazard Analysis and Critical Control Points，HACCP），是国际食品法典委员会在 1997 年公布的食品安全卫生的管理规则。

并通过灯光提示确认写入无误)，然后再进行挂猪操作。这样既满足了作业要求，保证了系统运行的可靠性，也达到了成本控制的目的。

RFID 技术作为现代自动识别技术，在低附加值的消费品流通领域并不具备价格优势，但是在生产领域的过程控制应用中的确具有很好的性能价格优势。

8.6.2 渔业养殖跟踪系统

为了有效地把优质的海鲜送到客户手上，微软开发了以 RFID 技术集成的渔业养殖跟踪系统——海鲜养殖 IT 平台，如图 8.6.2-1 所示。

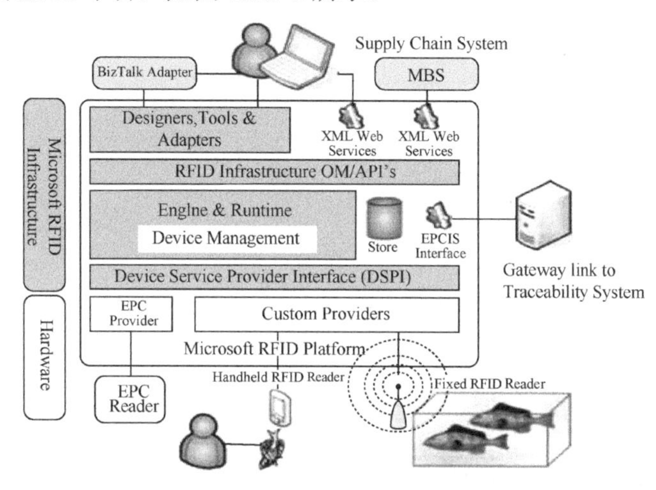

图 8.6.2-1 RFID 技术集成的海鲜养殖追溯 IT 平台

1. 从鱼卵到成鱼的信息跟踪

从鱼卵到成鱼的整个养殖过程的关键环节，系统会跟踪记录养殖场每个网格中不同批次海鱼的繁殖信息，包括水温、水质、鱼食种类、鱼龄、重量、运输等等，如图 8.6.2-2 所示。

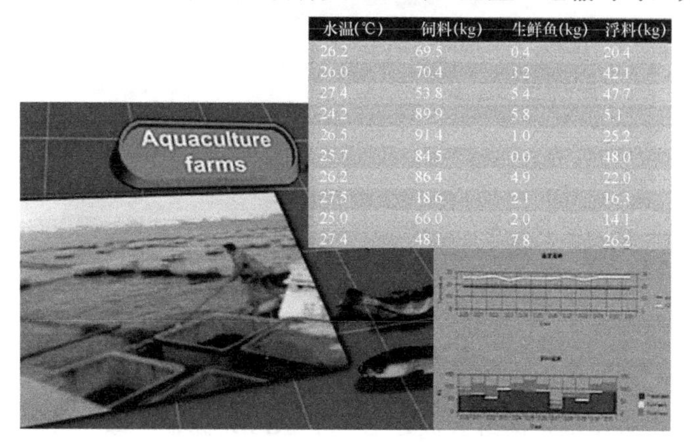

水温(℃)	饲料(kg)	生鲜鱼(kg)	浮料(kg)
26.2	69.5	0.4	20.4
26.0	70.4	3.2	42.1
27.4	53.8	5.4	47.7
24.2	89.9	5.8	5.1
26.5	91.4	1.0	25.2
25.7	84.5	0.0	48.0
26.2	86.4	4.9	22.0
27.5	18.6	2.1	16.3
25.0	66.0	2.0	14.1
27.4	48.1	7.8	26.2

图 8.6.2-2 系统从鱼卵开始记录养殖信息

2. 质量检验

捕捞上市前，需要进行如图 8.6.2-3 所示的质量检验流程。

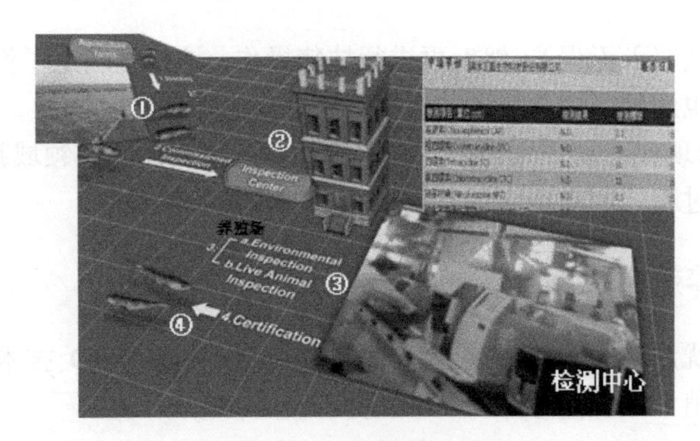

图 8.6.2-3 质量检验流程

包括以下检测：

（1）养殖场捕捞；

（2）第三方检测机构对上市之前的鱼抽样检测；

（3）对鱼的品质和养殖环境进行检查；

（4）给合格的产品颁发证书，取得上市资格；

（5）检测结果同时上传到海鲜养殖追溯 IT 平台。

3．分装——运输——上市

检验合格的鱼，会在兰坪 S&T 中心暂时存放，系统会记录相关信息，包括储位号、水温、鱼食种类、喂食数量、海鲜状态、库存数量等信息。在分装——运输——上市的供应链管理中，可以利用 RFID 标签的数据采集进行实时监控，如图 8.6.2-4 所示。

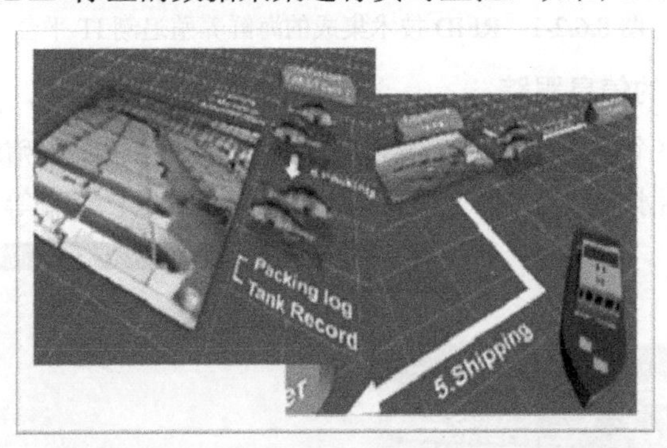

图 8.6.2-4 RFID 标签在分装——运输——上市的供应链管理中的应用

这样，海鲜的质量追溯，包括繁殖信息、质量控制、存储、运输和销售信息都可以被实时上传到海鲜养殖追溯 IT 平台上。

4．给鱼颁发身份证

当接收到餐厅的订单后，海鲜会被订上一个 RFID 标签，每一条鱼就都有一个唯一的 ID 代码，品牌信息也会随之写入标签，如同给鱼也颁发了一个身份证，如图 8.6.2-5 所示。

5．消费终端获取养殖过程相关信息

顾客下单后，餐厅服务员读取海鲜标签，通过海鲜养殖追溯 IT 平台快速查询，打印出

该海鲜的详细质量清单，包括送货信息、养殖信息以及检测信息。

利用 RFID，不但顾客可以从消费终端获取海鲜质量信息，保证了食品安全，而且也可以防伪，提高了商家食品竞争力，如图 8.6.2-6 所示。

图 8.6.2-5　RFID 标签——鱼的身份证

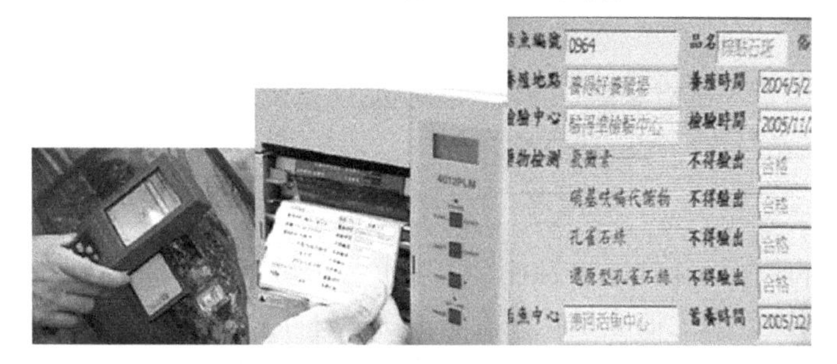

图 8.6.2-6　顾客获取海鲜养殖信息

8.6.3　RFID 珠宝销售管理

深圳市 RFID 产业标准联盟与贵金属及珠宝玉石饰品企业标准联盟合作，首批选择了珠宝联盟 3 家发起单位实施了 RFID 珠宝管理系统。

1. 系统架构

系统总体架构和硬件系统架构如图 8.6.3-1 和图 8.6.3-2 所示，主要包括柜台天线阵列（内含读写器、天线）、发卡器、RFID 珠宝标签和软件平台（包括计算机、显示器，演示软件）。

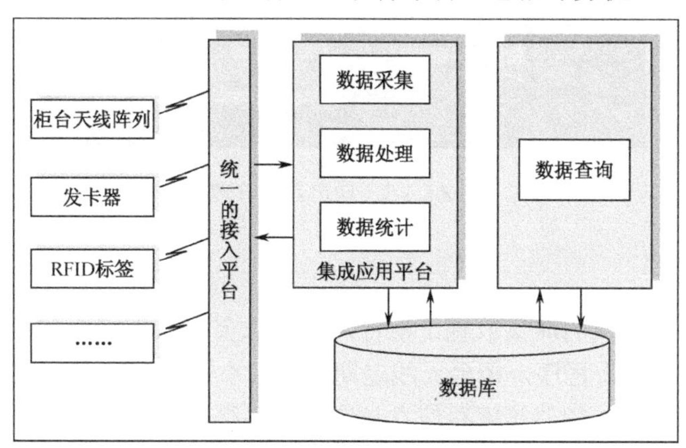

图 8.6.3-1　系统总体架构图

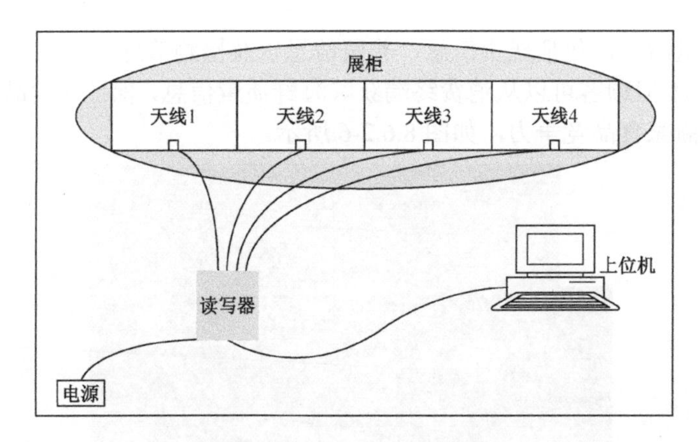

图 8.6.3-2　硬件系统架构

2. 管理流程

RFID 智能门店管理试点系统，实现珠宝产品信息录入、产品上架，消费体验、实时监控、盘点、统计报表与数据挖掘等功能。

1）产品录入

珠宝进入柜台前，将珠宝标签悬挂于珠宝上；然后登录“珠宝管理软件”进入“产品录入”程序，将国检证书上的重量、纯度、等级等珠宝信息录入到软件系统中，通过发卡器将珠宝标签与该珠宝信息绑定。珠宝入库管理如图 8.6.3-3 所示。

图 8.6.3-3　珠宝入库管理

2）产品上架

将经过产品信息录入的珠宝放置于柜台内，当珠宝放入指定柜台后，启动“珠宝管理软件”进入“产品上架”程序，柜台天线定期循环（小于 1 秒）读取柜台内的珠宝标签信息，将珠宝所处的货区、货架等库存信息与珠宝标签绑定；并将柜台内的所有珠宝信息动态显示在屏幕上，实时显示柜台上的珠宝信息如图 8.6.3-4 所示。

柜台	托盘	款号	产品种类	产品名称	EPC	卡号
柜台一	托盘三	10209400	珠宝A	18K钻石戒指	6901234000001	1322C3410001...
柜台一	托盘三	10195819	珠宝B	18K钻石戒指	6901234000001	F381C3410001...
柜台一	托盘二	10190371	珠宝D	18K钻石戒指	6901234000001	A992C3410001...
柜台一	托盘二	10190395	珠宝A	18K钻石戒指	6901234000001	9920C3410001...
柜台一	托盘二	10209578	珠宝C	18K钻石戒指	6901234000001	7F44C3410001...
柜台一	托盘二	10209363	珠宝C	18K钻石戒指	6901234000001	F13DC3410001...
柜台一	托盘二	00035064	珠宝A	18K钻石戒指	6901234000001	1D42C3410001...
柜台一	托盘三	10209509	珠宝B	18K钻石戒指	6901234000001	AE2EC3410001...
柜台一	托盘二	00032322	珠宝A	18K钻石戒指	6901234000001	2C5FC3410001...
柜台一	托盘三	10209301	珠宝A	18K钻石戒指	6901234000001	4F1EC3410001...
柜台一	托盘三	10209202	珠宝A	18K钻石戒指	6901234000001	751CC3410001...
柜台一	托盘二	10209240	珠宝A	18K钻石戒指	6901234000001	604AC3410001...
柜台一	托盘一	10198902	珠宝A	18K钻石戒指	6901234000001	691CC3410001...
柜台一	托盘一	10209196	珠宝A	18K钻石戒指	6901234000001	A369C3410001...
柜台一	托盘二	10207925	珠宝A	18K钻石戒指	6901234000001	998FC3410001...
柜台一	托盘三	10201695	珠宝A	18K钻石戒指	6901234000001	8F7EC3410001...
柜台一	托盘二	10209226	珠宝A	18K钻石戒指	6901234000001	B895C3410001...
柜台一	托盘二	10193853	珠宝A	18K钻石戒指	6901234000001	728DC3410001...
柜台一	托盘三	10195383	珠宝A	18K钻石戒指	6901234000001	FF7EC3410001...
柜台一	托盘一	00032858	珠宝A	18K钻石戒指	6901234000001	6459C3410001...
柜台一	托盘二	10196151	珠宝A	18K钻石戒指	6901234000001	C745C3410001...
柜台一	托盘三	10202623	珠宝B	18K钻石戒指	6901234000001	F53DC3410001...

图 8.6.3-4　实时显示柜台上的珠宝信息

3）消费体验

在消费体验模式中，当珠宝从货柜内拿出放置在货柜上的托盘内时，就显示丰富的商品信息，如名称、品牌、重量、价格、关注度等信息，如图 8.6.3-5 所示。用户确认购买商品后，系统还可统计应付货款总额，如图 8.6.3-6 所示。

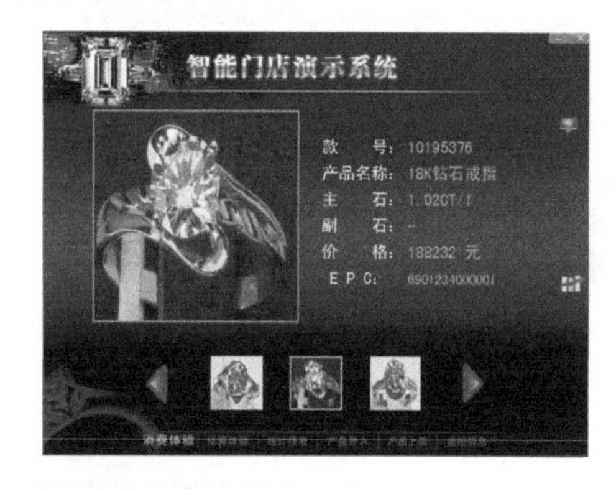

图 8.6.3-5　消费体验示意图

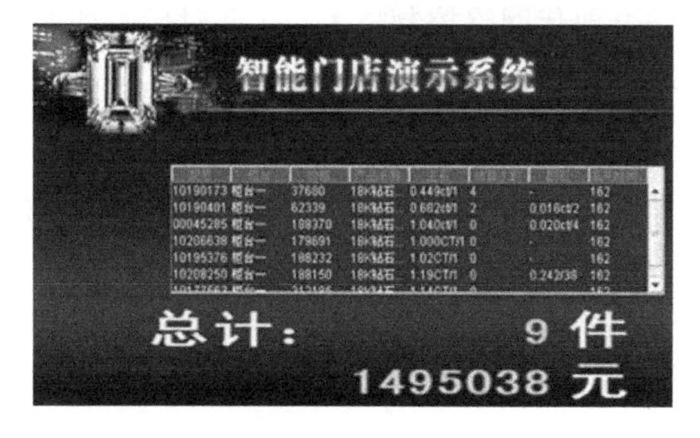

图 8.6.3-6　结算示意图

3．实时监控

在每个柜台下安装一组读写器的天线（柜台天线），启动实时监控，珠宝柜台读写器自动读取柜台内的珠宝标签，读取数据同时传给后台的数据库系统。

在珠宝柜台下方安装的天线，可实时记录柜台内的每一件珠宝的每一次拿出或者放回次数。如果在销售、转移、托运或安全补货过程中有任何异常操作，系统都会发出警报。

4. 统计报表与数据挖掘

1）热点推荐

当门店在空闲时间内，循环显示顾客最关注的珠宝信息，为顾客提供最热销商品的信息。

2）在线销售热点分析

根据客户观看、购买和查询珠宝的信息，进行自动数据分析，对于顾客关注产品、销售热点和潜在热点进行判断，提高商家盈利能力，如图 8.6.3-7 所示。

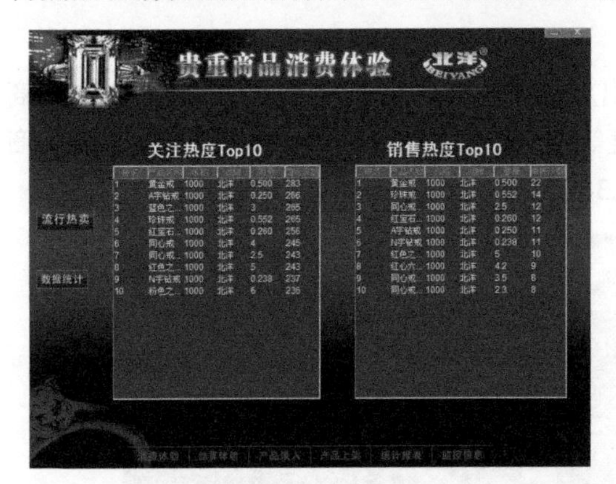

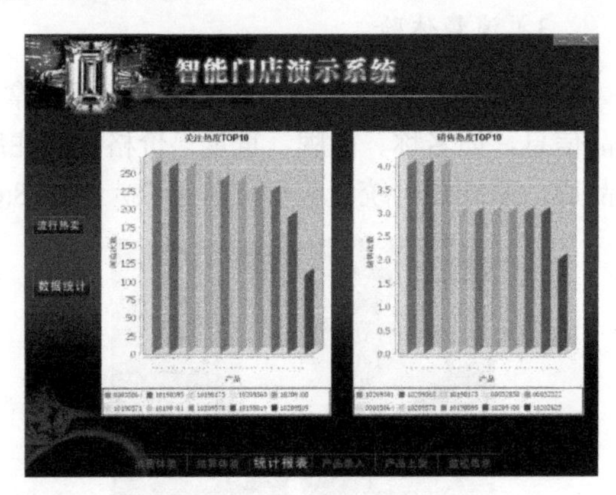

图 8.6.3-7　统计报表示意图

8.6.4　会议管理 RFID 应用

传统的手工签到方式因其效率低、防伪差等原因难以满足现代大型会议管理需求，将 RFID 应用于会议管理，结合现代网络控制技术，实现对代表证的瞬间识读、防伪检测、实时控制、信息统计等会议管理功能，已经在业界达成共识。

1. 基本架构

会议管理的 RFID 应用一般使用高频（HF）系统，其基本架构由发卡站、天线门及网络服务器构成。RFID 会议管理的基本架构如图 8.6.4-1 所示。

会议管理可以面向一个会议，即一间会议室的管理，也可以面向会展中心，即同时进行的多个会议和多间会议室管理。

2. 发证

给每一位与会代表颁发的代表证中都带有一个 RFID 标签，RFID 标签中的 ID 代码是唯一的，这就如同为各个代表颁发了会议身份证。签到技术如图 8.6.4-2 所示。

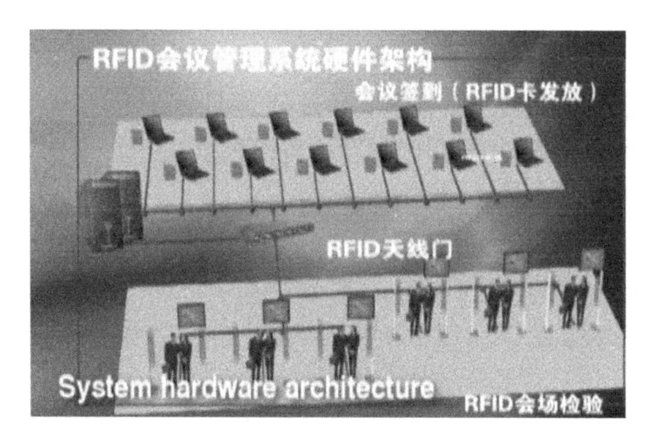

图 8.6.4-1　RFID 会议管理的基本架构

图 8.6.4-2　签到发卡

3．入场

代表入场，门禁读写器读取代表证中的 RFID 标签，记录进出大会会场的时间和进出各个会议室的时间等相关参会数据，如图 8.6.4-3 所示。

4．统计与监控

从与会代表拿到代表卡开始，安装在会场各处的读写器可以随时采集代表的参会数据，如签到数据、会场统计数据、站台数据等等。统计与监控示意图如图 8.6.4-4 所示。

通过 RFID 数据的采集，会务管理者可以实时地查阅会场情况的统计分析报告，对会场的情况一目了然。RFID 的应用使会务管理变得非常简单、透明，为提高会务服务质量提供了可靠的参考依据。

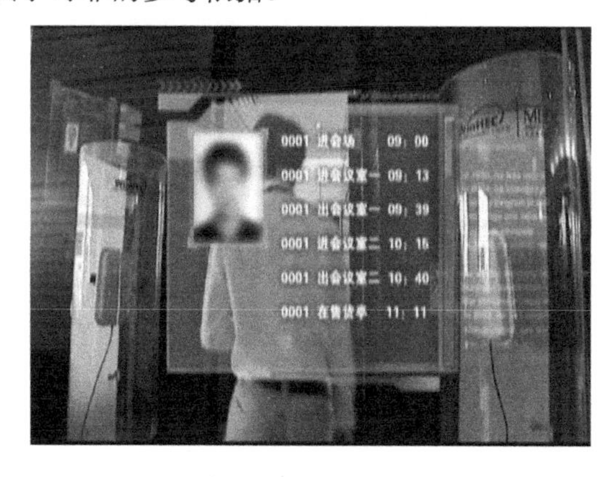

图 8.6.4-3　入场

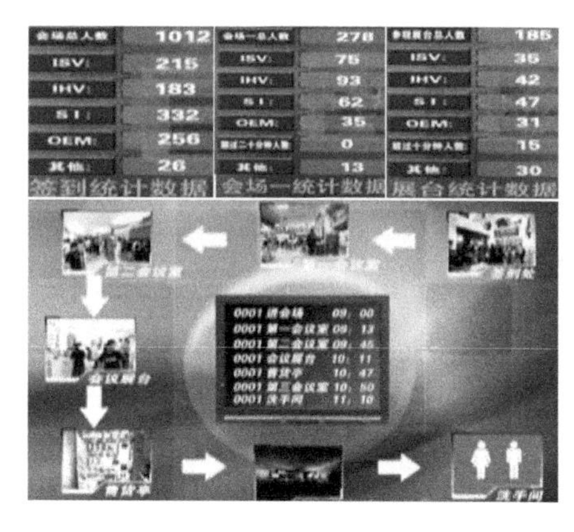

图 8.6.4-4　统计与监控示意图

5．RFID 会议管理的优势

使用 RFID 系统与不使用 RFID 系统的会议管理指标对比见表 8.6.4-1。

表 8.6.4-1　指标对比

序　　号	相关指标	不使用 RFID	使用 RFID
1	工作人员要求	每个分会场都需要一个工作人员	不需要人员
2	进场效率	一人一检效率低	批量识读效率高
3	进出人员统计	靠人工统计	系统实时统计汇总
4	参会人员情况	不了解，靠观察	实时了解人员结构
5	成本	人工成本	设备租借成本+标签成本

RFID 会议管理具有以下优势：

（1）自动签到——参会人员佩戴代表证经过相关通道瞬间即可完成签到；

（2）安全防伪——参会人员经过签到通道时个人信息即时显示给管理人员；

（3）实时监控——管理人员可以在后台服务器上实时监控签到情况；

（4）座位安排——管理系统可以直观地显示座位入座情况；

（5）统计查询——签到结束后，管理者可以即时查询和打印签到报表；

（6）更快捷——彻底改变了传统的手工管理模式，通道的瞬间签到，缩短了入场时间，提高了签到效率；

（7）更安全——RFID 标签 ID 具有全球唯一性，不易仿冒，加上“信息实时对比”功能，可以有效杜绝假冒现象，签到安全性、准确性更高；

（8）更高效——系统能够对与会人员的信息实时处理，并及时反馈给组织者，便于开展人员控制、座位安排等工作，可极大提高会议管理效率。

附录 A　相关法规

附录 A-1：

关于发布 800/900 MHz 频段射频识别(RFID)技术应用试行规定的通知

信部无〔2007〕205 号

各省、自治区、直辖市无线电管理办公室（局），国家无线电监测中心：

为适应我国社会经济发展对 800/900 MHz 频段 RFID 技术的应用需求，根据我国无线电频率划分和产业发展情况，并与国际相关标准衔接，制定 800/900 MHz 频段 RFID 技术应用试行规定。现予发布，自即日起施行。

2007 年 4 月 20 日

800/900 MHz 频段射频识别（RFID）技术应用规定（试行）

一、800/900 MHz 频段 RFID 技术的具体使用频率为 840～845 MHz 和 920～925 MHz。

二、该频段 RFID 技术无线电发射设备射频指标。

1．载波频率容限：20×10^{-6}。

2．信道带宽及信道占用带宽（99%能量）：250 kHz。

3．信道中心频率：$f_{c}(\text{MHz})=840.125+N\times0.25$ 和 $f_{c}(\text{MHz})=920.125+M\times0.25$（$N$、$M$ 为整数，取值为 0～19）。

4．邻道功率泄漏比：40 dB（第一邻道），60 dB（第二邻道）。

5．发射功率。

频率范围（MHz）	发射功率	频率范围（MHz）	发射功率
840.5～844.5 920.5～924.5	2 W	840～845 920～925	100 mW

6．工作模式为跳频扩频方式，每跳频信道最大驻留时间为 2 秒。

7．杂散发射限值（在两频段的中间载波频率±1 MHz 范围以外）。

天线端口

	频率范围（MHz）	限值要求(dBm)	测量带宽	检波方式
最大功率工作状态	30 MHz～1 GHz	−36	100 kHz	有效值
	1～12.75 GHz	−30	1 MHz	
	806～821 MHz 825～835 MHz 851～866 MHz 870～880 MHz 885～915 MHz 930～960 MHz	−52	100 kHz	
	1.7～2.2 GHz	−47	100 kHz	
待机状态	30 MHz～1 GHz	−57	100 kHz	
	1～12.75 GHz	−47	100 kHz	

机箱端口（含一体化天线）

频率范围	限值要求（dBm）	测量带宽	检波方式
30 MHz～1 GHz	−36（e.i.r.p）	100 kHz	有效值
1～12.75 GHz	−30（e.i.r.p）	1 MHz	

8．电源端口和电信端口的传导骚扰发射应满足国标 GB 9254—1998 中 B 类设备的限值要求。

9．在制造商声明的极限工作电压、极限温度条件下，设备的发射功率和频率容限应满足相应技术指标。

三、该频段的 RFID 技术无线电发射设备按微功率（短距离）无线电设备管理。设备投入使用前，需获得信息产业部核发的无线电发射设备型号核准证。

鉴于 800/900 MHz 频段 RFID 是一项新的无线电应用技术，使用范围比较广泛，为防止可能发生的无线电干扰，各级无线电管理机构要加强对该频段 RFID 设备使用的管理，及时发现处理无线电干扰，保证该频段 RFID 技术应用的平稳开展。

附录 A-2:

工业和信息化部办公厅关于全面推进移动物联网（NB-IoT）建设发展的通知

工信厅通信函〔2017〕351 号

各省、自治区、直辖市及新疆生产建设兵团工业和信息化主管部门，各省、自治区、直辖市通信管理局，相关企业：

建设广覆盖、大连接、低功耗移动物联网（NB-IoT）基础设施、发展基于 NB-IoT 技术的应用，有助于推进网络强国和制造强国建设、促进“大众创业、万众创新”和“互联网+”发展。为进一步夯实物联网应用基础设施，推进 NB-IoT 网络部署和拓展行业应用，加快 NB-IoT 的创新和发展，现就有关事项通知如下：

一、加强 NB-IoT 标准与技术研究，打造完整产业体系

（一）引领国际标准研究，加快 NB-IoT 标准在国内落地。加强 NB-IoT 技术的研究与创新，加快国际和国内标准的研究制定工作。在已完成的 NB-IoT 3GPP 国际标准基础上，结合国内 NB-IoT 网络部署规划、应用策略和行业需求，加快完成国内 NB-IoT 设备、模组等技术要求和测试方法标准制定。加强 NB-IoT 增强和演进技术研究，与 5G 海量物联网技术有序衔接，保障 NB-IoT 持续演进。

（二）开展关键技术研究，增强 NB-IoT 服务能力。针对不同垂直行业应用需求，对定位功能、移动性管理、节电、安全机制以及在不同应用环境和业务需求下的传输性能优化等关键技术进行研究，保障 NB-IoT 系统能够在不同环境下为不同业务提供可靠服务。加快 eSIM/软 SIM 在 NB-IoT 网络中的应用方案研究。

（三）促进产业全面发展，健全 NB-IoT 完整产业链。相关企业在 NB-IoT 专用芯片、模组、网络设备、物联应用产品和服务平台等方面要加快产品研发，加强各环节协同创新，

突破模组等薄弱环节，构建贯穿NB-IoT产品各环节的完整产业链，提供满足市场需求的多样化产品和应用系统。

（四）加快推进网络部署，构建NB-IoT网络基础设施。基础电信企业要加大NB-IoT网络部署力度，提供良好的网络覆盖和服务质量，全面增强NB-IoT接入支撑能力。到2017年年末，实现NB-IoT网络覆盖直辖市、省会城市等主要城市，基站规模达到40万个。到2020年，NB-IoT网络实现全国普遍覆盖，面向室内、交通路网、地下管网等应用场景实现深度覆盖，基站规模达到150万个。加强物联网平台能力建设，支持海量终端接入，提升大数据运营能力。

二、推广NB-IoT在细分领域的应用，逐步形成规模应用体系

（五）开展NB-IoT应用试点示范工程，促进技术产业成熟。鼓励各地因地制宜，结合城市管理和产业发展需求，拓展基于NB-IoT技术的新应用、新模式和新业态，开展NB-IoT试点示范，并逐步扩大应用行业和领域范围。通过试点示范，进一步明确NB-IoT技术的适用场景，加强不同供应商产品的互操作性，促进NB-IoT技术和产业健康发展。2017年实现基于NB-IoT的M2M（机器与机器）连接超过2000万，2020年总连接数超过6亿。

（六）推广NB-IoT在公共服务领域的应用，推进智慧城市建设。以水、电、气表智能计量、公共停车管理、环保监测等领域为切入点，结合智慧城市建设，加快发展NB-IoT在城市公共服务和公共管理中的应用，助力公共服务能力不断提升。

（七）推动NB-IoT在个人生活领域的应用，促进信息消费发展。加快NB-IoT技术在智能家居、可穿戴设备、儿童及老人照看、宠物追踪及消费电子等产品中的应用，加强商业模式创新，增强消费类NB-IoT产品供给能力，服务人民多彩生活，促进信息消费。

（八）探索NB-IoT在工业制造领域的应用，服务制造强国建设。探索NB-IoT技术与工业互联网、智能制造相结合的应用场景，推动融合创新，利用NB-IoT技术实现对生产制造过程的监控和控制，拓展NB-IoT技术在物流运输、农业生产等领域的应用，助力制造强国建设。

（九）鼓励NB-IoT在新技术新业务中的应用，助力创新创业。鼓励共享单车、智能硬件等“双创”企业应用NB-IoT技术开展技术和业务创新。基础电信企业在接入、安全、计费、业务QoS保证、云平台及大数据处理等方面做好能力开放和服务，降低中小企业和创业人员的使用成本，助力“互联网+”和“双创”发展。

三、优化NB-IoT应用政策环境，创造良好可持续发展条件

（十）合理配置NB-IoT系统工作频率，统筹规划码号资源分配。统筹考虑3G、4G及未来5G网络需求，面向基于NB-IoT的业务场景需求，合理配置NB-IoT系统工作频段。根据NB-IoT业务发展规模和需求，做好码号资源统筹规划、科学分配和调整。

（十一）建立健全NB-IoT网络和信息安全保障体系，提升安全保护能力。推动建立NB-IoT网络安全管理机制，明确运营企业、产品和服务提供商等不同主体的安全责任和义务，加强NB-IoT设备管理。建立覆盖感知层、传输层和应用层的网络安全体系。建立健全相关机制，加强用户信息、个人隐私和重要数据保护。

（十二）积极引导融合创新，营造良好发展环境。鼓励各地结合智慧城市、“互联网+”和“双创”推进工作，加强信息行业与垂直行业融合创新，积极支持 NB-IoT 发展，建立有利于 NB-IoT 应用推广、创新激励、有序竞争的政策体系，营造良好的发展环境。

（十三）组织建立产业联盟，建设 NB-IoT 公共服务平台。支持研究机构、基础电信企业、芯片、模组及设备制造企业、业务运营企业等产业链相关单位组建产业联盟，强化 NB-IoT 相关研究、测试验证和产业推进等公共服务，总结试点示范优秀案例经验，为 NB-IoT 大规模商用提供技术支撑。

（十四）完善数据统计机制，跟踪 NB-IoT 产业发展基本情况。基础电信企业、试点示范所在的地方工业和信息化主管部门和产业联盟要完善相关数据统计和信息采集机制，及时跟踪了解 NB-IoT 产业发展动态。

特此通知。

工业和信息化部办公厅
2017 年 6 月 6 日

附录 A-3:

关于发布《信息系统集成及服务资质认定管理办法（暂行）》的通知

中电联字〔2015〕1 号

各有关单位：

为顺应信息技术发展趋势及国家信息化建设的需求，维护信息系统集成及服务市场秩序，提高信息系统项目质量，保障信息安全，加强行业自律，促进信息系统集成企业能力的不断提高，更好地为企业和用户服务，中国电子信息行业联合会（以下称电子联合会）决定在现有工作基础上，依据企业综合能力和水平评价的行业规范及团体标准，开展信息系统集成及服务资质认定（以下称资质认定）工作。

根据国务院关于标准化改革工作的有关要求，电子联合会已成立信息系统集成及服务团体标准编制工作组，开始起草相关团体标准和行业规范。在相关标准和行业规范正式发布前，为指导资质认定工作的规范有序开展，电子联合会在公开征求社会各界意见和建议的基础上，组织制定了《信息系统集成及服务资质认定管理办法（暂行）》，现予以发布，自 2015 年 7 月 1 日起实行。

请各有关单位收到通知后，按要求做好各项工作。对信息系统集成及服务资质认定工作如有疑问、意见和建议，请及时联系中国电子信息行业联合会信息系统集成资质工作办公室（以下称电子联合会资质办）。

电子联合会资质办通信地址：北京市海淀区万寿路 27 号院 3 号楼 101 室（邮政编码：100846）

联系电话：010-68208065/68208063

传真电话：010-68218535
工作邮箱：sio@citif.org.cn
联 系 人：杨军　娜仁图雅

附件：《信息系统集成及服务资质认定管理办法（暂行）》

中国电子信息行业联合会
2015 年 6 月 30 日

附件：

信息系统集成及服务资质认定管理办法（暂行）

第一章　总则

第一条　为做好信息系统集成及服务资质认定（以下称资质认定）工作，加强行业自律，维护信息系统集成及服务市场秩序，保障信息系统项目质量和信息安全，促进企业能力的不断提高，推动行业健康发展，特制定本办法。

第二条　本办法所称信息系统集成及服务是指从事信息网络系统、信息资源系统、信息应用系统的咨询设计、集成实施、运行维护等全生命周期活动，及总体策划、系统测评、数据处理存储、信息安全、运营等服务和保障业务领域。

第三条　本办法所称资质认定是指中国电子信息行业联合会（以下称电子联合会）依据本管理办法和资质等级评定条件对从事信息系统集成及服务企业的综合能力和水平所进行的评价和认定。

信息系统集成及服务企业的综合能力和水平包括经营业绩、财务状况、信誉、管理能力、技术实力和人才实力等要素。

第二章　工作机构

第四条　电子联合会设立信息系统集成资质工作委员会（以下称电子联合会资质工作委员会），负责协调、管理资质认定工作，对资质认定结果进行审定。

第五条　电子联合会资质工作委员会下设信息系统集成资质工作办公室（以下称电子联合会资质办）作为电子联合会资质工作委员会的日常办事机构，负责具体组织实施资质认定工作。

第六条　根据资质认定工作的需要，电子联合会资质办可在获证企业数量较多或有必要的地区设立地方信息系统集成资质服务中心（以下称地方服务中心）。地方服务中心依照电子联合会资质办的委托在本地区开展资质认定服务工作。

第七条　信息系统集成资质评审机构（以下称评审机构）负责在电子联合会资质办认定的范围内开展资质评审工作，包括对资质申报材料的完整性、真实性、有效性及与资质等级评定条件的符合性等方面进行独立审核，并出具评审报告。

评审机构分为 A 级和 B 级。A 级评审机构可在全国各地区开展资质评审工作。B 级评审机构可在本地区开展资质评审工作。

评审机构及评审人员的管理办法由电子联合会另行制定发布。

第八条　为确保评审机构的评审工作公平、公正，并提升评审工作质量，电子联合会资质办可委托见证机构对评审机构的现场评审过程进行见证，并出具见证报告。

第三章　资质设定

第九条　信息系统集成资质（以下称集成资质）是对企业从事信息系统集成及服务综合能力和水平的客观评价，集成资质分为一级、二级、三级和四级四个等级，其中一级最高。

集成资质等级评定条件由电子联合会另行制定发布。

第十条　为适应信息技术发展和市场的需求，电子联合会将适时开展针对信息系统集成及服务不同环节设定的分项资质及针对市场特定需要而专门设定的专项资质的认定工作。

分项资质和专项资质的认定，原则上遵守本办法的相关规定，具体管理办法和资质等级评定条件由电子联合会另行制定发布。

第十一条　电子联合会对信息系统集成项目管理人员（以下称项目管理人员）实施登记管理。

项目管理人员的登记管理办法由电子联合会另行制定发布。

第四章　资质申请与认定

第十二条　凡从事信息系统集成及服务的企业，可根据电子联合会发布的资质等级评定条件和自身能力水平情况，自愿申请相应类别和级别的资质认定。

第十三条　资质认定根据评审与审定分离的原则，按照先由评审机构评审，再由电子联合会审定的程序进行。

第十四条　资质认定分为新申报和换证申报，除特别规定的事项外，新申报和换证申报的评定条件及认定程序相同。

第十五条　申请资质认定的企业（以下称申请企业）应具备下列基本条件。

（一）是在中华人民共和国境内注册的企业法人。

（二）能够提供与资质等级评定条件相关的证明材料。

（三）承诺并遵守行业公约，并认同本管理办法。

第十六条　资质认定程序如下。

（一）申请企业自主选择符合条件的评审机构并向其提交申报材料。其中，申请一级、二级集成资质的企业应向 A 级评审机构提交申报材料，申请三级、四级集成资质的企业可向注册所在地的 B 级评审机构提交申报材料，或向 A 级评审机构提交申报材料。

（二）评审机构接收申报材料后，组织实施文件评审和现场评审并出具评审报告。其中，一级、二级集成资质的现场评审，应由见证机构进行见证并出具见证报告。

（三）评审机构在出具同意意见的评审报告后，将申请企业的申报材料和评审报告提交至电子联合会资质办或申请企业注册所在地的地方服务中心。

（四）电子联合会资质办审查申报材料和评审报告，并组织召开资质评审会。对通过评审会的集成一级、二级资质新申报企业，电子联合会资质办在工作网站公示 10 天。

（五）电子联合会资质办将资质评审会及公示结果报电子联合会资质工作委员会审定，并向通过审定的企业颁发资质证书。

第五章　资质证书管理

第十七条　资质证书有效期四年，分为正本和副本，正本和副本具有同等效力。

第十八条　在资质证书有效期内，持证企业每年应按时向电子联合会资质办提交年度数据信息，不能按时提交年度数据信息的企业，视为其自动放弃资质证书。

第十九条　在资质证书有效期期满前，持证企业应按时完成换证申报认定，未按时完成换证申报认定的企业，其资质证书视为自动失效。

第二十条　持证企业资质证书记载事项发生变更的，应在变更发生后30日内，向电子联合会资质办或注册所在地的地方服务中心提交资质证书变更申请材料，电子联合会资质办核实无误后，换发资质证书。

第二十一条　持证企业遗失资质证书，应按电子联合会资质办要求发布遗失声明后，向电子联合会资质办或注册所在地的地方服务中心提交资质证书遗失补发申请，电子联合会资质办核实无误后，补发资质证书。

第六章　监督管理及投诉、申诉和罚则

第二十二条　资质认定工作接受行业主管部门的指导和监管，接受企业、用户和社会各界的监督。各地的资质认定工作接受当地地方行业主管部门的指导和监管。

第二十三条　电子联合会资质办可通过抽查及其他可行方式对评审机构的评审活动、见证机构的见证活动进行监督检查，对企业申报材料的完整性、真实性等进行核查。

第二十四条　申请企业对电子联合会的资质认定工作过程或认定结果存在异议的，可向行业主管部门申诉。申请企业对评审机构、见证机构和地方服务中心的资质认定工作过程或评审机构的评审结果存在异议的，可向电子联合会资质办投诉。

第二十五条　申请企业或持证企业在资质新申报、换证申报、提交年度数据信息及资质证书变更等活动中存在弄虚作假、隐瞒事实或不配合执行本管理办法等行为的，或存在涂改、伪造、租用、借用资质证书等行为的，电子联合会资质办可视其情节轻重给予警告、暂停受理，或降级、暂停和撤销资质证书等处罚。

第二十六条　评审机构及评审人员在评审活动中，见证机构及见证人员在见证活动中存在玩忽职守、营私舞弊、索贿受贿、弄虚作假及侵害申请企业合法权益等行为的，电子联合会资质办可视情节轻重予以警告，暂停、降低和撤销评审或见证评审资格等处罚。

第七章　附则

第二十七条　本办法由电子联合会负责解释。

抄送：工业和信息化部软件服务业司

中国电子信息行业联合会　2015年6月30日印发

附录A-4：

关于发布《信息系统集成资质等级评定条件（暂行）》的通知

中电联字〔2015〕2号

各有关单位：

为顺应信息技术发展趋势及国家信息化建设的需求，维护信息系统集成及服务市场秩序，提高信息系统项目质量，保障信息安全，加强行业自律，促进信息系统集成企业能力的不断提高，更好地为企业和用户服务，中国电子信息行业联合会（以下称“电子联合会”）

决定在现有工作基础上，依据企业综合能力和水平评价的行业规范及团体标准，开展信息系统集成及服务资质认定工作。

根据国务院关于标准化改革工作的有关要求，电子联合会已成立信息系统集成及服务团体标准编制工作组，开始起草相关团体标准和行业规范。在相关标准和行业规范正式发布前，为指导信息系统集成资质认定工作的规范有序开展，依据《信息系统集成及服务资质认定管理办法（暂行）》（中电联字〔2015〕1 号），电子联合会组织制定了《信息系统集成资质等级评定条件（暂行）》，现予以发布，自 2015 年 7 月 1 日起实行。

请各有关单位收到通知后，按要求做好各项工作。对信息系统集成资质认定工作如有疑问、意见和建议，请及时与中国电子信息行业联合会信息系统集成资质工作办公室（以下称电子联合会资质办）联系。

电子联合会资质办通信地址：北京市海淀区万寿路 27 号院 3 号楼 101 室（邮政编码：100846）

联系电话：010-68208065/68208063

传真电话：010-68218535

工作邮箱：sio@citif.org.cn

联 系 人：杨军　娜仁图雅

附件：《信息系统集成资质等级评定条件（暂行）》

中国电子信息行业联合会
2015 年 6 月 30 日

附件：

信息系统集成资质等级评定条件（暂行）

一、一级资质

（一）综合条件

1. 企业是在中华人民共和国境内注册的企业法人，变革发展历程清晰、产权关系明确，取得信息系统集成二级资质的时间不少于两年。

2. 企业主业是信息系统集成及服务（以下称系统集成），近三年的系统集成收入总额占营业收入总额的比例不低于 70%，或近三年系统集成收入不少于 15 亿元且占营业收入总额的比例不低于 50%。

3. 企业注册资本和实收资本均不少于 5000 万元，或所有者权益合计不少于 5000 万元。

（二）财务状况

1. 企业近三年的系统集成收入总额不少于 5 亿元，或不少于 4 亿元且近三年完成的系统集成项目总额中软件和信息技术服务费总额所占比例不低于 80%，财务数据真实可信，须经在中华人民共和国境内登记的会计师事务所审计。

2. 企业财务状况良好。

3. 企业拥有与从事系统集成业务相适应的固定资产和无形资产。

（三）信誉

1. 企业有良好的资信和公众形象，近三年无触犯国家法律法规的行为。

2. 企业有良好的知识产权保护意识，近三年完成的系统集成项目中无销售或提供非正版软件的行为。

3. 企业有良好的履约能力，近三年没有因企业原因造成验收未通过的项目或应由企业承担责任的用户重大投诉。

4. 企业近三年无不正当竞争行为。

5. 企业遵守信息系统集成资质管理相关规定，在资质申报和资质证书使用过程中诚实守信，近三年无不良行为。

（四）业绩

1. 近三年完成的不少于 200 万元的系统集成项目及不少于 100 万元的纯软件和信息技术服务项目总额不少于 4 亿元，或不少于 3.5 亿元且近三年完成的系统集成项目总额中软件和信息技术服务费总额所占比例不低于 80%。这些项目至少涉及三个省（自治区、直辖市），并已通过验收。

2. 近三年至少完成 4 个合同额不少于 1500 万元的系统集成项目，或所完成合同额不少于 1000 万元的系统集成项目总额不少于 6000 万元，或所完成合同额不少于 500 万元的纯软件和信息技术服务项目总额不少于 3000 万元，这些项目中至少有部分项目应用了自主开发的软件产品。

3. 近三年完成的系统集成项目总额中软件和信息技术服务费总额所占比例不低于 30%，或软件和信息技术服务费总额不少于 1.2 亿元，或软件开发费总额不少于 6500 万元。

（五）管理能力

1. 已建立完备的质量管理体系，通过国家认可的第三方认证机构认证，且连续有效运行时间不少于一年。

2. 已建立完备的项目管理体系，使用管理工具进行项目管理，并能有效实施。

3. 已建立完备的客户服务体系，能及时、有效地为客户提供优质服务。

4. 已建立完善的企业管理信息系统并能有效运行。

5. 企业的主要负责人从事信息技术领域企业管理的经历不少于 5 年，主要技术负责人应具有计算机信息系统集成高级项目经理资质或电子信息类高级技术职称、且从事系统集成技术工作的经历不少于 5 年，财务负责人应具有财务系列高级职称。

（六）技术实力

1. 主要业务领域中典型项目技术居国内同行业领先水平。

2. 对主要业务领域的业务流程有深入研究，有自主知识产权的基础业务软件平台或其他先进的开发平台。经过第三方评测鉴定或用户使用认可的自主开发的软件产品不少于 20 个，其中近三年第三方评测鉴定或用户使用认可的软件产品不少于 10 个，且部分软件产品在近三年已完成的项目中得到了应用。

3. 有专门从事软件或系统集成技术开发的技术带头人，已建立完备的软件开发与测试体系，研发及办公场地面积不少于 1500 平方米。

4. 具有研发管理制度。

（七）人才实力

1. 从事软件开发与系统集成技术工作的人员不少于 220 人。

2. 经过登记的信息系统集成项目管理人员人数不少于 30 名，其中高级项目经理人数不少于 10 名。

3. 已建立完备的人力资源管理体系并能有效实施。

二、二级资质

（一）综合条件

1. 企业是在中华人民共和国境内注册的企业法人，变革发展历程清晰、产权关系明确，取得信息系统集成三级资质的时间不少于一年。

2. 企业主业是系统集成，近三年的系统集成收入总额占营业收入总额的比例不低于 60%，或近三年系统集成收入不少于 7.5 亿元且占营业收入总额的比例不低于 50%。

3. 企业注册资本和实收资本均不少于 2000 万元，或所有者权益合计不少于 2000 万元。

（二）财务状况

1. 企业近三年的系统集成收入总额不少于 2.5 亿元，或不少于 2 亿元且近三年完成的系统集成项目总额中软件和信息技术服务费总额所占比例不低于 70%，财务数据真实可信，须经在中华人民共和国境内登记的会计师事务所审计。

2. 企业财务状况良好。

3. 企业拥有与从事系统集成业务相适应的固定资产和无形资产。

（三）信誉

1. 企业有良好的资信和公众形象，近三年无触犯国家法律法规的行为。

2. 企业有良好的知识产权保护意识，近三年完成的系统集成项目中无销售或提供非正版软件的行为。

3. 企业有良好的履约能力，近三年没有因企业原因造成验收未通过的项目或应由企业承担责任的用户重大投诉。

4. 企业近三年无不正当竞争行为。

5. 企业遵守信息系统集成资质管理相关规定，在资质申报和资质证书使用过程中诚实守信，近三年无不良行为。

（四）业绩

1. 近三年完成的不少于 80 万元的系统集成项目及不少于 40 万元的纯软件和信息技术服务项目总额不少于 2 亿元，或不少于 1.5 亿元且近三年完成的系统集成项目总额中软件和信息技术服务费总额所占比例不低于 70%。这些项目已通过验收。

2. 近三年至少完成 3 个合同额不少于 1000 万元的系统集成项目，或所完成合同额不少于 600 万元的系统集成项目总额不少于 3000 万元，或所完成合同额不少于 300 万元的纯软件和信息技术服务项目总额不少于 1500 万元，这些项目中至少有部分项目应用了自主开发的软件产品。

3. 近三年完成的系统集成项目总额中软件和信息技术服务费总额所占比例不低于 30%，

或软件和信息技术服务费总额不少于6000万元，或软件开发费总额不少于3000万元。

（五）管理能力

1. 已建立完备的质量管理体系，通过国家认可的第三方认证机构认证，且连续有效运行时间不少于一年。

2. 已建立项目管理体系并能有效实施。

3. 已建立完备的客户服务体系，能及时、有效地为客户提供优质服务。

4. 已建立完善的企业管理信息系统并能有效运行。

5. 企业的主要负责人从事信息技术领域企业管理的经历不少于4年，主要技术负责人应具有计算机信息系统集成高级项目经理资质或电子信息类高级技术职称、且从事系统集成技术工作的经历不少于4年，财务负责人应具有财务系列中级及以上职称。

（六）技术实力

1. 主要业务领域中典型项目具有较高技术水平。

2. 熟悉主要业务领域的业务流程，经过第三方评测鉴定或用户使用认可的自主开发的软件产品不少于10个，其中近三年第三方评测鉴定或用户使用认可的软件产品不少于5个，且部分软件产品在近三年已完成的项目中得到了应用。

3. 有专门从事软件或系统集成技术开发的技术带头人，已建立完备的软件开发与测试体系，研发及办公场地面积不少于1000平方米。

（七）人才实力

1. 从事软件开发与系统集成技术工作的人员不少于150人。

2. 经过登记的信息系统集成项目管理人员人数不少于15名，其中高级项目经理人数不少于3名。

3. 已建立人力资源管理体系并能有效实施。

三、三级资质

（一）综合条件

1. 企业是在中华人民共和国境内注册的企业法人，变革发展历程清晰、产权关系明确，取得信息系统集成四级资质的时间不少于一年，或从事系统集成业务的时间不少于两年。

2. 企业主业是系统集成，近三年的系统集成收入总额占营业收入总额的比例不低于50%。

3. 企业注册资本和实收资本均不少于200万元，或所有者权益合计不少于200万元。

（二）财务状况

1. 企业近三年的系统集成收入总额不少于5000万元，或不少于4000万元且近三年完成的系统集成项目总额中软件和信息技术服务费总额所占比例不低于70%，财务数据真实可信，须经在中华人民共和国境内登记的会计师事务所审计。

2. 企业财务状况良好。

（三）信誉

1. 企业有良好的资信，近三年无触犯国家法律法规的行为。

2. 企业有良好的知识产权保护意识，近三年完成的系统集成项目中无销售或提供非正版软件的行为。

3. 企业有良好的履约能力，近三年没有因企业原因造成验收未通过的项目或应由企业承担责任的用户重大投诉。

4. 企业近三年无不正当竞争行为。

5. 企业遵守信息系统集成资质管理相关规定，在资质申报和资质证书使用过程中诚实守信，近三年无不良行为。

（四）业绩

1. 近三年完成的系统集成项目总额不少于5000万元，或不少于4000万元且近三年完成的系统集成项目总额中软件和信息技术服务费总额所占比例不低于70%。这些项目已通过验收。

2. 近三年至少完成1个合同额不少于300万元的系统集成项目，或所完成合同额不少于100万元的系统集成项目总额不少于300万元，或所完成合同额不少于50万元的纯软件和信息技术服务项目总额不少于150万元。

3. 近三年完成的系统集成项目总额中软件和信息技术服务费总额所占比例不低于30%，或软件和信息技术服务费总额不少于1500万元，或软件开发费总额不少于800万元。

（五）管理能力

1. 已建立质量管理体系，通过国家认可的第三方认证机构认证，并能有效运行。

2. 已建立完备的客户服务体系，能及时、有效地为客户提供服务。

3. 企业的主要负责人从事信息技术领域企业管理的经历不少于3年，主要技术负责人应具有计算机信息系统集成项目管理人员资质或电子信息类专业硕士及以上学位或电子信息类中级及以上技术职称、且从事系统集成技术工作的经历不少于3年，财务负责人应具有财务系列初级及以上职称。

（六）技术实力

1. 在主要业务领域具有较强的技术实力。

2. 经过第三方评测鉴定或用户使用认可的自主开发的软件产品不少于3个，且部分软件产品在近三年已完成的项目中得到了应用。

3. 有专门从事软件或系统集成技术开发的研发人员，已建立基本的软件开发与测试体系，研发及办公场地面积不少于300平方米。

（七）人才实力

1. 从事软件开发与系统集成技术工作的人员不少于50人。

2. 经过登记的信息系统集成项目管理人员人数不少于5名，其中高级项目经理人数不少于1名。

3. 已建立合理的人力资源培训与考核制度，并能有效实施。

四、四级资质

1. 企业是在中华人民共和国境内注册的企业法人，产权关系明确。

2. 具有与从事系统集成业务相适应的注册资本和实收资本。

3. 企业近三年无触犯国家法律法规的行为。

4. 企业有良好的知识产权保护意识，最近年度完成的项目中无销售或提供非正版软件的行为。

5. 企业有良好的履约能力，最近年度没有因企业原因造成验收未通过的项目或应由企业承担责任的用户重大投诉。

6. 企业最近年度无不正当竞争行为。

7. 企业遵守信息系统集成资质管理相关规定，在资质申报和资质证书使用过程中诚实守信，最近年度无不良行为。

8. 已建立质量管理体系，并能有效实施。

9. 已建立客户服务体系，配备有专门人员。

10. 企业的主要负责人从事信息技术领域企业管理的经历不少于 2 年，主要技术负责人应具有计算机信息系统集成项目管理人员资质或电子信息类专业硕士及以上学位或电子信息类中级及以上职称、且从事系统集成技术工作的经历不少于 2 年，财务负责人应具有财务系列初级及以上职称。

11. 具有相应的软件及系统开发环境，具有一定的技术开发能力。

12. 从事软件开发与系统集成技术工作的人员不少于 15 人。

13. 企业聘用的项目管理人员人数不少于 2 名。

14. 具有对员工进行新知识、新技术以及职业道德培训的计划，并能有效地组织实施与考核。

抄送：工业和信息化部软件服务公司

中国电子信息产业联合会　2015 年 6 月 30 日印发

附录 A-5：

国务院办公厅关于加快推进重要产品追溯体系建设的意见

国办发〔2015〕95 号

各省、自治区、直辖市人民政府，国务院各部委、各直属机构：

追溯体系建设是采集记录产品生产、流通、消费等环节信息，实现来源可查、去向可追、责任可究，强化全过程质量安全管理与风险控制的有效措施。近年来，各地区和有关部门围绕食用农产品、食品、药品、稀土产品等重要产品，积极推动应用物联网、云计算等现代信息技术建设追溯体系，在提升企业质量管理能力、促进监管方式创新、保障消费安全等方面取得了积极成效。但是，也存在统筹规划滞后、制度标准不健全、推进机制不完善等问题。为加快应用现代信息技术建设重要产品追溯体系，经国务院同意，现提出以下意见：

一、总体要求

（一）指导思想。贯彻落实党的十八大和十八届二中、三中、四中、五中全会精神，按照国务院决策部署，坚持以落实企业追溯管理责任为基础，以推进信息化追溯为方向，加强统筹规划，健全标准规范，创新推进模式，强化互通共享，加快建设覆盖全国、先进适用的重要产品追溯体系，促进质量安全综合治理，提升产品质量安全与公共安全水平，更好地满足人民群众生活和经济社会发展需要。

（二）基本原则。坚持政府引导与市场化运作相结合，发挥企业主体作用，调动各方面积极性；坚持统筹规划与属地管理相结合，加强指导协调，层层落实责任；坚持形式多样与互联互通相结合，促进开放共享，提高运行效率；坚持政府监管与社会共治相结合，创新治理模式，保障消费安全和公共安全。

（三）主要目标。到 2020 年，追溯体系建设的规划标准体系得到完善，法规制度进一步健全；全国追溯数据统一共享交换机制基本形成，初步实现有关部门、地区和企业追溯信息互通共享；食用农产品、食品、药品、农业生产资料、特种设备、危险品、稀土产品等重要产品生产经营企业追溯意识显著增强，采用信息技术建设追溯体系的企业比例大幅提高；社会公众对追溯产品的认知度和接受度逐步提升，追溯体系建设市场环境明显改善。

二、统一规划

（四）做好统筹规划。按照食品安全法、农产品质量安全法、药品管理法、特种设备安全法和民用爆炸物品安全管理条例等法律法规规定，围绕对人民群众生命财产安全和公共安全有重大影响的产品，统筹规划全国重要产品追溯体系建设。当前及今后一个时期，要将食用农产品、食品、药品、农业生产资料、特种设备、危险品、稀土产品等作为重点，分类指导、分步实施，推动生产经营企业加快建设追溯体系。各地要结合实际制定实施规划，确定追溯体系建设的重要产品名录，明确建设目标、工作任务和政策措施。

（五）推进食用农产品追溯体系建设。建立食用农产品质量安全全程追溯协作机制，以责任主体和流向管理为核心、以追溯码为载体，推动追溯管理与市场准入相衔接，实现食用农产品“从农田到餐桌”全过程追溯管理。推动农产品生产经营者积极参与国家农产品质量安全追溯管理信息平台运行。中央财政资金支持开展肉类、蔬菜、中药材等产品追溯体系建设的地区，要大力创新建设管理模式，加快建立保障追溯体系高效运行的长效机制。

（六）推进食品追溯体系建设。围绕婴幼儿配方食品、肉制品、乳制品、食用植物油、白酒等食品，督促和指导生产企业依法建立质量安全追溯体系，切实落实质量安全主体责任。推动追溯链条向食品原料供应环节延伸，实行全产业链可追溯管理。鼓励自由贸易试验区开展进口乳粉、红酒等产品追溯体系建设。

（七）推进药品追溯体系建设。以推进药品全品种、全过程追溯与监管为主要内容，建设完善药品追溯体系。在完成药品制剂类品种电子监管的基础上，逐步推广到原料药（材）、饮片等类别药品。抓好经营环节电子监管全覆盖工作，推进医疗信息系统与国家药品电子监管系统对接，形成全品种、全过程完整追溯与监管链条。

（八）推进主要农业生产资料追溯体系建设。以农药、兽药、饲料、肥料、种子等主要农业生产资料登记、生产、经营、使用环节全程追溯监管为主要内容，建立农业生产资料电子追溯码标识制度，建设主要农业生产资料追溯体系，实施全程追溯管理，保障农业生产安全、农产品质量安全、生态环境安全和人民生命安全。

（九）开展特种设备和危险品追溯体系建设。以电梯、气瓶等产品为重点，严格落实特种设备安全技术档案管理制度，推动企业对电梯产品的制造、安装、维护保养、检验以及气瓶产品的制造、充装、检验等过程信息进行记录，建立特种设备安全管理追溯体系。以民用爆炸物品、烟花爆竹、易制爆危险化学品、剧毒化学品等产品为重点，开展生产、经营、储存、运输、使用和销毁全过程信息化追溯体系建设。

（十）开展稀土产品追溯体系建设。以稀土矿产品、稀土冶炼分离产品为重点，以生产经营台账、产品包装标识等为主要内容，加快推进稀土产品追溯体系建设，实现稀土产品从开采、冶炼分离到流通、出口全过程追溯管理。

三、统一标准，互联互通

（十一）完善标准规范。结合追溯体系建设实际需要，科学规划食用农产品、食品、药品、农业生产资料、特种设备、危险品、稀土产品追溯标准体系。针对不同产品生产流通特性，制订相应的建设规范，明确基本要求，采用简便适用的追溯方式。以确保不同环节信息互联互通、产品全过程通查通识为目标，抓紧制定实施一批关键共性标准，统一数据采集指标、传输格式、接口规范及编码规则。加强标准制定工作统筹，确保不同层级、不同类别的标准相协调。

（十二）发挥认证作用。探索以认证认可加强追溯体系建设，鼓励有关机构将追溯管理作为重要评价要求，纳入现有的质量管理体系、食品安全管理体系、药品生产质量管理规范、药品经营质量管理规范、良好农业操作规范、良好生产规范、危害分析与关键控制点体系、有机产品等认证，为广大生产经营企业提供市场化认证服务。适时支持专业的第三方认证机构探索建立追溯管理体系专门认证制度。相关部门可在管理工作中积极采信第三方认证结果，带动生产经营企业积极通过认证手段提升产品追溯管理水平。

（十三）推进互联互通。建立完善政府追溯数据统一共享交换机制，积极探索政府与社会合作模式，推进各类追溯信息互通共享。有关部门和地区可根据需要，依托已有设施建设行业或地区追溯管理信息平台。鼓励生产经营企业、协会和第三方平台接入行业或地区追溯管理信息平台，实现上下游信息互联互通。开通统一的公共服务窗口，创新查询方式，面向社会公众提供追溯信息一站式查询服务。

四、多方参与，合力推进

（十四）强化企业主体责任。生产经营企业要严格遵守有关法律法规规定，建立健全追溯管理制度，切实履行主体责任。鼓励采用物联网等技术手段采集、留存信息，建立信息化的追溯体系。批发、零售、物流配送等流通企业要发挥供应链枢纽作用，带动生产企业共同打造全过程信息化追溯链条。企业间要探索建立多样化的协作机制，通过联营、合作、交叉持股等方式建立信息化追溯联合体。电子商务企业要与线下企业紧密融合，建设基于统一编码技术、线上线下一体的信息化追溯体系。外贸企业要兼顾国内外市场需求，建设内外一体的进出口信息化追溯体系。

（十五）发挥政府督促引导作用。有关部门要加强对生产经营企业的监督检查，督促企业严格遵守追溯管理制度，建立健全追溯体系。围绕追溯体系建设的重点、难点和薄弱环节，开展形式多样的示范创建活动。已列入有关部门开展的农产品质量安全、食品药品安全、质量强市、质量提升等创建活动的地区，尤其要加大示范创建力度，创造可复制可推广的经验。有条件的地方可针对部分安全风险隐患大、社会反映强烈的产品，在本行政区域内依法强制要求生产经营企业采用信息化手段建设追溯体系。

（十六）支持协会积极参与。行业协会要深入开展有关法律法规和标准宣传贯彻活动，创新自律手段和机制，推动会员企业提高积极性，主动建设追溯体系，形成有效的自律推进机制。有条件的行业协会可投资建设追溯信息平台，采用市场化方式引导会员企业建设追溯体系，形成行业性示范品牌。支持有条件的行业协会提升服务功能，为会员企业建设追溯体系提供专业化服务。

（十七）发展追溯服务产业。支持社会力量和资本投入追溯体系建设，培育创新创业新领域。支持有关机构建设第三方追溯平台，采用市场化方式吸引企业加盟，打造追溯体系建设的众创空间。探索通过政府和社会资本合作（PPP）模式建立追溯体系云服务平台，为广大中小微企业提供信息化追溯管理云服务。支持技术研发、系统集成、咨询、监理、测试及大数据分析应用等机构积极参与，为企业追溯体系建设及日常运行管理提供专业服务，形成完善的配套服务产业链。

五、挖掘价值，扩大应用

（十八）促进质量安全综合治理。推进追溯体系与检验检测体系、企业内部质量管理体系对接，打造严密的全过程质量安全管控链条。发挥追溯信息共享交换机制作用，创新质量安全和公共安全监管模式，探索实施产品全过程智能化“云监管”。构建大数据监管模型，完善预测预警机制，严防重要产品发生区域性、系统性安全风险。充分挖掘追溯数据在企业质量信用评价中的应用价值，完善质量诚信自律机制。建立智能化的产品质量安全投诉、责任主体定位、销售范围及影响评估、问题产品召回及应急处置等机制，调动公众参与质量安全和公共安全治理的积极性。

（十九）促进消费转型升级。加大宣传力度，传播追溯理念，培育追溯文化，推动形成关心追溯、支持追溯的社会氛围。逐步建立与认证认可相适应的标识标记制度，方便消费者识别。探索建立产品质量安全档案和质量失信“黑名单”，适时发布消费提示，引导消费者理性消费。加大可追溯产品推广力度，推动大型连锁超市、医院和团体消费单位等主动采购可追溯产品，营造有利于可追溯产品消费的市场环境。

（二十）促进产业创新发展。加强追溯大数据分析与成果应用，为经济调节和产业发展提供决策支持。在依法加强安全保障和商业秘密保护的前提下，逐步推动追溯数据资源向社会有序开放，鼓励商业化增值应用。鼓励生产经营企业以追溯体系建设带动品牌创建和商业模式创新。鼓励生产经营企业利用追溯体系进行市场预测与精准营销，更好地开拓国内外市场。推动农产品批发市场、集贸市场、菜市场等集中交易场所结合追溯体系建设，发展电子结算、智慧物流和电子商务，实现创新发展。

六、完善制度，强化保障

（二十一）完善法规制度。制修订有关法律法规和规章，进一步完善追溯管理制度，细化明确生产经营者责任和义务。研究制定农产品质量安全追溯管理办法，细化农产品追溯管理和市场准入工作机制。针对建立信息化追溯体系的企业，研究建立健全相应的随机抽查与监管制度，提高监管效率。研究制定追溯数据共享、开放、保护等管理办法，加强对数据采集、传输、存储、交换、利用、开放的规范管理。

（二十二）加强政策支持。推动建立多元化的投资建设机制，加大政策支持力度，带动社会资本投入。鼓励金融机构加强和改进金融服务，为开展追溯体系建设的企业提供信贷支持和产品责任保险。政府采购在同等条件下优先采购可追溯产品。完善追溯技术研发与相关产业促进政策。

（二十三）落实工作责任。地方各级人民政府要将重要产品追溯体系建设作为一项重要的民生工程和公益性事业，结合实际研究制定具体实施方案，明确任务目标及工作重点，出台有针对性的政策措施，落实部门职责分工及进度安排，确保各项任务落到实处。有关部门要按照职责分工，加强协调，密切配合，共同推进。商务部要会同有关部门加强对地方工作的检查指导。

国务院办公厅

2015 年 12 月 30 日

附录 A-6：

商务部办公厅 财政部办公厅关于肉类蔬菜流通追溯体系建设试点指导意见的通知

商秩字〔2010〕279 号

各省、自治区、直辖市、计划单列市及新疆生产建设兵团商务主管部门、财政（务）厅（局）：

为贯彻落《实食品安全法》、《农产品质量安全法》、《生猪屠宰管理条例》等法律法规，解决肉类蔬菜流通来源追溯难、去向查证难等问题，提高肉类蔬菜流通的组织化、信息化水平，增强质量安全保障能力，中央财政支持有条件的城市进行肉类蔬菜流通追溯体系建设试点。为指导地方做好实施工作，现提出以下意见：

一、充分认识肉类蔬菜流通追溯体系建设的重要意义

肉类、蔬菜是城乡居民重要的基本生活必需品。近年来，党中央、国务院高度重视，我国肉类蔬菜安全水平明显提高。但目前肉类蔬菜生产和流通的组织化程度均较低，技术水平相对落后，索证索票、购销台账制度欠缺，管理难度大，质量安全隐患仍然较多。近年来，肉类蔬菜等食品安全事件时有发生，引起广大消费者的普遍担忧和社会各界广泛关注。

运用信息技术实现索证索票、购销台账的电子化，建立肉类蔬菜流通追溯体系，做到流通节点信息互联互通，形成完整的流通信息链条和责任追溯链条，有利于提高流通主体的安全责任意识，强化防范措施，形成溯源追责机制，创造放心肉菜渠道品牌；有利于消费者查询和维权，改善消费预期，促进消费；有利于增强政府部门对问题食品的发现和处理能力，提高食品安全监管和公共服务水平；有利于促进现代流通体系的不断完善，提高市场运行调控水平；有利于促使生产者按照食品安全标准从事生产加工，从源头提升产品质量安全水平。

二、肉类蔬菜流通追溯体系建设的指导思想、目标和原则

（一）指导思想

深入贯彻落实科学发展观，以信息技术为手段，以法规标准为依据，以发展现代流通方式为基础，实现索证索票、购销台账的电子化，突出肉类蔬菜流通追踪溯源的基本功能，提高经营者、市场开办者的责任意识和食品安全保障能力，为食品安全监管服务。

（二）工作目标

以肉类、蔬菜“一荤一素”为重点，在全国有条件的城市建设来源可追溯、去向可查证、责任可追究的肉类蔬菜流通追溯体系。2010 年，选择 10 个有一定工作基础的城市，每个城市在全部大型批发市场、大中型连锁超市和机械化定点屠宰厂，以及不少于 50%的标准化菜市场和部分团体采购单位进行试点。

（三）工作原则

“反弹琵琶”，建立“倒逼”机制。加强宣传引导，使消费者优先选择可追溯食品，调动企业建设追溯体系的积极性。强化经营者和市场开办者的食品安全第一责任人意识，促使其自觉落实追溯管理制度。通过建立肉类蔬菜流通追溯体系，引导农业规范生产。

总体设计，分步实施。顺应物联网发展趋势，立足当前，着眼长远，设计制定总体方案，确定总体目标和任务；针对不同阶段的具体情况，明确不同阶段的目标和任务，分步实施。

因地制宜，形式多样。结合不同地区、不同企业的实际情况，选择不同的技术模式和适用技术，注重追溯体系运行的效能和可持续性。

政府推动，市场化运作。综合运用经济、法律、行政等手段，充分发挥企业的主体作用，引导企业参加追溯体系建设。

三、扎实落实肉类蔬菜流通追溯体系建设任务

（一）建立肉类蔬菜流通追溯管理平台

按照统一的技术标准，建设肉类蔬菜流通追溯管理平台，汇集各流通节点信息，形成互联互通、协调运作的追溯管理工作体系，主要承担信息存储、过程监控、问题发现、在线查询、统计分析等功能。

（二）探索适用的追溯技术手段

充分利用国家促进自主创新的相关政策，加强肉类蔬菜追溯的物联网应用技术研究，提升对溯源信息的采集、智能化处理和综合管理能力。主要推行集成电路卡（IC）技术，采集、记录、传输每个流通节点的信息，将各经营节点的信息相关联，形成完整的肉类蔬菜流通信息链条。同时，鼓励试点城市根据当地肉类蔬菜的不同包装程度、流通模式及经营者信息化管理水平，采用无线射频识别（RFID）、条码、CPU 卡等不同的信息传递载体和技术模式，提高追溯精度。

（三）制定统一的追溯标准和规范

商务部组织制定专门的管理制度、技术标准和操作规范，做到追溯体系建设有制度、有措施、有标准、有步骤。各地按照统一采集指标、统一编码规则、统一传输格式、统一接口规范、统一追溯规程“五统一”的要求，开展肉类蔬菜流通追溯体系建设，确保不同追溯技术模式信息互联互通；加强配套法规和制度建设，强化市场准入管理和经营主体责任控制，为肉类蔬菜流通追溯体系建设提供保障。

（四）大力发展现代流通方式

在开展肉类蔬菜流通追溯体系建设试点的同时，试点城市要自行开展现代流通方式统筹试点，大力发展连锁经营和物流配送，积极推广冷链技术，扩大品牌化、包装化经营，提高肉类蔬菜流通的现代化、标准化水平。采取切实有效措施促使大型批发市场实行电子化结算，努力提升各流通节点信息化管理及检验检测能力，为追溯体系建设提供支撑。鼓励经营主体建立现代供应链，发展“农超对接”、“厂场挂钩”、“场地挂钩”等先进购销方式，形成质量安全保障机制。

四、资金支持方向

中央财政专项资金重点支持方向如下：

（一）追溯管理平台建设

主要包括数据库环境建设和相关软件的开发、安装与测试，必要的服务器等硬件设备的购置，机房建设和网络租用，相关法规标准的制定，以及平台的日常运行维护等。

（二）流通节点追溯子系统建设

主要包括对批发、屠宰、零售、团体采购等流通节点进行相应的信息化改造，为各节点统一开发相关软件，配备必要的电子结算、电子秤、信息采集及传输等硬件设备。

五、项目承办企业资质条件

试点城市要严格按照法定程序，选择有相应资质的企业承担追溯管理平台和流通节点子系统建设有关工作。具体条件如下：

（1）具有独立法人资格，企业注册资本金在 2 000 万元以上，无不良信誉记录。

（2）具有省部级高新技术企业认定证书和软件企业认定证书。

（3）具有中华人民共和国信息产业部认证的计算机信息系统集成二级以上资质。

（4）已通过 ISO 9001 质量管理体系认证。

（5）具有计算机软件开发及网络系统信息化建设五年以上的实施和维护经验。

（6）熟悉商贸流通业情况，并在食品安全追溯系统建设方面有较深入研究。有追溯系统和流通信息化项目建设经验的优先。

六、确保肉类蔬菜流通追溯体系建设成效

（一）加强组织领导

各地商务主管部门要高度重视追溯体系建设工作，加强组织领导。有关省级商务主管部门要精心指导试点城市商务主管部门制定追溯体系建设方案，推动追溯体系建设工作顺利开展。试点城市要成立专门的试点工作机构，安排专人，负责追溯体系管理与运行工作；积极争取当地政府支持，加强部门间协作，保证工作顺利开展。

（二）加大政策扶持力度

试点城市要将追溯体系建设试点纳入政府为民办实事工程，落实配套资金，确保追溯体系顺利建成并正常运转。各地商务主管部门要加强与农业、税务、工商等部门的协作，统筹研究支持农商对接、落实农产品增值税抵扣等政策措施，减轻流通企业追溯体系运行成本。

（三）加强追溯管理队伍建设

要培育一批相对固定、专业化程度较高的软件开发、运行维护技术队伍；建立分级培训机制，针对相关部门工作人员、流通企业管理人员、追溯体系运行维护人员，开展法律法规、政策、制度、标准和技术等方面的培训，提高应用和管理能力。

（四）加大新闻宣传力度

要通过中央和地方媒体，采取多种方式深度报道，充分宣传肉类蔬菜流通追溯体系建设的意义、目的、措施和效果；通过典型案例剖析，让广大经营者充分认识到作为食品安全第一责任人的责任和义务；积极宣传引导，鼓励消费者主动索要购物凭证，积极维权，实现明白放心消费；通过发布实施追溯企业名单、褒扬实施追溯的企业典型等，提升消费者对可追溯肉类蔬菜的认知度，扩大品牌效应。

商务部办公厅 财政部办公厅
2010 年 9 月 26 日

附录B　相关条码标准

标 准 号	标 准 名 称
GB/T 12904—2008	商品条码　零售商品的编码与条码表示
GB/T 12905—2000	条码术语
GB/T 14257—2009	商品条码　条码符号放置指南
GB/T 15425—2014	商品条码　128条码
GB/T 16828—2007	商品条码　参与方位置编码与条码表示
GB/T 16830—2008	商品条码　储运包装商品编码与条码表示
GB/T 16986—2009	商品条码　应用标识符
GB/T 18127—2009	商品条码　物流单元编码与条码表示
GB/T 18283—2008	商品条码　店内条码
GB/T 18348—2008	商品条码　条码符号印制质量的检验
GB/T 18805—2002	商品条码　印刷适性试验
GB/T 19251—2003	贸易项目的编码与符号表示导则
GB/T 23832—2009	商品条码　服务关系编码与条码表示
GB/T 23833—2009	商品条码　资产编码与条码表示

附录C　相关食品追溯国家标准

标 准 号	标 准 名 称	实 施 日 期
【GB】 中国国家标准		
GB/T 22005-2009	饲料和食品链的可追溯性　体系设计与实施的通用原则和基本要求	2010-03-01
GB/Z 25008-2010	饲料和食品链的可追溯性　体系设计与实施指南	2010-12-01
GB/T 28843-2012	食品冷链物流追溯管理要求	2012-12-01
GB/T 29373-2012	农产品追溯要求　果蔬	2013-07-01
GB/T 29568-2013	农产品追溯要求　水产品	2013-12-06
GB/T 31575-2015	马铃薯商品薯质量追溯体系的建立与实施规程	2015-11-27
GB/T 34451-2017	玩具产品质量可追溯性管理要求及指南	2018-02-01
GB/T 36061-2018	电子商务交易产品可追溯性通用规范	2018-10-01
【SB】 商业行业标准		
SB/T 10680-2012	肉类蔬菜流通追溯体系编码规则	2012-06-01
SB/T 11059-2013	肉类蔬菜流通追溯体系城市管理平台技术要求	2014-12-01
SB/T 11060-2013	基于二维条码的瓶装酒追溯与防伪应用规范	2014-12-01
SB/T 11074-2013	糖果巧克力及其制品二维条码识别追溯技术要求	2014-12-01
SB/T 11125-2015	肉类蔬菜流通追溯手持读写终端通用规范	2015-09-01
SB/T 11126-2015	肉类蔬菜流通追溯批发自助交易终端通用规范	2015-09-01
【NY】 农业行业标准		
NY/T 1431-2007	农产品追溯编码导则	2007-12-01
NY/T 1761-2009	农产品质量安全追溯操作规程　通则	2009-05-20
NY/T 1993-2011	农产品质量安全追溯操作规程　蔬菜	2011-12-01
NY/T 1994-2011	农产品质量安全追溯操作规程　小麦粉及面条	2011-12-01
NY/T 3204-2018	农产品质量安全追溯操作规程　水产品	2018-06-01
【RB】 认证认可行业标准		
RB/T 148-2018	有机产品全程追溯数据规范及符合性评价要求	2018-12-01
【YD】 邮电通信行业标准		
YD/T 3205-2016	网络电子身份标识 eID 的审计追溯技术框架	2017-01-01

附录D 商品条码校验码计算方法

	数字位置																	
EAN/UCC-8											N_1	N_2	N_3	N_4	N_5	N_6	N_7	N_8
UCC-12							N_1	N_2	N_3	N_4	N_5	N_6	N_7	N_8	N_9	N_{10}	N_{11}	N_{12}
EAN/UCC-13						N_1	N_2	N_3	N_4	N_5	N_6	N_7	N_8	N_9	N_{10}	N_{11}	N_{12}	N_{13}
GTIN-14					N_1	N_2	N_3	N_4	N_5	N_6	N_7	N_8	N_9	N_{10}	N_{11}	N_{12}	N_{13}	N_{14}
SSCC-18	N_1	N_2	N_3	N_4	N_5	N_6	N_7	N_8	N_9	N_{10}	N_{11}	N_{12}	N_{13}	N_{14}	N_{15}	N_{16}	N_{17}	N_{18}
	每个位置乘以相应的数值																	
	×3	×1	×3	×1	×3	×1	×3	×1	×3	×1	×3	×1	×3	×1	×3	×1	×3	
	乘积结果求和																	
	以大于或等于求和结果数值10的整数倍数字减去求和结果，所得的值为校验码数值																	

附录 E　唯一图形字符分配

唯一图形字符分配包含下表中的数字字符型代码，来自国标 GB/T 1988—1998。

唯一图形字符分配

图 形 符 号	名　称	编 码 表 示	图 形 符 号	名　称	编 码 表 示
!	感叹号	2/1	A	拉丁大写字母 A	4/1
“	双引号	2/2	B	拉丁大写字母 B	4/2
#	数码记号	2/3	C	拉丁大写字母 C	4/3
%	百分号	2/5	D	拉丁大写字母 D	4/4
&	和	2/6	E	拉丁大写字母 E	4/5
′	撇号	2/7	F	拉丁大写字母 F	4/6
（	左圆括号	2/8	G	拉丁大写字母 G	4/7
）	右圆括号	2/9	H	拉丁大写字母 H	4/8
*	星号	2/10	I	拉丁大写字母 I	4/9
+	正号	2/11	J	拉丁大写字母 J	4/10
,	逗号	2/12	K	拉丁大写字母 K	4/11
−	负号	2/13	L	拉丁大写字母 L	4/12
.	句点	2/14	M	拉丁大写字母 M	4/13
/	斜线	2/15	N	拉丁大写字母 N	4/14
0	数字 0	3/0	O	拉丁大写字母 O	4/15
1	数字 1	3/1	P	拉丁大写字母 P	5/0
2	数字 2	3/2	Q	拉丁大写字母 Q	5/1
3	数字 3	3/3	R	拉丁大写字母 R	5/2
4	数字 4	3/4	S	拉丁大写字母 S	5/3
5	数字 5	3/5	T	拉丁大写字母 T	5/4
6	数字 6	3/6	U	拉丁大写字母 U	5/5
7	数字 7	3/7	V	拉丁大写字母 V	5/6
8	数字 8	3/8	W	拉丁大写字母 W	5/7
9	数字 9	3/9	X	拉丁大写字母 X	5/8
:	冒号	3/10	Y	拉丁大写字母 Y	5/9
;	分号	3/11	Z	拉丁大写字母 Z	5/10
<	小于记号	3/12	[	左方括号	5/11
=	等号	3/13	\	反斜线	5/12
>	大于记号	3/14	]	右方括号	5/13
?	问号	3/15	^	向上箭头	5/14
@	商用（单价）记号	4/0	_	下横线	5/15

（续）

图形符号	名　称	编码表示	图形符号	名　称	编码表示
'	右撇号	6/0	p	拉丁小写字母 p	7/0
a	拉丁小写字母 a	6/1	q	拉丁小写字母 q	7/1
b	拉丁小写字母 b	6/2	r	拉丁小写字母 r	7/2
c	拉丁小写字母 c	6/3	s	拉丁小写字母 s	7/3
d	拉丁小写字母 d	6/4	t	拉丁小写字母 t	7/4
e	拉丁小写字母 e	6/5	u	拉丁小写字母 u	7/5
f	拉丁小写字母 f	6/6	v	拉丁小写字母 v	7/6
g	拉丁小写字母 g	6/7	w	拉丁小写字母 w	7/7
h	拉丁小写字母 h	6/8	x	拉丁小写字母 x	7/8
i	拉丁小写字母 i	6/9	y	拉丁小写字母 y	7/9
j	拉丁小写字母 j	6/10	z	拉丁小写字母 z	7/10
k	拉丁小写字母 k	6/11	{	左花括号	7/11
l	拉丁小写字母 l	6/12	|	竖线	7/12
m	拉丁小写字母 m	6/13	}	右花括号	7/13
n	拉丁小写字母 n	6/14	～	上波浪号	7/14
o	拉丁小写字母 o	6/15			
注：本图形字符的分配参考 GB/T 1988—1998 中表 2					

参 考 文 献

[1] The complete guide to meeting Sam's Club's EPC RFID tagging requirements，山姆会员店 EPC/ RFID 贴标指南.

[2] RFID for Manufacturing- 7 Critical Success Factors.

[3] RFID journal.

[4] RobertA • Kleist 等. RFID 贴标技术：智能贴标在产品供应链中的概念和应用[M]. 深圳市远望谷信息技术有限公司，译. 北京：机械工业出版社，2007.

[5] 左传鸿. RFID 使能应用集成中间件评估指标体系研究[D]. 厦门大学，2008.

[6] 张成海，张铎. 物联网与电子产品代码[M]. 武汉：武汉大学出版社，2010.

[7] 刘禹，关强. RFID 系统测试与应用务实[M]. 北京：电子工业出版社，2010.

[8] 宁焕生，张彦. RFID 与物联网——射频中间件解析与服务[M]. 北京：电子工业出版社，2008.

[9] 游战清，刘克胜，张义强，吴谷. 无线射频技术（RFID）理论与应用[M]. 北京：电子工业出版社，2004.

[10] 游战清，李苏剑. 无线射频技术（RFID）规划与实施[M]. 北京：电子工业出版社，2005.

[11] 规模化是我国生猪养殖业发展趋势[OL]. http://tzglsczxs.mofcom.gov.cn/user_base// news/ztyj/ 2010/1/1262911131858.html.

[12] 加速构建肉食品安全信息追溯技术[OL]. http://www.foodqs.cn/news/ztzs01/2006 113133745.htm.

[13] RTI (Pallet Tagging) Guideline Issue 2, Approved, Sep-2010, GS1.

[14] GS1 EPCglobal Transport and Logistics Industry User Group Implementation Guide – TLS Pilots.Issue 1.4, November 2010, GS1.

[15] Global Traceability Standard for Healthcare Business Process and System Requirements for Supply Chain Traceability.GS1 Standard, Issue 1.2.0, Oct-2013.

[16] 徐明星，刘勇，段新星，郭大治. 区块链：重塑经济与世界[M]. 北京：中信出版社，2016.